"中国制造2025"
出版工程

"十三五"国家重点出版物
出版规划项目

新型纳米材料与器件

王荣明 潘曹峰 耿东生 等编著

化学工业出版社

·北 京·

内 容 简 介

纳米材料与器件既是高科技领域的前沿技术，又与人们的生活息息相关。本书在介绍纳米材料基本概念和特征的基础上，重点介绍了纳米信息材料、纳米能源材料、纳米生物医用材料、纳米气敏材料及纳米器件在各领域的应用；此外，还详细说明了纳米加工技术与纳米器件制备，以及纳米器件在智能生活、清洁生活、健康生活中的各种应用。全书内容既贴近生活，又反映了纳米高科技领域的技术前沿，帮助读者全面了解纳米材料与器件的各项应用技术。

本书可供纳米材料、新材料领域的研发人员、技术人员阅读，也可供相关专业的院校师生参考。

图书在版编目（CIP）数据

新型纳米材料与器件/王荣明等编著. —北京：化学工业出版社，2020.9（2023.3重印）
"中国制造2025"出版工程
ISBN 978-7-122-37300-7

Ⅰ.①新… Ⅱ.①王… Ⅲ.①纳米材料 Ⅳ.①TB383

中国版本图书馆CIP数据核字（2020）第113875号

责任编辑：刘丽宏　　　　　　　　　　　文字编辑：林　丹
责任校对：赵懿桐　　　　　　　　　　　装帧设计：刘丽华

出版发行：化学工业出版社（北京市东城区青年湖南街13号　邮政编码100011）
印　　装：北京科印技术咨询服务有限公司数码印刷分部
710mm×1000mm　1/16　印张21¾　字数410千字　　2023年3月北京第1版第3次印刷

购书咨询：010-64518888　　　　　　　　　售后服务：010-64518899
网　　址：http://www.cip.com.cn

凡购买本书，如有缺损质量问题，本社销售中心负责调换。

定　　价：99.80元

序

　　制造业是国民经济的主体，是立国之本、兴国之器、强国之基。 近十年来，我国制造业持续快速发展，综合实力不断增强，国际地位得到大幅提升，已成为世界制造业规模最大的国家。 但我国仍处于工业化进程中，大而不强的问题突出，与先进国家相比还有较大差距。 为解决制造业大而不强、自主创新能力弱、关键核心技术与高端装备对外依存度高等制约我国发展的问题，国务院于 2015 年 5 月 8 日发布了"中国制造 2025"国家规划。 随后，工信部发布了"中国制造 2025"规划，提出了我国制造业"三步走"的强国发展战略及 2025 年的奋斗目标、指导方针和战略路线，制定了九大战略任务、十大重点发展领域。 2016 年 8 月 19 日，工信部、国家发展改革委、科技部、财政部四部委联合发布了"中国制造 2025"制造业创新中心、工业强基、绿色制造、智能制造和高端装备创新五大工程实施指南。

　　为了响应党中央、国务院做出的建设制造强国的重大战略部署，各地政府、企业、科研部门都在进行积极的探索和部署。 加快推动新一代信息技术与制造技术融合发展，推动我国制造模式从"中国制造"向"中国智造"转变，加快实现我国制造业由大变强，正成为我们新的历史使命。 当前，信息革命进程持续快速演进，物联网、云计算、大数据、人工智能等技术广泛渗透于经济社会各个领域，信息经济繁荣程度成为国家实力的重要标志。 增材制造（3D 打印）、机器人与智能制造、控制和信息技术、人工智能等领域技术不断取得重大突破，推动传统工业体系分化变革，并将重塑制造业国际分工格局。 制造技术与互联网等信息技术融合发展，成为新一轮科技革命和产业变革的重大趋势和主要特征。 在这种中国制造业大发展、大变革背景之下，化学工业出版社主动顺应技术和产业发展趋势，组织出版《"中国制造 2025"出版工程》丛书可谓勇于引领、恰逢其时。

　　《"中国制造 2025"出版工程》丛书是紧紧围绕国务院发布的实施制造强国战略的第一个十年的行动纲领——"中国制造 2025"的一套高水平、原创性强的学术专著。 丛书立足智能制造及装备、控制及信息技术两大领域，涵盖了物联网、大数据、3D打印、机器人、智能装备、工业网络安全、知识自动化、人工智能等一系列的核心技术。丛书的选题策划紧密结合"中国制造2025"规划及11个配套实施指南、行动计划或专项规划，每个分册针对各个领域的一些核心技术组织内容，集中体现了国内制造业领域的技术发展成果，旨在加强先进技术的研发、推广和应用，为"中国制造2025"行动纲领的落地生根提供了有针对性的方向引导和系统性的技术参考。

　　这套书集中体现以下几大特点：

　　首先，丛书内容都力求原创，以网络化、智能化技术为核心，汇集了许多前沿科技，反映了国内外最新的一些技术成果，尤其使国内的相关原创性科技成果得到了体现。这些图书中，包含了获得国家与省部级诸多科技奖励的许多新技术，因此，图书的出版对新技术的推广应用很有帮助！这些内容不仅为技术人员解决实际问题，也为研究提供新方向、拓展新思路。

　　其次，丛书各分册在介绍相应专业领域的新技术、新理论和新方法的同时，优先介绍有应用前景的新技术及其推广应用的范例，以促进优秀科研成果向产业的转化。

　　丛书由我国控制工程专家孙优贤院士牵头并担任编委会主任，吴澄、王天然、郑南宁等多位院士参与策划组织工作，众多长江学者、杰青、优青等中青年学者参与具体的编写工作，具有较高的学术水平与编写质量。

　　相信本套丛书的出版对推动"中国制造2025"国家重要战略规划的实施具有积极的意义，可以有效促进我国智能制造技术的研发和创新，推动装备制造业的技术转型和升级，提高产品的设计能力和技术水平，从而多角度地提升中国制造业的核心竞争力。

中国工程院院士　潘垚鹄

前言

由于纳米材料展现了异常的力学、电学、磁学、光学特性、敏感特性和催化以及光活性，在国民经济和高新科技等各个领域都有着广泛的应用。同时，纳米技术和器件在精细陶瓷、微电子学、生物工程、化工、医学等领域的成功应用及其广阔的应用前景，使得纳米材料及其技术成为目前科学研究的热点之一，被认为是 21 世纪的又一次产业革命。本书由作者团队结合多年的研发成果和国内外研究进展编撰而成。

本书在介绍纳米材料基本概念和特征的基础上，重点介绍了纳米信息材料、纳米能源材料、纳米生物医用材料、纳米气敏材料及纳米器件在各领域的应用；此外，还详细说明了纳米加工技术与纳米器件制备，以及纳米器件在智能生活、清洁生活、健康生活中的各种应用。全书内容既贴近生活，又反映了纳米高科技领域的技术前沿，帮助读者全面了解纳米材料与器件的各项应用技术。

全书可供纳米材料、新材料领域的研发人员、技术人员阅读，也可供相关专业的院校师生参考。

本书的研究内容总结了作者团队的研究成果，特别感谢与作者共同研究并对这些研究成果做出贡献的研究人员。全书由王荣明、潘曹峰、耿东生等编著，其中，第 1 章由耿东生、王荣明编写，第 2 章由张勇编写，第 3 章由刘佳佳、徐萌、刘佳、张加涛编写，第 4 章由李喜飞、陈志刚、杨磊编写，第 5 章由潘曹峰、杜伟明、李潇逸、王中林编写，第 6 章由杨培培、王浩编写，第 7 章由沈国震、刘开辉编写，第 8 章由杨大驰、朱正友、陈建编写，第 9 章由刘锴、王浩、赵清、王荣明编写，全书由王荣明、潘曹峰、耿东生负责统稿。

近年来，新型纳米材料研究发展迅速，不断取得新的进展。作者力求在本书中体现新型纳米材料与器件的主要进展，但由于技术不断发展，再加之作者水平有限，难以全面、完整地对当前研究前沿及热点问题一一探讨。书中存在的不足之处，敬请读者批评指正，在此不胜感激。

编著者

目录

1 第1章 纳米材料与纳米技术概述

21 第2章 纳米材料的合成与表征

77　第3章　纳米信息材料

196 第7章 纳米加工技术与纳米器件制备

253 第8章 纳米气敏材料与纳米气敏传感器

纳米材料与纳米技术概述

1.1 纳米材料与纳米技术

纳米（nm）是一个长度单位，1nm 等于十亿分之一米（10^{-9}m），大约相当于头发粗细的八万分之一，1nm 的长度相当于 3~5 个原子紧密地排列在一起所具有的长度。纳米的确微乎其微，然而纳米构建的世界超乎了人们的想象。纳米技术是 20 世纪 90 年代迅速发展起来的新兴科技。所谓纳米技术，就是以 1~100nm 尺度的物质或结构为研究对象，通过一定的微细加工方式，直接操纵原子、分子或原子团、分子团，使其重新排列组合，形成新的具有纳米尺度的物质或结构，研究其特性，并由此制造具有新功能的器件、机器以及在其他方面应用的科学与技术。其终极目标是人们可以按照自己的意愿直接在纳米尺度内操纵单个原子、分子，并制造出具有特定功能的产品。可见，纳米科技的首要任务就是要通过各种手段，如微细加工技术和扫描探针技术等来制备纳米材料或具有纳米尺度的结构；其次，借助许多先进的观察测量技术与仪器来研究所制备纳米材料或纳米尺度结构的各种特性；最后，根据其特殊的性质来进行有关的应用。所以，从一定程度上讲，纳米材料、纳米加工制造技术以及纳米测量表征技术构成纳米技术发展的三个非常重要的支撑技术（图 1-1）[1]。

纳米技术的核心思想是制备纳米尺度的材料或结构，发掘其不同凡响的特性并对此予以研究，以便最终能很好地为人类所应用。纳米技术已经被公认为继电子、生物技术、数字信息之后革命性的技术领域。当前纳米技术的研究和应用已经扩展到材料、微电子、计算机技术、医疗、航空航天、能源、生物技术和农业等各领域。许多国家把纳米科技作为前瞻性、战略性、基础性、应用性重点研究领域，投入大量的人力、物力和财力。据统计，2001—2008 年间，纳米技术相关的发现、专利、产业工人、研发项目、产品市值均以每年 25% 的速度增加；到 2020 年，纳米技术相关的产品市值将达到 3 万亿美元（图 1-2）[2]。

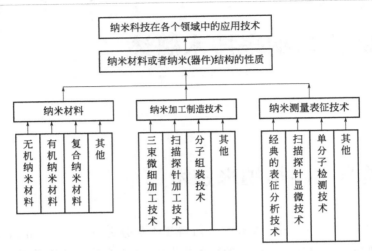

图 1-1 纳米技术的主要基础与重要研究发展方向

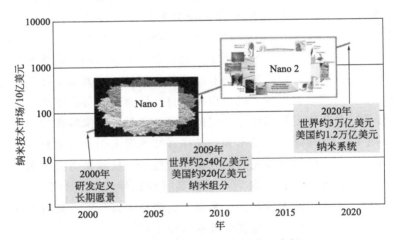

图 1-2 包含纳米技术的终端产品市场

注：研发焦点已由 2000—2010 年（Nano 1）的基础发现转向 2010—2020 年（Nano 2）的应用驱动的基础和系统研究

1.1.1 纳米材料的定义

纳米材料是指在三维空间中至少有一维处于纳米尺度范围（1～100nm）或由它们作为基本单元构成的材料。纳米材料也可以定义为具有纳米结构的材料。其中纳米材料可由晶体、准晶、非晶组成（图 1-3）。纳米材料的基本单元或组成单元可由原子团簇、纳米微粒、纳米线、纳米管或纳米膜组成（图1-4），它既可以是金属材料，亦可以是无机非金属材料和高分子材料等。

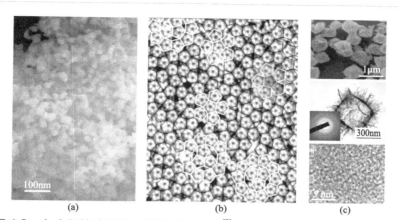

图1-3　（a）钙钛矿晶型 $LaNiO_3$ 纳米颗粒[3]；（b）二茂铁甲酸（FeCOOH）在 Au（111）面上自组装形成的准晶结构[4]；（c）非晶态的 ZnO 纳米颗粒[5]

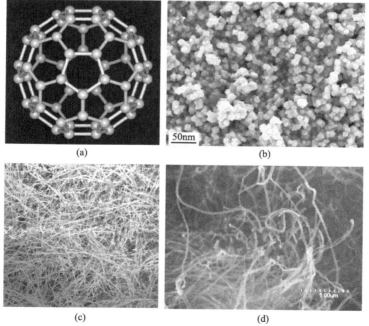

图1-4　（a）C60；（b）四氧化三铁（ Fe_3O_4 ）纳米颗粒；
（c）镍纳米线；（d）碳纳米管

纳米结构是一种显微组织结构，其尺寸介于原子、分子与小于100nm的显微组织结构之间。具有纳米结构的材料也属于纳米材料。应用纳米结构，可将它们组装成各种包覆层和分散层、高比表面积材料、固体材料以及功能纳米器件，如图1-5所示。正是由于纳米材料或者纳米结构具有尺寸效应，从而使得纳米材料具有许多非纳米材料所不具备的奇异特性。

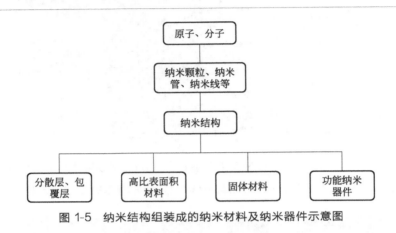

图1-5　纳米结构组装成的纳米材料及纳米器件示意图

纳米材料通常可按维度、材质以及功能进行分类。纳米材料按照维度可分为零维纳米材料、一维纳米材料、二维纳米材料和三维纳米材料。零维纳米材料是指三个维度都处于纳米尺度，一般来说，原子团簇、纳米微粒、量子点等属于零维纳米材料。一维纳米材料是指有两个维度处于纳米尺度，如纳米线、纳米管、纳米纤维等。二维纳米材料是指有一个维度处于纳米尺度，如石墨烯、二硫化钼以及纳米薄膜等。三维纳米材料一般是指纳米结构材料，如纳米介孔材料等。纳米材料按材质可分为纳米金属材料、纳米非金属材料、纳米高分子材料和纳米复合材料，其中纳米非金属材料又可以分为纳米陶瓷材料、纳米氧化物材料和其他纳米非金属材料。纳米材料按功能可分为纳米生物材料、纳米磁性材料、纳米催化材料、纳米热敏材料等。

1.1.2　纳米材料的发展史

人类制备和应用纳米材料的历史可以追溯至1000多年以前。例如，中国古代人们收集蜡烛燃烧的烟尘来用于制墨和制造燃料，这其实是纳米炭黑。此外，中国古铜镜表面存在一层薄薄的防锈层，经过现代技术的检测发现这种防锈层是由纳米氧化锡构成的薄膜（图1-6）。

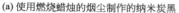

(a) 使用燃烧蜡烛的烟尘制作的纳米炭黑 (b) 表面覆盖着纳米氧化锡薄膜的古铜镜

图1-6 中国古代人们对纳米材料的制备和应用实例

科学家对纳米技术的理论研究始于19世纪60年代，Thomas Graham使用明胶溶解扩散后制备了胶体，胶体的直径处于纳米尺度。但当时人们并没有纳米材料的意识。1905年，爱因斯坦由糖在水中扩散的实验数据计算出一个糖分子的直径约为1nm，人类第一次对于纳米尺度有了认识。20世纪60~70年代，人们对纳米材料的理论有了一定的进展。1962年日本物理学家Kubo（久保）及其合作者对金属超细微粒进行了研究，提出了著名的"久保理论"。由于超细粒子中原子个数的减少，费米面附近电子的能级既不同于大块金属的准连续能级，也不同于孤立原子的分立能级，变为不连续的离散能级而在能级之间出现间隙。当该能隙大于热起伏能 kT（k 为玻尔兹曼常数，T 为热力学温度）时，金属的超细微粒将出现量子效应，从而显示出与块体金属显著不同的性能，这种效应称为久保效应。Halperin对久保理论进行了较全面的归纳，并用量子效应成功地解释了超细粒子的某些特性。1969年Esaki（江崎）和Tsu（朱肇祥）提出了超晶格的概念。所谓超晶格，是指两种或两种以上极薄的薄膜交替叠合在一起形成的多周期的结构。1972年，张立刚等利用分子束外延技术生长出100多个周期的AlGaAs/GaAs的超晶格材料，并在外加电场超过2V时观察到与理论计算基本一致的负阻效应，从而证实了理论上的预言。超晶格材料的出现，使人们可以像Feynman设想的那样在原子尺度上设计和制备材料。超晶格材料及其物理效应已成为当今凝聚态物理和纳米材料最主要的研究前沿领域之一。

20世纪80~90年代是纳米技术迅猛发展的时代。1984年，德国Gleiter教授等首先采用惰性气体凝聚法制备了具有清洁表面的纳米粒子，然后在真空中原位加压制备了Pd、Cu、Fe等金属纳米块体材料。1987年，美国Siegel等用同样方法制备了纳米陶瓷 TiO_2 多晶材料。这些研究成果促进了世界范围内三维纳米材料的制备和研究热潮。1980年以后，扫描隧道显微镜和原子力显微镜的出现和应用，为纳米材料的发展提供了强有力的工具，使人们能观察、移动和重新排列原子。1990年7月在美国巴尔的摩召开了世界上第一届纳米科技学术会议，该会议正式提出了纳米材料学、纳米生物学、纳米电子学、纳米机械学等概念，并决定正式出版《纳米结构材料》《纳米生物材料》和《纳米技术》等学术刊物。这是纳米材料和纳米科技发展的又一个重要里程碑，从此纳米材料和纳米科技正式登上科学技术的舞台，形成了全球性的"纳米热"。从 20 世纪 90 年代至今，纳米材料已经有了长足的发展和应用。人们先后发现和制备了各种纳米材料，如碳纳米管、纳米纤维、纳米薄膜等。纳米材料展现了异常的力学特性、电学特性、磁学特性、光学特性、敏感特性以及催化性和光活性，为新材料的发展开辟了一个崭新的研究和应用领域。纳米材料向国民经济和高技术各个领域的渗透以及对人类社会进步的影响是难以估计的。然而，纳米材料毕竟是一种新兴材料，要使纳米材料得到广泛应用，还必须进行深入的理论研究和攻克相应的技术难关。这就要求人们采用新的和改进的方法来控制纳米材料的组成单元及其尺寸，以新的和改善的纳米尺度评价材料的方法，以及从新的角度更深入地理解纳米结构与性能之间的关系。美国公布的国家纳米计划指出：当前纳米科技研发焦点已由 2000—2010 年（Nano 1）的基础发现转向 2010—2020 年（Nano 2）的应用驱动的基础和系统研究。因此目前纳米材料的发展主要集中在三个方面：一是探索和发现纳米材料的新现象、新性质；二是根据需要设计纳米材料，研究新的合成和制备方法以及可行的工业化生产技术；三是深入研究有关纳米材料的基本理论。

1.1.3　纳米技术的定义

"纳米技术"（Nanotechnology）一词最早是由日本东京理科大学的谷口纪男教授在 1974 年的一次国际会议上提出的，他将纳米技术定义为"在原子和分子层面上对材料进行处理、分离、强化和变形"的技术。美国国家纳米技术计划（National Nanotechnology Initiative，NNI）将纳米技术定义为"对纳米尺度 1～100nm 大小的物质的理解和控制的技术，在该尺度下物质的独特性能使新奇的应用成为可能"。因此，纳米技术的基本含义是在纳米尺寸范围内研究物质的组成，并通过直接操纵和安排原子、分子而创造新物质。因此，纳米材料是纳米技术的核心，纳米技术在很大程度上是围绕纳米材料科学展开的。当前纳米技术涉及了除纳米粒子的制备技术、纳米材料之外的纳米级测量技术、纳米级表层物理力学性能的检测技术、纳米级加工技术、纳米生物学技术、纳米组装技术等。可见，纳米技术是一门交叉性很强的综合学科，以现代先进科学技术为基础，是现代科学（如量子力学、分子生物学）和现代技术（如微电子技术、计算机技术、高分辨显微技术和热分析技术）结合的产物。纳米技术在不断渗透到现代科学技术的各个领域的同时，形成了许多与纳米技术相关的研究纳米自身规律的新兴学科，如纳米物理学、纳米化学、纳米材料学、纳米生物学、纳米电子学、纳米加工学及纳米力学等。

1.1.4 纳米技术的发展历程

1959 年 12 月，美国物理学家、诺贝尔奖获得者 Feynman 在美国物理学会的年会上发表了题为《在底部还有很大空间》（*There's plenty of room at the bottom*）的演讲。他以"由下而上的方法"为出发点，提出从单个分子或原子开始进行组装，并提出了实现这一可能所需要的工具和方法。这篇演讲可以认为是纳米技术发展的一个重要里程碑，是近代科技史上科学家首次预言纳米技术的兴起。表 1-1 列举了从 20 世纪 80 年代至今的一些重要纳米技术发展事件。

表 1-1　纳米技术发展的重要事件

时间/年	重要纳米技术发展事件		
	技术发明/创造者	纳米技术	意义
1981	德国物理学家格尔德·宾宁和瑞士物理学家海因里希·罗雷尔	扫描隧道显微镜（直接观测纳米尺寸物质）	标志着纳米技术研究的兴起
1989	IBM 公司阿尔马登研究中心的唐·艾格勒和他的研究伙伴	利用扫描隧道显微镜把 35 个 Xe 原子排成了"IBM"三个字母	这是人类历史上首次操控原子，使利用原子和分子制造材料和器件成为可能
1991	日本 NEC 的科学家饭岛澄男（Sumino Iijima）等	采用电弧放电合成碳微粒时，在负极的沉淀物中分离获得纳米碳管	纳米碳管的结构、特性从发现到现在，始终得到超乎寻常的重视
1993	日本日立制作所	成功研制出可在室温下工作的单电子存储器。在极微小的晶粒中封入一个电子，用此存储信息	用这种单电子存储器制成 16GB 的存储器，容量相当于当时存储器的 1000 倍
1996	中科院真空物理开放实验室、中科院化学所、北京大学有关科研人员组成的联合研究组	采用自行设计、合成和制备的全有机复合薄膜作为电子学信息存储材料，并利用 STM 获得直径分别为 0.7nm 和 0.8nm 的信息存储点阵	信息点直径是现已实用化的光盘信息存储密度的千万倍以上，奠定了我国在该领域中的国际领先地位
2000	英国牛津大学	采用扫描隧道显微镜，成功在室温下操纵单个溴原子在铜表面上移动	采用这种方法，探针振动一定时间后，即可准确地捕获到溴原子并将其移动到目标位置上。这就使得原子操纵技术前进了一大步
2004	美国斯坦福大学	纳米技术的安全与风险管理报告	借此进行纳米毒理学研究，以及纳米技术对人类健康、环境和生态有无潜在危害研究

由此可见，扫描隧道显微镜（STM）、原子力显微镜（AFM）的出现和应用奠定了纳米技术兴起的基础。在 20 多年中，纳米技术在生物、医药、电子、机械等各个领域得到了长足发展，并取得了众多突破，这离不开世界各国对纳米技术领域研发的巨大资金投入。日本设立纳米材料研究中心，把纳米技术列入科技基本计划的研发重点；德国专门建立纳米技术研究网；美国将纳米计划视为下一次工业革命的核心，美国政府部门在纳米科技基础研究方面的投资已达数亿美元；中国也将纳米技术列为"973 计划"和"国家重大基础研究项目"进行大力发展并对与其相关产业进行大力扶持。

1.2 常见的纳米材料、纳米技术

1.2.1 典型结构纳米材料

区别不同类型纳米结构的一个主要特征是它们的维数，按照几何结构可分为零维纳米材料、一维纳米材料、二维纳米材料和三维纳米材料，本节依次阐述。

（1）零维纳米材料

零维纳米材料是所有维度都处于纳米尺度的细小颗粒，包括各种纳米颗粒、团簇、量子点等。在过去的 10 年中，零维纳米材料取得了显著的进展。人们采用物理法和化学法制造尺寸控制良好的零维纳米材料。图 1-7 给出了三种典型的零维纳米材料。

  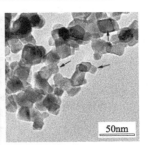

(a) 金原子团簇　　　　(b) 绿色四脚锥量子点　　　　(c) 二氧化钛纳米颗粒

图 1-7　三种典型的零维纳米材料

① 团簇　团簇是几个乃至几百个原子、分子或者离子通过物理或化学结合力聚集在一起的稳定集合体。它是介于原子、分子与块体材料之间的一种物质状态，其性质随所含原子数目不同而变化。团簇在量子点激光、单电子晶体管，尤

其是作为构造结构单元研制新材料有广阔的应用前景。事实上，团簇广泛存在于自然界和人类实践活动中，涉及许多物质运动过程和现象，如催化、燃烧、晶体生长、成核和凝固、相变、溶胶、薄膜形成和溅射等。

② 纳米颗粒 纳米颗粒是直径为纳米级的粒状物质，比团簇更大，尺寸一般在 1～100nm 之间，由于其大的比表面积和较多暴露的表面原子，通常具有不同于块体材料的尺寸效应、表面效应等。

③ 量子点 量子点通常由几千个到上百万个原子组成，是电子、空穴和激子在三个空间维度上束缚住的半导体纳米结构。从严格意义上讲，并非小到一定纳米以下的材料就是量子点。衡量一个材料是否量子点的关键，取决于电子在材料内的费米波长。仅当三个维度的尺寸都缩小到一个波长以下时，就是量子点。

（2）一维纳米材料

一维纳米材料的研究受到人们极大关注，应该始于日本科学家 Iijima 的开创性工作（碳纳米管的发现）。一维纳米材料是指在两维方向上为纳米尺度，另一维长度较大甚至达到宏观量的新型纳米材料。一维纳米材料在纳米电子、纳米器件和系统、纳米复合材料、替代能源和国家安全等领域有着深远的影响。图 1-8 列出了典型的一维纳米材料，如纳米线、纳米棒、纳米管、纳米带等。

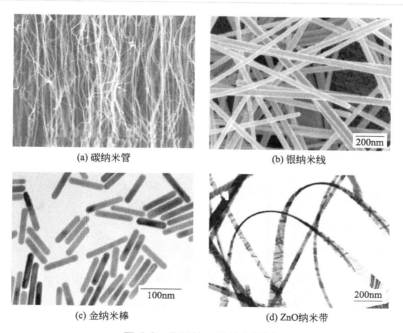

(a) 碳纳米管

(b) 银纳米线

(c) 金纳米棒

(d) ZnO纳米带

图 1-8 典型的一维纳米材料

（3）二维纳米材料

二维纳米材料结构具有纳米尺寸范围之外的两个维度，通常为厚度在纳米量级的单层或多层薄膜（薄带）。二维纳米材料具有许多与整体性质不同的低尺寸特性，合成二维纳米材料已成为材料研究的重点领域。自从 2004 年石墨烯从石墨剥离出来，不仅在凝聚态物理领域，而且在材料科学以及化学领域，二维纳米材料的研究获得了前所未有的关注[6]。通常，无层间相互作用的二维超薄纳米材料的电子约束使之成为基础凝聚态研究和电子器件应用的最佳候选者。其次，原子厚度为二维纳米材料提供了最大的机械柔性和光学透明性，使之在制造高度柔性和透明的电子/光电器件方面极具前景。再者，大的横向尺寸和超薄的厚度赋予了二维纳米材料超高的比表面积，使二维纳米材料非常有利于表面活性相关应用。图 1-9 列出了典型的二维材料，如石墨烯（Graphene）、六方氮化硼（h-BN）、过渡金属硫化物（TMDs）、金属有机骨架化合物（MOFs）、共价有机骨架化合物（COFs）、二维过渡金属碳化物/氮化物/碳氮化物（MXenes）、层状双金属氢氧化物（LDHs）以及黑磷（BP）等。

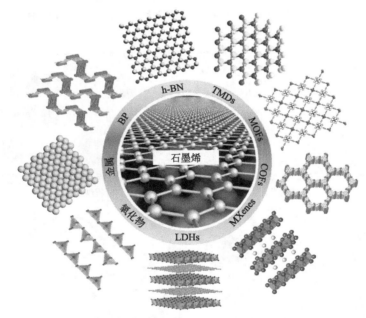

图 1-9　不同种类的典型二维层状纳米材料

（4）三维纳米材料

除零维、一维、二维之外的纳米材料可统称为三维纳米材料，它包括了通常的纳米固体，以及树突状结构纳米颗粒、纳米线圈、纳米锥、纳米花等。

1.2.2 不同功能纳米材料

当材料的尺度缩小到纳米范围时，其部分物理化学性质将发生显著变化，并呈现出由高比表面积或量子效应引起的一系列独特性能。目前，随着纳米材料与器件研究不断发展，纳米材料在多个领域的应用（如能源的高效存储与转换、纳米电子器件、纳米光子器件、化学及生物传感器、化学催化剂、生物医药、环保材料等）呈现出诱人的前景。因此，基于用途，纳米材料分为纳米生物材料、纳米磁性材料、纳米药物材料、纳米催化材料、纳米智能材料、纳米吸波材料、纳米热敏材料、纳米环保材料等。下面举几个典型的例子加以说明。

丰田公司的氢燃料电池车于 2014 年 12 月 15 日在日本正式上市。该车基于氢气与氧气反应生成水的简单反应由质子交换膜燃料电池驱动，它是真正的清洁能源车。而质子交换膜燃料电池的商用催化剂是负载在多孔活性炭上的铂基纳米粒子（图 1-10）。活性炭的尺寸在 30nm 左右，具有较高的比表面积；而铂基粒子的直径在 2～5nm 的范围。燃料电池阳极的氢气氧化反应以及阴极的氧气还原反应都离不开电催化剂的参与。

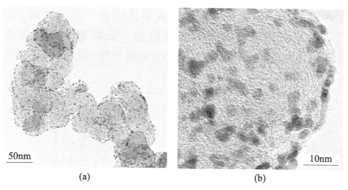

(a)　　　　　　　　(b)

图 1-10　燃料电池用 Pt/C 催化剂的透射电子显微镜照片

硅作为微电子工业领域最重要的基石，在集成电路发展中起到了至关重要的作用。我国科学家发现了纳米线阵列的发光峰位与纳米腔共振模式的一一对应关系，并且通过制备尺寸渐变的硅纳米线阵列，实现了硅纳米线阵列发光峰位在可见以及近红外区域的连续可调。这为实现硅基光电集成奠定了实验与理论基础，有助于推动硅基光源的大规模应用[7]。图 1-11 是典型的硅纳米线阵列的扫描电子显微镜照片。

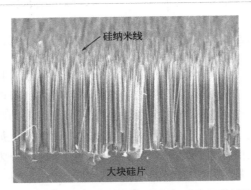

图 1-11　典型的硅纳米线阵列的扫描电子显微镜照片

此外，生物材料与纳米医学是一个跨越材料、化学、生物医学的交叉新型学科。研发具有良好生物相容性的新型生物功能纳米材料，研究其在生命体系中的行为，特别探索针对肿瘤或其他重大疾病的创新治疗策略，对人类健康及医药事业意义重大。我国科学家研制了一种对肿瘤酸性有反应的两性离子聚合物纳米粒子，用于增强药物向肿瘤的传递，如图 1-12 所示。纳米颗粒在生理条件下呈中性充电，且循环时间延长；在进入肿瘤部位后，在酸性细胞外肿瘤环境中，纳米颗粒被激活并带正电荷，因此被肿瘤细胞有效地吸收，从而提高了对肿瘤的治疗效果[8]。可见，纳米材料可通过各种表面修饰、元素组装以及尺寸大小调控等手段，有效改善材料的物理化学性质，从而实现所需生物学效应。

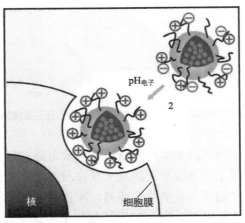

图 1-12　两性离子聚合物纳米粒子形成 PCL-b-P（AEP-g-TMA/Cya），用于增强药物向肿瘤的传递

1.2.3　典型纳米技术

纳米技术也称毫微技术，是一种研究结构尺寸在 $1\sim100nm$ 范围内材料性质和应用的技术，主要包括纳米尺度物质的制备、复合、加工、组装、测试与表征。纳米技术领域不仅包括纳米电子技术、纳米生物技术、纳米显微技术和纳米机械加工技术，而且是一个多学科交叉的横断学科。它是在现代物理学、化学和先进工程技术相结合的基础上诞生的，是一门与高技术紧密结合的新型科学技术[1]。

（1）纳米的化学合成技术

大量的纳米材料是基于化学的合成技术获得的。纳米材料的发展离不开化学家和材料学家的贡献。化学合成技术包括了各种"自下而上"的合成技术，如溶液法、水热法、化学气相沉积法等。巧妙设计化学过程，探究各种化学过程的内在机理，能使人们获得更多有价值的纳米材料。最近，由美国能源部劳伦斯伯克利国家实验室、阿贡国家实验室的化学家和材料学家组成的团队开发出创新的三维"纳米框架"电催化剂——Pt_3Ni 纳米框架，它在阴极还原反应方面的性能大大超过了常规铂-碳微粒催化剂[9]。该催化剂的合成，标志着科学家在深入理解化学溶解过程（内部腐蚀）基础上取得突破。这部分内容将在第 2 章 2.2 节中详细介绍。

（2）纳米机械加工技术

纳米机械加工技术是把纳米技术定位为微加工技术的极限，也就是通过纳米精度的加工来人工形成纳米大小的结构。由美国科学家德雷克斯勒博士在《创造的机器》一书中提出。在理论上，人们直接操纵原子或分子制造出需要的分子结构再组合成分子机器。通过这种技术，可以任意组合所有种类的分子，制造出任何种类的分子结构。随着科技进步，纳米机械加工技术逐渐走向成熟。1990 年，纳米机械加工技术获得了重大突破。美国 IBM 公司阿尔马登研究中心的科学家使用扫描隧道显微镜（STM）把 35 个氙原子移动到各自的位置，在镍金属表面组成了"IBM"三个字母，这三个字母加起来长度不到 3nm，成为世界上最小的 IBM 商标［图 1-13(a)］；近期该中心又使用原子制成了世界最小的电影"A Boy and His Atom"，这部电影使用数千个精确排布的原子来制作近 250 帧定格动画动作［图 1-13(b)］。

现在，科学家采用原子、分子操纵技术、纳米加工技术、分子自组装技术等新技术制造出了纳米齿轮、纳米电池、纳米探针、分子泵、分子开关和分子马达等。例如基于碳纳米管的加工，新加坡科学家已研制出附在原子轴上的分子级齿轮，其大小仅为 1.2nm，其旋转也能受到精确控制。美国也成功研制出尺寸只有 4nm、由激光驱动的具有开关特性的纳米器件。日本丰田公司组装成一辆只有米粒大小、能够运转的汽车，其静电发动机直径只有 1~2mm。德国美因兹微技术研究所制成一架只有黄蜂那么大的直升机，质量不到 0.5g，能升空 130mm。美国波士顿大学的化学家制备出世界上最小的分子马达，该分子马达由 78 个原子构成。由此可见，制造和操控分子级的机械装置也将成为可能。

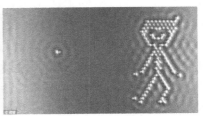

(a) 氙原子组成的IBM　　　　　(b) 原子电影的截图

图 1-13　纳米机械加工技术的应用

(3) 纳米显微技术

以上纳米技术的发展其实都离不开纳米显微技术，它是所有技术的根本。现代显微学在纳米技术领域的研究和发展中起到"眼睛"和"手"的功能。迄今，人们仍在孜孜不倦地寻找纳米尺度上的"火眼金睛"。电子显微技术是以电子束为光源，利用一定形状的静电场或磁场聚焦成像的分析技术，比普通光学显微镜具有更高的分辨率。根据所检测信号的不同，电子显微技术主要包括透射电子显微镜（TEM）、扫描电子显微镜（SEM）、扫描隧道显微镜（STM）、原子力显微镜（AFM）等。这四种分析方法各有特点，在不同方面可以提供更完美的信息。电子显微镜分析具有更多优势，但扫描隧道显微镜和原子力显微镜具有进行原位形貌分析的特点。此外，对于很小的颗粒度，特别是仅由几个原子组成的团簇，就只能用 STM 和 AFM 来分析。随着纳米材料科学的迅猛发展，在如何表征和评价纳米粒子的粒径、形貌、分散状况，分析纳米材料表面、界面性质等方面，必将提出更多、更高的要求。例如环境气氛球差校正电子显微镜，不仅可以将分辨率提高到埃级（亚埃级）水平，而且可以在材料使役条件下进行原位观察。图 1-14 是典型的环境气氛球差校正电子显微镜。

在当今的时代，大规模集成电路的制造已经达到微米和亚微米的量级，电子器件的集成度越来越高，已经接近其理论极限。基于对纳米粒子的设计衍生出纳米电子学，它是纳米技术的重要组成部分，其主要思想是基于纳米粒子的量子效应来设计并制备纳米量子器件，通过以无机材料的固态电子器件尺寸和维度不断变小的自上而下的发展过程，或基于化学有机高分子和生物分子的自组装功能器件尺度逐渐变大的自下而上的发展过程。此外，在生物医学领域，正在研制的生物芯片具有集成、并行和快速检测的优点，已成为生物工程的前沿科技，将直接应用于临床诊断、药物开发和人类遗传诊断。纳米合成、纳米表征（显微）以及纳米加工操作技术奠定了现代纳米电子技术、纳米生物技术的发展的基础。新的合成、分析方法的出现及对不断深入的内在机理的理解，必将推动纳米技术不断向前发展。

图 1-14　典型的环境气氛球差校正电子显微镜

1.3　纳米材料的特殊效应

　　纳米材料由纳米粒子组成，从通常的微观和宏观的观点看，这样的系统既非典型的微观系统亦非典型的宏观系统，是典型的介观系统。纳米材料由于具有极其细微的晶粒，原子大量处于晶界和晶粒内缺陷中心，因此显示出一系列与宏观和微观材料不同的特殊效应。常见的特殊效应有量子尺寸效应、小尺寸效应、表面效应、宏观量子隧道效应等[1,10~13]。这些独特的物理化学性质，在催化、滤光、光吸收、医药、磁介质及新材料等方面有广阔的应用前景，同时也推动基础研究的发展。感兴趣的读者可参考其他专业文献，进一步了解纳米材料的库仑阻塞效应、介电限域效应、量子干涉效应等。

1.3.1　量子尺寸效应

　　当微粒的尺寸下降到某一值（与电子或空穴的德布罗意波长相当）时，载流子（主要指电子或空穴）的运动被局限在一个小的晶格范围内，类似于盒子中的粒子。在这种局限运动状态下，电子的动能增加，原本连续的导带和价带发生能级分裂，禁带宽度随粒子尺寸的减小而增加，费米能级附近的电子能级由准连续能级变为分立能级，吸收光谱阈值向短波方向移动，人们将这种效应称为量子尺寸效应或量子限域效应（Quantum Size Effect）。量子尺寸效应是针对金属和半导体纳米微粒而言的（见图 1-15）。

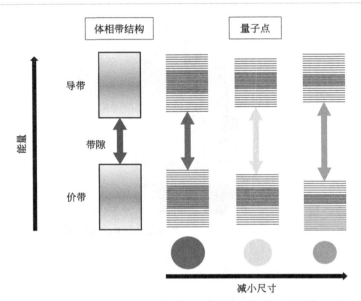

图 1-15　纳米粒子的量子尺寸效应（随尺寸减小，禁带宽度增加）

早在 20 世纪 60 年代，Kubo 提出了连续量子能级的平均间距（δ）表达式为：$\delta = 4E_f/3N$，式中 E_f 为费米势能，N 为粒子中的总电子数。该式指出能级的平均间距与组成粒子中的自由电子总数成反比。能带理论表明，金属费米能级附近电子能级一般是连续的，这一点只有在高温或宏观尺寸情况下才成立。对于只有有限个导电电子的超微粒子来说，低温下能级是离散的；对于宏观物质包含无限个原子（即导电电子数 $N \to \infty$），由上式可得能级间距 $\delta \to 0$，即对大粒子或宏观物体能级间距几乎为零；而对于纳米粒子，所包含原子数有限，N 值很小，这就导致 δ 有一定的值，即能级间距发生分裂。当能级间距大于热能、磁能、静磁能、静电能、光子能量或超导态的凝聚能时，必须考虑量子尺寸效应。量子尺寸效应会导致纳米粒子磁、光、声、热、电以及超导电性与宏观特性有着显著不同。

1.3.2　小尺寸效应

当纳米材料的晶体尺寸与光波波长、传导电子的德布罗意波长、超导态的相干长度或透射深度等物理特征尺寸相当或比它们更小时，一般固体材料赖以成立的周期性边界条件将被破坏，声、光、热和电、磁等特征会出现小尺寸效应。小尺寸效应是随着颗粒尺寸的量变最终引起颗粒性质的质变，从而表现出新奇的效应。例如，纳米银的熔点为100℃，而银块的熔点则为690℃。纳米铁的抗断裂应力比普通铁高12倍。对于纳米尺度的强磁性粒子（如Fe-Co合金），当粒子尺寸为单畴临界尺寸时具有非常高的矫顽力，可应用于磁性信用卡和磁性钥匙等。纳米金随着颗粒尺寸的变化，颜色逐渐变化，如图1-16所示。

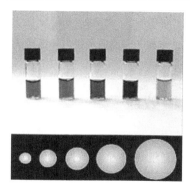

图1-16　不同尺寸的纳米金溶液的不同颜色

1.3.3　表面效应

表面效应是指纳米粒子表面原子数与总原子数之比随粒径变小而急剧增大后所引起的性质上的变化（图1-17）。粒径变小，比表面积变大。例如，粒径为5nm时，比表面积为$180m^2/g$，表面原子的比例为50%；粒径减小到2nm时，比表面积增大到$450m^2/g$，表面原子的比例为80%。由于表面原子增多，致使原子配位不足及表面能高，从而使这些表面原子具有很高的活性且极不稳定，很容易与其他原子结合，致使颗粒表现出不一样的特性。这种原子活性不但引起纳米粒子表面原子输运和构型发生变化，也引起表面电子自旋构象和电子能谱发生变化。

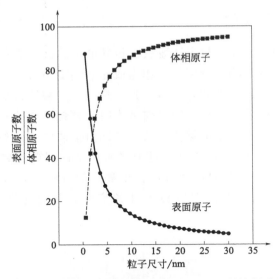

图 1-17　计算的固体金属纳米粒子表面原子数与体相原子数比例随粒子尺寸的变化

1.3.4　宏观量子隧道效应

隧道效应是由微观粒子波动性所确定的量子效应,又称为势垒贯穿。考虑粒子运动时遇到一个高于粒子能量的势垒,按照经典力学,粒子是不可能越过势垒的;按照量子力学可以解出除了在势垒处的反射外,还有透过势垒的波函数,这表明在势垒的另一边,粒子具有一定的概率可贯穿势垒。势垒一边平动的粒子,当动能小于势垒高度时,按照经典力学,粒子是不可能穿过势垒的。对于微观粒子,量子力学却证明粒子仍有一定的概率穿过势垒,实际也正是如此,这种现象称为隧道效应。对于谐振子,按照经典力学,由核间距所决定的位能绝不可能超过总能量;量子力学却证明这种核间距仍有一定的概率存在,此现象也是一种隧道效应。简而言之,微观粒子具有贯穿势垒的能力称为隧道效应。隧道效应是理解许多自然现象的基础。近年来,人们发现一些宏观量(如微颗粒的磁化强度、量子相干器件中的磁通量等)也具有隧道效应,称为宏观量子隧道效应。宏观量子隧道效应的研究对基础研究及应用有着重要意义,它限定了磁带、磁盘进行信息存储的时间极限和器件进一步微型化的极限。早期人们用该理论解释纳米镍粒子在低温继续保持超顺磁性。利用该效应制造的量子器件,要求在几纳米到几十纳米的微小区域形成纳米导电域,电子在这个空间内显现出的波动性产生了量子尺寸效应。

本章小结

"纳米"的内涵不仅仅指空间尺度，更重要的是建立一种崭新的思维方式，即人类将利用越来越小、越来越精确的物质和越来越精细的技术生产成品来满足更高层次的要求。纳米科学技术的最终目标，是人类按照自己的意志操纵单个原子，组装具有特定功能的产品，从而极大地改变人类的生产和生活方式。几十年纳米科学技术的发展历程，以其不争的事实证明了纳米材料作为材料科学的"领军"之一，推动了材料科学的飞速发展，掀起了一轮高过一轮的研究热潮，被誉为"21世纪最有前途的材料"。纳米技术将广泛渗入到经济的各个方面，并带动其他技术（如电力及计算技术等）的创新，具备纳米结构的合成物的生产数量也将达到产业规模。预计未来几年，纳米技术将被广泛应用，从非常便宜、耐用且高效的光电设备，到电动汽车上经济适用的高性能电池，再到新的计算系统、认知技术以及医学诊疗技术领域，几乎所有产业部门的产品及服务都将应用纳米技术。此外，人们也开始关注纳米材料毒理方面的研究。特别地，对纳米技术在环境、健康和安全方面的研究在今后将加速推进，并作为每一项新纳米技术应用的前提条件。任何技术都有其两面性，但只要认真对待纳米技术的正反两面性，就能促进纳米技术的健康发展，并造福于人类。

参考文献

[1] 顾宁，付德刚，张海黔，等. 纳米技术与应用. 北京：人民邮电出版社，2002.

[2] M. C. Roco, C. A. Mirkin, M. C. Hersam. Nanotechnology Research Directions for Societal Needs in 2020: Retrospective and Outlook, National Science Foundation/World Technology Evaluation Center report. Springer, 2010, 321-326.

[3] J. Chen, J. Wu, Y. Liu, et al. Assemblage of Perovskite LaNiO₃ Connected With In Situ Grown Nitrogen-Doped Carbon Nanotubes as High-Performance Electrocatalyst for Oxygen Evolution Reaction. Physica Status Solidi (a), 2018, 215 (21): 1800380.

[4] 范长增. 准晶研究进展（2011～2016）. 燕山大学学报，2016, 40 (2): 95-107.

[5] 唐智勇. 非晶态 ZnO 纳米笼的显著表面增强拉曼散射效应. 物理化学学报，2018, 34 (2): 121-122.

[6] H. Zhang. Ultrathin Two-Dimensional Nanomaterials, ACS Nano, 2015, 9 (10): 9451-9469.

[7] Zhiqiang Mu, Haochi Yu, Miao Zhang,

et al. Multiband Hot Photoluminescence from Nanocavity-EmbeddedSilicon Nanowire Arrays with Tunable Wavelength. Nano Lettrs, 2017, 17（3）: 1552-1558.

［8］ Y. Y. Yuan, Ch. Q. Mao, X. J. Du, et al. Surface Charge Switchable Nanoparticles Based on Zwitterionic Polymer for Enhanced Drug Delivery to Tumor. Advanced Materials, 2012, 24（40）: 5476-5480.

［9］ C. Chen, Y. Kang, Z. Huo, et al. Highly Crystalline Multimetallic Nanoframes with Three-Dimensional Electrocatalytic Surfaces. Science, 2014, 343: 1339-1343.

［10］ 张立德. 纳米材料. 北京: 化学工业出版社, 2001.

［11］ 汪信, 刘孝恒. 纳米材料学简明教程. 北京: 化学工业出版社, 2010.

［12］ 陈敬中, 刘剑洪, 孙学良, 等. 纳米材料科学导论. 北京: 高等教育出版社, 2010.

［13］ 姜山, 鞠思婷. 纳米. 北京: 科学普及出版社, 2013.

第2章

纳米材料的合成与表征

2.1 纳米材料的常见合成方法

　　纳米技术的发展使得人们能够以原子尺寸的精度设计、加工出结构可控的各种材料，从而使其具有所需的机械特性、光学特性、磁性或电子特性。为了实现各种预期的功能，纳米材料的制备技术在当前纳米材料的科学研究中占据极其重要的地位。其中关键是控制材料单元的大小和尺寸分布，并且要求具有纯度高、稳定性好、产率高的特点。从理论上讲，任何物质都可以从块体材料通过超微化或从原子、分子凝聚而获得纳米材料。不论采取何种方法，根据晶体生长规律，都需要在制备过程中增加成核、抑制或控制生长过程，使产物符合要求，成为满足要求的纳米材料。

2.1.1 "自上而下"与"自下而上"

　　纳米材料的合成可以采用所谓"自上而下"或"自下而上"两种模式中的一种。

　　①"自上而下"模式　"自上而下"模式是从大块材料开始，利用机械能、化学能或其他形式能量将其分解制造成所需的微观尺度结构单元。"自上而下"的加工方法又可以分为"物理自上而下"过程和"化学自上而下"过程。

　　"自上而下"的物理过程通常包括机械法、光刻蚀法和平版印刷法。"自上而下"的化学过程包括模板蚀刻选择性腐蚀、去合金化、各向异性溶解、热分解等方法，这些新兴的以化学为基础的纳米加工方法开辟了创建多种应用功能纳米结构的新途径。

　　②"自下而上"模式　"自下而上"的模式是根据自然物理原理或外部施加的驱动力，比如将原子或分子级的前驱体通过化学反应构筑或基于复杂机制和技术来定向自组装成具有复杂构型的纳米结构。这种方法是基于缩合或原子、分子的自组装等手段和制作技巧，由气相或液相向固相转化的化学过程，如气相沉积或液相沉积等。"自下而上"的途径可以在纳米甚至原子和分子尺度以使用原子

或小分子作为多级结构的基本单元进行调控生长，能够在三个空间维度上根据需要实现立体结构的构建，几乎可应用于所有的元素，因此可以合成出纳米尺度的功能单元以及更有效地利用原材料。

　　图 2-1 显示了"自上而下"和"自下而上"两种模式的生长示意图与范例[1]。下面分别列举比较典型的纳米材料合成方法进行简要叙述。

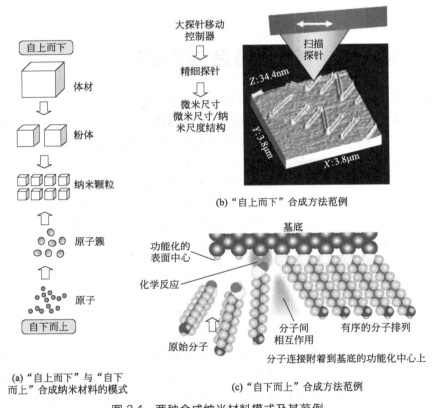

(a)"自上而下"与"自下而上"合成纳米材料的模式

(b)"自上而下"合成方法范例

(c)"自下而上"合成方法范例

图 2-1　两种合成纳米材料模式及其范例

2.1.2　机械加工法

　　机械加工法制备纳米材料，是指块体材料在持续外加机械力作用下局部产生应力和形变，当应力超过材料分子间作用力时材料发生断裂分离，从而被逐渐粉碎细化至纳米材料的过程。制备纳米材料的机械加工法主要包括机械球磨法、电火花爆炸法和超重力法，其中应用比较广泛的是机械球磨法。John Benjamin 于1970 年率先采用机械球磨法合成耐高温高压的氧化物弥散强化合金。随后德国的 K. Schönert 教授指出脆性材料的研磨下限为 $10\sim100nm$，为机械加工法制备纳米材料提供了理论参考[2,3]。按照磨制方式，球磨设备可以分为行星式、振动式、棒式、滚筒式等，通常一次使用一个或多个容器来进行制备。过程是将磨球和原材料的粉末或薄片（$<50\mu m$）放入容器中，球磨罐围绕着球磨机的中心轴公转，同时围绕其自身轴线高速（几百转/分）自转，因为和行星围绕太阳的运动规律相似，因此也被称为"行星式球磨机"（图 2-2）。

图 2-2　行星式球磨机

机械球磨的动力学因素取决于磨球向磨料的能量传递，受到磨球速度、磨球的尺寸及其分布、磨料性质、干法或湿法、球磨温度和时间等因素的影响。由于磨球的动能是其质量和速度的函数，因此常采用结构致密的不锈钢或者碳化钨等材料制作磨球，并根据产物的尺寸需要对磨球的大小、数量及直径分布进行调配。

初始材料可以具有任意大小和形状。球磨过程中容器密闭，球料比通常为 $(5\sim10):1$。如果容器填充量超过一半，则球磨效率会降低。在高速球磨过程中，局部产生的温度在 $100\sim1100℃$ 之间（较低温度有利于形成无定形颗粒，可以使用液体冷却）。当容器围绕中心轴线以及自身轴线旋转时，材料被挤压到球磨罐壁，如图 2-3 和图 2-4 所示。通过控制中心轴和容器的旋转速度以及球磨持续时间，可以将材料球磨成细粉末（几纳米到几十纳米），其尺寸可以非常均匀。

利用机械球磨法制备纳米材料的过程中，除了会细化材料的晶粒尺寸，还会引起粒子结构、表面物理化学性质的变化，从而诱发局部的化学反应，因此机械球磨法也是制备新材料的一种途径。球磨过程可以明显降低反应活化能、细化晶粒、极大提高粉末活性和改善颗粒分布均匀性以及增强基体与基体之间界面的结合，促进固态粒子扩散，诱发低温化学反应。利用这种方法可以获得多种金属、合金、金属间化合物、陶瓷和复合材料等非晶、纳米晶或准晶状态的粉末材料。

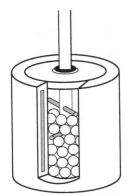

图 2-3 球磨机容器的截面示意图

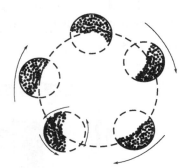

图 2-4 行星运动中的球磨机示意图
（暗区表示粉料，其余部分为空腔）

根据球磨材料的不同，机械球磨法可分为以下三个类型。

① 脆性-脆性类型 物料的尺寸被球磨减小至某一尺度范围而达到球磨平衡。

② 韧性-韧性类型 对于不同的金属或者合金粉末材料，在球磨过程中韧性组元产生变形焊合作用，形成复合层状结构。随着球磨的进一步进行，复合粉末的细化使得层间距减小，扩散距离变短，组元原子间借助于机械能更易于发生互扩散，最后达到原子层次的互混合。这种类型一般包括金属间的球磨体系，诸如Cu-Co、Cu-Zn 合金。

③ 韧性-脆性类型 脆性组元在球磨过程中逐步被破碎，碎片会嵌入到韧性组元中。随着球磨的进行，它们之间的焊合会变得更加紧密，最后脆性组元弥散分布在韧性组元基体中。这种类型一般包括氧化物粉体与金属粉体的球磨体系。

S. Indris 等[4] 将二氧化钛毫米级粉末采用机械球磨法制备了直径小至20nm 的锐钛矿型和金红石型氧化钛纳米粉末。研究结果显示，所获得的二氧化钛纳米粉末的催化活性和电子结构受到粉末形态的显著影响。Lee 等[5] 在不锈钢研磨机中以 300r/min 的速度对 α-Fe_2O_3 粉末进行 $10\sim100h$ 的高能球磨，可以将粉末的粒径从 1mm 减小至 15nm。另外可以采用机械化学方法制备超细钴镍粒子。将氯化钴和氯化镍分别和金属钠混合，同时加入过量氯化钠，通过机械球磨法获得直径在 $10\sim20nm$ 的金属钴和镍的纳米粒子[6]。性能测试表明，所获得的超细粉体的磁化强度虽然有所降低，但是矫顽力显著提高。Shih 等则在干冰存在的情况下，采用真空球磨法将天然鳞片石墨片减薄至厚度为单层或者少层（小于 5 层）的石墨烯薄片，如图 2-5 所示[7]。

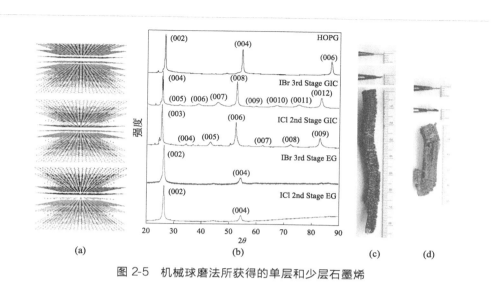

图 2-5 机械球磨法所获得的单层和少层石墨烯

总之，机械球磨法制备纳米结构材料具有可规模化、产量高、工艺简单易行等特点。但是需要注意球磨介质的表面和界面的环境污染问题，诸如空气气氛中的氧、氮对球磨介质的化学反应，同时也会引入合金化金属掺杂，进而影响性能。因此需要采取一些防护措施，诸如真空密封、尽量缩短球磨时间等，或者利用惰性气体加以保护。当然，环境气氛的存在有时是有利的，如通过气-固反应，能够对所获得的纳米粉末进行表面修饰和复合，从而获得新材料。

2.1.3 气相法

（1）气相法沉积原理

气相法是指将气态前驱体通过气-固或者气-液-固相变来获得纳米材料的方法。纳米结构材料可以是零维纳米材料（纳米颗粒）、一维纳米材料（纳米线、纳米管、纳米带）、二维纳米材料（纳米单层薄膜或多层膜）。其中前驱体在气相（原子或分子）状态下随温度降低形成团簇并沉积在合适的基底上。还可以获得非常薄的原子层厚度（单层）或多层（多层是指两种或更多种材料彼此堆叠的层）结构的层状纳米材料。

气相沉积是首先通过电阻或者电子束加热、激光加热或溅射来获得产物材料的高温蒸气，随后通过气氛或者基底降温得到纳米材料。整个生长过程需要在真空系统中进行，一方面可以避免源材料和产物组分的氧化；另一方面颗粒的平均自由程在真空系统中可以获得延长，有利于生长控制。

通常情况下采用电源加热使得源材料获得足够的蒸气压。然而，这种加热方式会造成承载蒸发源的坩埚本身和周围部件也被加热，使之成为潜在的污染物或杂质的来源。采用电子束加热方法进行蒸发可以解决这个问题。电子束聚焦在坩埚中待沉积的材料上时，仅熔化坩埚中材料的一些中心部分，可以避免坩埚的污染，从而获得高纯度的材料蒸气。

气相沉积法获得纳米材料的原理和过程如下：在任何给定温度下，材料都有一定的蒸气压。蒸发过程是一个动态平衡过程，其中离开固体或液体材料表面的原子数应超过返回表面的原子数。液体的蒸发速率由 Hertz-Knudsen 方程给出：

$$\frac{\mathrm{d}N}{\mathrm{d}t} = A\alpha(2\pi mkT)^{-\frac{1}{2}}(p^* - p) \tag{2-1}$$

式中，N 为离开液体或固体表面的原子的数量；A 为原子蒸发的区域，m^2；α 为蒸发系数；m 为蒸发原子质量；k 为玻耳兹曼常数，$1.38 \times 10^{-23} J/K$；T 为热力学温度，K；p^* 为平衡蒸发源处的压力，Pa；p 为表面上的静水压力，Pa。

式(2-1) 表明，在给定温度下沉积速率是可以确定的。考虑到固体、化合物、合金蒸发时，蒸发速率方程通常比简单的 Hertz-Knudsen 方程更复杂。为了获得合成所需的蒸气压，待蒸发材料必须产生 1Pa 或更高的压力。有一些材料如 Ti、Mo、Fe 和 Si，即使蒸发温度远低于其熔点，也能获得较高的蒸气压。另一些材料如 Au 和 Ag 等金属，即使蒸发温度接近其熔点，所获得的蒸气压也比较低，因此只有将这些金属熔化，才能获得沉积所需的蒸气压。

对于合金材料，其金属组元蒸发速率会有所不同。因此，与合金的原始组分相比，蒸发后所沉积的薄膜可能会具有不同的化学计量比。如果化合物用于蒸发，则它很可能会在加热过程中发生分解而导致产物不能保持化学计量比。

合成纳米材料的气相法主要包括蒸发冷凝法、热蒸发法、化学气相沉积法、金属有机化学气相沉积法、原子层沉积法和分子束外延法等。

(2) 蒸发冷凝法

1984 年德国萨克蓝大学的 H. Gleiter 教授首次用真空冷凝法制备了 Pd、Cu、Fe 等纳米晶。这种方法以产物的原材料作为蒸发源，目标材料被蒸发后与真空腔中的惰性气体或反应性气体分子相碰撞，从而在真空腔的冷凝杆上凝结成纳米颗粒而后被收集，如图 2-6 所示。

在制备过程中，金属或高蒸气压金属氧化物从诸如 W、Ta 和 Mo 的难熔金属中蒸发或升华。靠近蒸发源的纳米颗粒密度非常高，并且粒径小（<5nm）。这种颗粒更倾向于获得稳定的较低表面能。通常，蒸发速率和腔室内气体的压力决定了颗粒尺寸及其分布。如果在系统中使用诸如 O_2、H_2 和其他反应性气体，则蒸发材料可以与这些气体相互作用形成氧化物颗粒、氢化物颗粒或氮化物颗

粒。或者可以首先制备金属纳米颗粒，然后进行适当的后处理，以获得所需的金属化合物等。尺寸、形状甚至蒸发材料的物相取决于沉积室中的气体压力。例如，使用 H_2 的气体压力大于 500kPa 时，可以产生尺寸为 12nm 的金属钛颗粒。通过在 O_2 气氛中退火处理，金属颗粒可以转化成具有金红石相的二氧化钛。然而，如果钛纳米颗粒是在 H_2 气压低于 500kPa 的条件下生产的，则它们不能转化为任何晶态钛氧化物相，始终保持无定形结构。该方法可以通过调节惰性气体压力、蒸发物质的分压（即蒸发温度或速率）或者惰性气体温度来控制纳米微粒的大小。

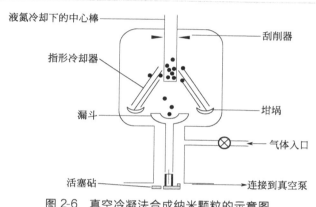

图 2-6　真空冷凝法合成纳米颗粒的示意图

　　图 2-7 所示为蒸发冷凝设备。在施加几兆帕斯卡（MPa）至吉帕斯卡（GPa）的压力下，更易于获得低孔隙率的粒料。

图 2-7　蒸发冷凝设备

（3）热蒸发法

热蒸发法的原理是在高真空中进行热蒸发，将原料加热、蒸发使之成为原子或分子，然后再使原子或分子凝聚形成纳米颗粒。采用该方法制备纳米粒子有以下优点。

a. 可制备单金属颗粒，例如 Ag、Au、Pd、Cu、Fe、Ni、Co、Al、In 等金属粒子[8,9]。

b. 粒径分布范围窄，并且均匀。

c. 粒径可通过调节蒸发速度进行控制。

图 2-8 所示为利用热蒸发法所获得的 Ag 纳米颗粒，纳米粒子的直径随蒸发温度的升高而增大。

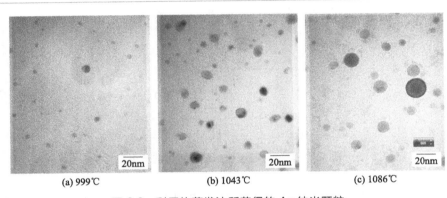

(a) 999℃　　　　　(b) 1043℃　　　　　(c) 1086℃

图 2-8　利用热蒸发法所获得的 Ag 纳米颗粒

（4）脉冲激光烧蚀法

脉冲激光烧蚀法采用高功率激光束的脉冲烧蚀实现材料的蒸发，脉冲激光烧蚀装置与蒸发示意图如图 2-9 所示。该装置是配备惰性气体或反应性气体的超高真空（UHV）或高真空系统。装置由激光束、固体靶和冷却基板三部分组成。理论上只要可以制造出某种材料的靶材，就可以合成出这种材料的团簇。通常激光波长位于紫外线范围内。

在制备过程中，强大的激光束从固体源蒸发原子，原子与惰性气体原子（或活性气体）碰撞，并在基材上冷却形成团簇。该方法通常称为脉冲激光烧蚀法。气体压力对于确定粒度和分布非常关键。同时蒸发另一种材料并将两种蒸发材料在惰性气体中混合，从而形成合金或化合物。该方法可以产生一些材料的新相。例如，可以采用这种方法制备单壁碳纳米管（SWNT）或石墨烯量子点（Graphene Quantum Dots）[10]，如图 2-10 所示。

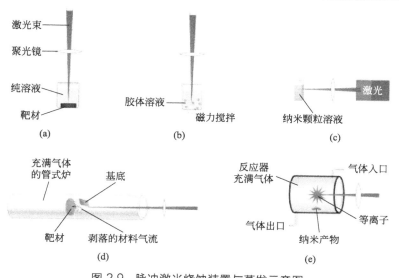

图 2-9　脉冲激光烧蚀装置与蒸发示意图

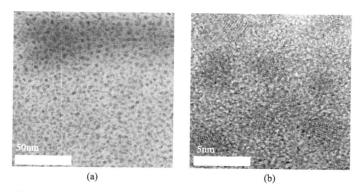

图 2-10　脉冲激光烧蚀法所获得的石墨烯量子点 HRTEM 图像

（5）溅射沉积法

溅射沉积是广泛使用的纳米薄膜沉积技术，其优点是可以获得与靶材相同或相近化学计量比的薄膜，即可以保持原始材料的化学成分比。目标材料可以是合金、陶瓷或化合物。通过溅射沉积能够有效地获得无孔致密的薄膜。溅射沉积法可用于沉积镜面或磁性薄膜的多层膜，在自旋电子学领域具有广泛的应用。

在溅射沉积中，一些高能惰性气体离子如氩离子入射到靶材上。离子在靶材表面变为中性，但由于它们的能量很高，入射离子可能会射入靶材或者被反弹，在靶材原子中产生碰撞级联，取代靶材中的一些原子，产生空位和其他缺陷，同时会除去一些吸附物，产生光子并同时将能量传递给靶材原子，甚至溅射出一些目标原子/分子、团簇、离子和二次电子。图 2-11 所示为离子与目标的相互作用。

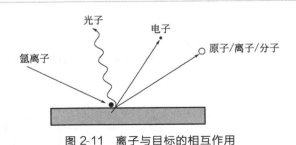

光子　电子　原子/离子/分子

氩离子

图 2-11　离子与目标的相互作用

对于材料的沉积，靶材溅射区域以及目标材料溅射产率由下式给出：

$$Y = \frac{3}{4\pi^2} \times \frac{4M_1M_2}{(M_1+M_2)} \frac{E_1}{E_b} \tag{2-2}$$

$$E_1 < 1\text{keV}$$

$$Y = 3.56\alpha \frac{Z_1Z_2}{Z_1^{\frac{2}{3}} + Z_2^{\frac{2}{3}}} \left(\frac{M_1}{M_1+M_2}\right) \frac{S_n(E_2)}{E_b} \tag{2-3}$$

$$E_2 < 1\text{keV}$$

式中，α 为动量转移效率；M_1 为入射离子质量；M_2 为目标原子质量；Z_1 为入射离子原子数；Z_2 为目标原子数；E_1 为入射离子的能量；E_2 为目标原子的能量；E_b 为靶材原子间的结合能；S_n 为结合能（被称为阻止能量，代表单位长度的能量损失）。

具有相同能量的相同入射离子对不同元素的溅射产率通常不同。因此当靶材是由多种元素组成时，具有更高溅射产率的元素在产物中的含量会更高。根据靶材和溅射目的的不同，可以使用直流（DC）溅射、射频（RF）溅射或磁控溅射来进行溅射沉积。对于直流溅射来说，溅射靶保持在高负电压，衬底可以接地或用可变电位（图 2-12）。可以根据待沉积材料的不同来加热或冷却基底。当溅射室的真空度达到一定值（通常<10Pa）后，引入氩气可观察到辉光。当阳极和阴极之间施加足够高的电压并且其中有气体时，会产生辉光放电，区域可分为阴极发光区、克鲁克暗区、负辉光区、法拉第暗区、正柱区、阳极暗区和阳极发光区。这些区域是产生等离子体的结果，即在各种碰撞中释放的电子、离子、中性原子和光子的混合物。各种颗粒的密度和分布长度取决

于引入的气体分压。高能电子撞击导致气体电离。在几帕压力下就可以产生大量的离子来溅射靶材。

如果要溅射的靶材是绝缘的，则难以使用直流溅射，这是因为它需要使用特别高的电压（$>10^6$V）来维持电极之间的放电，但在直流放电溅射中通常是$100\sim3000$V。由于需要施加高频电压，使得阴极和阳极交替地改变极性，从而产生充分的电离。频率为$5\sim30$MHz可以进行沉积，但通常的沉积频率是13.56MHz，此频率范围的其

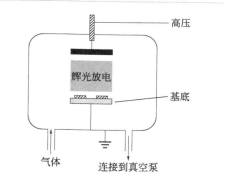

图 2-12 典型直流溅射单元的示意图

他频率可用于通信。如果外加了磁场，则可以进一步提高射频/直流溅射速率。当电场和磁场同时作用于带电粒子时，由于带电粒子受到洛伦兹力，电子以螺旋状路径移动并且能够电离出气体中的更多原子。实际上，沿电场方向的平行和垂直磁场都可用于进一步增加气体的电离，从而提高溅射效率。通过引入 O_2、N_2、NH_3、CH_4 等气体，在溅射金属靶的同时，可以获得金属氧化物（如 Al_2O_3）、氮化物（如 TiN）和碳化物（如 WC），因此又被为"反应溅射"。

溅射方法对于合成多层膜的超晶格结构是一个有力的工具。如图 2-13 所示，a-Si/SiO_2 超晶格结构显示出良好的室温光致发光特性。

（6）化学气相沉积法

化学气相沉积（Chemical Vapor Deposition，CVD）法是一种使用不同的气相前驱体作为反应源合成纳米材料的方法，用这种方法可以获得各种无机材料或有机材料的纳米结构。其特点是设备相对简单，易于加工，可以合成不同类型纳米材料，成本经济，因此在工业中被广泛使用。CVD 的发展趋势是向低温和高真空两个方向发展，并衍生出很多新工艺，如金属有机化学气相沉积（MOCVD）、原子层外延（ALE）、气相外延（VPE）、等离子体增强化学气相沉积（PECVD）。它们原理相似，只是气压源、几何布局和使用温度不同。基本的CVD 工艺过程是反应物蒸气或反应性气体随惰性载气传输向基底（图 2-14），在高温区发生反应并产生不同的产物，这些产物在基底表面上扩散，并在适当的位置形核并生长，通过温度、前驱体浓度、反应时间、催化剂和基底选择获得所需的纳米结构；同时在基底上产生的副产物则被载气携带排出系统。通常基底温度控制在 $300\sim1200$℃。

图 2-13　α-Si/SiO$_2$ 超晶格结构的
室温光致发光照片

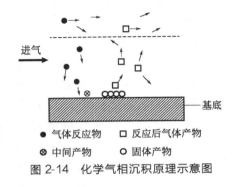

图 2-14　化学气相沉积原理示意图

● 气体反应物　　□ 反应后气体产物
⊗ 中间产物　　○ 固体产物

通常反应腔的压强控制在 $100\sim10^5$Pa 范围内。材料的生长速率和质量取决于气体分压和基底温度。通常温度较低时，生长受表面反应动力学的限制。随温度升高，反应速率加快而反应物的供应相对较慢，这时生长受到质量传递的限制。在高温下，由于前驱体更容易从基底上脱附，生长速率降低。

当有两种类型的原子或分子，如 P 和 Q 参与形核生长时，有两种模式可以进行形核。在所谓的 Langmuir-Hinshelwood（朗格缪尔-修斯伍德）机制中，P 和 Q 型原子/分子都是吸附在基底表面上并与之相互作用，以产生产物 PQ。

当一种物质的被吸收超过另一种物质时，生长取决于 P 和 Q 吸附位点的可用性，如图 2-15 所示。也可以采用另一种方式进行反应，也就是说，P 吸附在基质上，气相中的 Q 与 P 相互作用，因此没有共用位点。这种机制称为 Elay-Riedel 模式（图 2-16）。

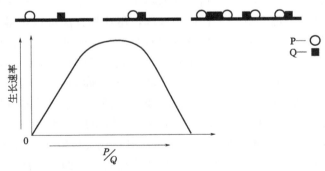

图 2-15　Langmuir-Hinshelwood 形核模式

对于准一维纳米结构来说，化学气相沉积合成主要是通过气-液-固（VLS）机制和气-固（VS）机制来进行的。20 世纪 60 年代，R. S. Wagner 及其合作者在研究微米级的单晶硅晶须的生长过程中首次提出 VLS 生长机制（图 2-17）。

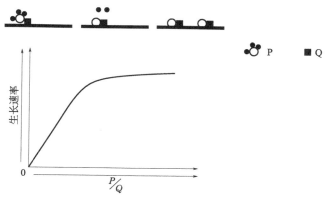

图 2-16 Elay-Riedel 形核模式

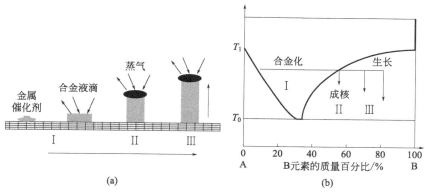

(a)

(b)

图 2-17 VLS 生长机制

目前，VLS 生长方法被认为是制备高产率单晶准一维纳米材料的最有效途径之一。实现气-液-固（VLS）生长需要同时满足以下两个方面的条件。

a. 形成弥散的、纳米级的、具有催化效应的低熔点合金液滴，这些合金液滴通常是金属催化剂和目标材料之间的相互作用形成的，常用催化剂有 Au、Ag、Fe、Ni 等。

b. 形成具有一定分压的蒸气相，一般为目标纳米线材料所对应的蒸气相或组分。

在所有的气相法中，应用 VLS 生长机制制备大量单晶纳米材料和纳米结构是最成功的。VLS 生长机制一般要求必须有催化剂（也称为触媒）的存在。VLS 生长机制的特点如下。

a. 具有很强的可控性与通用性。

b. 纳米线不含有螺旋位错。

c. 杂质对于纳米线生长至关重要，起到了生长促进剂的作用。

d. 在生长的纳米线顶端附着有一个催化剂颗粒，并且催化剂的尺寸在很大程度上决定了所生长纳米线的最终直径，而反应时间则是影响纳米线长径比的重要因素之一。

e. 纳米线生长过程中，端部合金液滴的稳定性是很重要的。

VS 生长机制一般用来解释无催化剂的晶须生长过程。如图 2-18 所示，生长中反应物蒸气首先经热蒸发、化学分解或气相反应而产生，然后被载气输运到衬底上方，最终在衬底上沉积、生长成所需要的目标材料。VS 生长机制的特点如下。

a. VS 生长机制的雏形是晶须端部含有一个螺旋位错，这个螺旋位错提供了生长的台阶，导致晶须的一维生长。

b. 在生长过程中气相过饱和度是晶体生长的关键因素，并且决定着晶体生长的主要形貌。

c. 一般而言，很低的过饱和度对应于热力学平衡状态下生长的完整晶体。

d. 较低的过饱和度有利于生长纳米线。

e. 稍高的过饱和度有利于生长纳米带。

f. 再提高过饱和度，将有利于形成纳米片。

g. 当过饱和度较高时，可能会形成连续的薄膜。

h. 过饱和度若过高，会降低材料的结晶度。

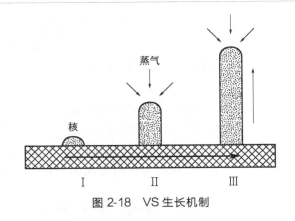

图 2-18　VS 生长机制

2.1.4　液相法

液相法制备纳米材料是将均相溶液通过各种调控手段使溶质和溶剂分离，溶质形成一定形状和大小的前驱体，分解后获得纳米尺寸材料。

不同形状和尺寸的纳米颗粒的合成是一个比较复杂的过程。图 2-19 所示为合成纳米颗粒的典型化学反应器。

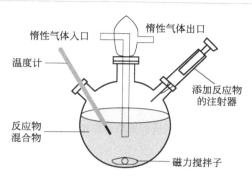

惰性气体入口　惰性气体出口

温度计

添加反应物的注射器

反应物混合物

磁力搅拌子

图 2-19　合成纳米颗粒的典型化学反应器

成核过程属于"自下而上"的生长模式，由原子或分子聚集在一起形成固体。该过程可以是自发的，并且可以是均质或异质形核。当在所得颗粒的原子或分子周围成核时，发生均质成核。另一方面，异质成核可以发生在诸如灰尘等外来颗粒上，或者是特意添加的颗粒、模板或容器壁。如果在溶液中存在一些气泡并破裂，则由此产生高的局部温度和压力可能足以引起均匀成核。在图 2-20 所示的曲线 A 中可以看出，当溶质浓度接近过饱和度时会发生快速形核。如果原子核通过溶液扩散并快速获得原子，则会降低溶质浓度，与曲线 B 中的聚集颗粒或曲线 C 中的奥斯特瓦尔德熟化（Ostwald-ripened）颗粒相比，可以在相对较短的时间内形成均匀尺寸的颗粒。在奥斯特瓦尔德熟化过程中，如果溶液长时间处于过饱和状态，粒子的形核会导致某些粒子越来越小，而另一些粒子会越来越大，这种大小粒子共存的状态会维持相当长一段时间，然后溶质浓度开始降低。较大的颗粒倾向于吞噬较小的颗粒而变得更大，使得总表面能降低。在生长过程中，溶质浓度和溶液温度会强烈影响生长。另外，晶体结构、缺陷、有利位点等会对最终产物的形成产生强烈影响。

如图 2-20 所示，一旦成核，根据外部条件不同，晶核的生长可能会沿着曲线 A、B 或 C 的任何一条途径生长。曲线 A 描绘的生长路线是 LaMer 提出的经典路线，因此称为 LaMer 图。成核过程是受到热力学因素控制的。晶核的尺寸由在形核过程中的自由能变化以及晶核的表面能确定。晶核首先要达到一个稳定的临界尺寸（临界半径 r^*），才有可能继续长大成为更大的稳定颗粒。半径小于 r^* 的粒子称为晶胚。这种晶胚形成的形核功（ΔG_r）由下式给出：

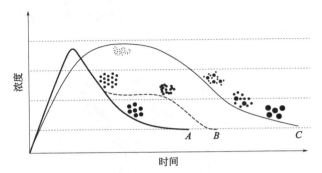

图 2-20　纳米粒子的成核和生长（LaMer 图）

$$\Delta G_r = \frac{4}{3}\pi r^3 \Delta G_V + 4\pi r^2 \gamma_{SL} \tag{2-4}$$

式中，r 为晶胚半径；ΔG_V 为液体和固体之间单位体积自由能变化；γ_{SL} 为液体和固体的界面自由能。

在固体的熔点（T_m）以下，ΔG_V 为负，而表面自由能或表面张力 γ_{SL} 为正。这两种能量随着晶胚半径 r 的增加而此消彼长。形核功（ΔG_r）随晶胚尺寸的变化曲线如图 2-21 所示。

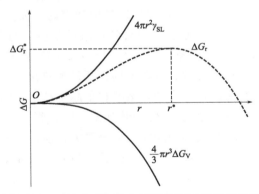

图 2-21　形核功（ΔG_r）随晶胚尺寸的变化曲线

可以推导出均相形核临界尺寸：

$$r^* = \frac{-2\gamma_{SL} T_m}{\Delta H_f \Delta H} \tag{2-5}$$

当在一些外来颗粒或表面（例如容器壁或基底）上发生成核时，则发生异质形核，这样可以降低成核所需的能量。因此异质形核的临界尺寸比均质形核要小。

合成纳米材料的液相法主要包括溶胶-凝胶法、水热合成法、微乳法、LB 法等。液相法主要优点是设备简单、原料容易获得、纯度高、均匀性好、可精确控制化学组成、容易添加微量有效成分、纳米材料表面活性高、容易控制材料的尺寸和形状、工业化生产成本低等。

（1）溶胶-凝胶法

顾名思义，溶胶-凝胶涉及两种类型的材料或组分，即"溶胶"和"凝胶"。溶胶-凝胶法基本原理是将金属醇盐或无机盐经水解直接形成溶胶或经解凝形成溶胶，然后使溶质聚合凝胶化，再将凝胶干燥、焙烧去除有机成分，最后得到无机材料。自 1845 年 M. Ebelman 采用这种方法以来，溶胶-凝胶法就广为人知。然而，直到最近的二三十年，溶胶-凝胶法才引起人们比较大的兴趣。首先，溶胶-凝胶的形成温度通常比较低，这意味着溶胶-凝胶的合成能耗更低，污染更少。在前驱体不是很昂贵的情况下，溶胶-凝胶法是一种很经济的合成纳米材料的方法。另外溶胶-凝胶法还有一些特别的优点，例如可以通过有机-无机杂化获得如气凝胶、沸石和有序多孔固体等结构独特的材料，还可以使用溶胶-凝胶技术合成纳米颗粒、纳米棒或纳米管。

溶胶是液体中的固体颗粒（图 2-22），因此可以把它们看成胶体粒子。而凝胶是由充满液体（或含有液体的聚合物）的孔隙的颗粒组成的连续网络。溶胶-凝胶法的过程包括在液体中形成"溶胶"，然后将溶胶颗粒（或一些能够形成多孔网络的亚单元）连接起来以形成网络。通过蒸发液体，可以获得粉末、薄膜甚至固体块体。

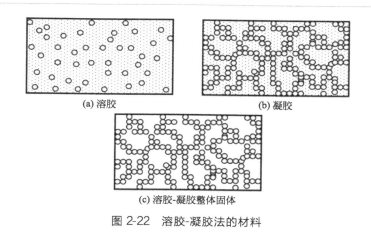

(a) 溶胶　　　　　　　　(b) 凝胶

(c) 溶胶-凝胶整体固体

图 2-22　溶胶-凝胶法的材料

如图 2-23 所示，溶胶-凝胶法合成纳米材料的过程包括前驱体的水解、缩合，以及缩聚后形成颗粒、凝胶化和干燥等多个步骤。前驱体应选择具有形成凝胶倾向的物质，如醇盐或金属盐。醇盐具有通式 M（ROH）$_n$，其中 M 是阳离子，ROH 是醇基，n 是每个阳离子的 ROH 基团的数目。例如 ROH 可以是甲醇（CH_3OH）、乙醇（C_2H_5OH）、丙醇（C_3H_7OH）等与 Al 或 Si 等阳离子成键。金属盐可以表示为 MX，其中 M 是阳离子，X 是阴离子，如 $CdCl_2$ 中 Cd^{2+} 是阳离子，Cl^- 是阴离子。

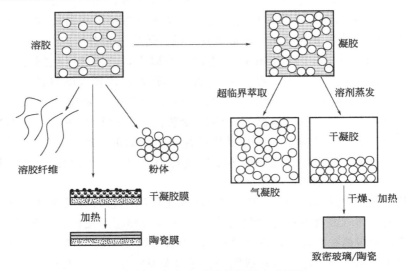

图 2-23　溶胶-凝胶法的材料合成过程

尽管制备氧化物不一定要用溶胶-凝胶法，但通常氧化物陶瓷最好通过溶胶-凝胶法合成。例如在二氧化硅中，中心为硅且四面体顶点有四个氧原子的 SiO_4 基团非常适用于通过四面体的角形成具有互连性的溶胶，从而产生一些空穴或孔隙。与金属阳离子相比，硅的电负性更高，因此它不易受到亲核攻击。通过缩聚过程（即很多水解单元将一些小分子，如羟基通过脱水反应然后聚集在一起），溶胶成核并最终形成溶胶-凝胶纳米结构。

溶胶-凝胶法的优缺点：

① 化学均匀性好（胶粒内及胶粒间化学成分完全一致）；

② 纯度高（粉料制备过程中无需机械混合）；

③ 颗粒细，胶粒尺寸小于 $0.1\mu m$；该法可容纳不溶性组分或不沉淀组分。不溶性颗粒均匀地分散在含不产生沉淀的组分的溶液中。经胶凝化，不溶性组分可自然地固化在凝胶体系中。不溶性组分颗粒越细，体系化学均匀性越好。

Lee 课题组利用溶胶-凝胶法制备了含有氧化钛薄层的（TiO_x）聚合物光伏

电池[11]，如图 2-24 所示。氧化钛薄层被沉积在 P3HT：PCBM 活性层和集流层 Al 层之间，该光伏电池可有效增加短路电流值。前驱体 $Ti[OCH(CH_3)_2]_4$、$CH_3OCH_2CH_2OH$ 和 $H_2NCH_2CH_2OH$ 被放置在装有冷凝管、温度计和氩气通口的三颈烧瓶内，在 80℃加热回流 2h 后再在 120℃加热 1h，循环两次后获得氧化钛溶液，随即旋涂在活性层上以获得光伏电池。

（2）水热合成法

水热合成法是在高压釜里的高温高压反应环境中，采用水作为反应介质，使得通常难溶或不溶的物质溶解，通过颗粒的成核与生长，在高压环境下制备纳米微粒的方法。在高温高压的水热体系中，黏度随温度的升高而降低，有助于提高化合物在水热溶液中的溶解度。

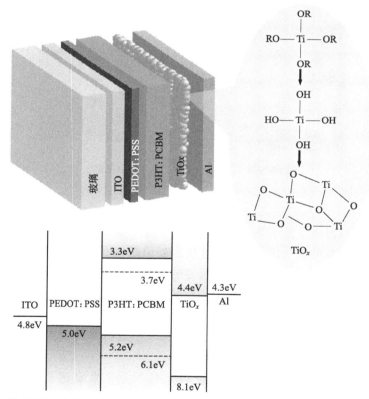

图 2-24　溶胶-凝胶法制备含有氧化钛薄层的（TiO_x）聚合物光伏电池

ITO—掺锡氧化铟（Indium TinOxide）；PEDOT：PSS—聚 3,4-乙烯二氧噻吩：聚苯乙烯磺酸；
P3HT：PCBM—聚 3 己基噻吩：富勒烯衍生物；TiO_x—氧化钛；Al—铝

水热合成法可用于大规模生产纳米至微米尺寸的颗粒。首先将足量的化学前驱体溶解在水中，置于由钢或其他金属制成的高压釜中，高压釜通常可承受高达300℃的温度和高于100个大气压的内压，通常配有控制仪表和测量仪表，如图 2-25 所示。高压釜最早是由德国科学家罗伯特·本森（Robert Bunsen）在1839 年用于合成锶和碳酸钡晶体。他使用厚玻璃管，使用温度高于 200℃，压力超过 100 个大气压。该技术后来主要由地质学家使用，并且由于具有产量大、形状新颖和尺寸可控等优点，受到了纳米技术研究人员的欢迎。

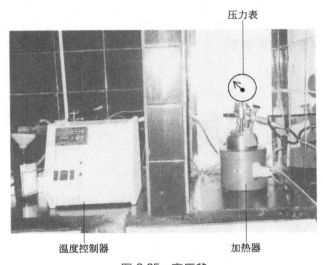

图 2-25　高压釜

当难以在低温或室温下溶解前驱体时，该技术变得十分有用。如果纳米材料在熔点附近有很高的蒸气压力，或者在熔点处结晶相不稳定，这种方法十分有利于孕育纳米颗粒。纳米颗粒的形状和尺寸的均匀性也可以通过该技术实现。通过水热方法合成了各种氧化物、硫化物、碳酸盐和钨酸盐等纳米颗粒。水热合成技术的另一种特点称为强制水解。在这种情况下，通常使用无机金属盐的稀释溶液（$10^{-4} \sim 10^{-2}$ mol/L），并且在高于 150℃的温度下进行水解。当溶剂为有机液体而非水系溶液时，这种方法也称为溶剂热法。

Tong 等利用水热合成法通过裂解 $g\text{-}C_3N_4$ 成功地制备出高比表面积（1077m^2/g）、高氮含量（原子分数 11.6%）且掺杂 N 的微米级多孔碳纳米片[12]，如图 2-26 所示。其中 $g\text{-}C_3N_4$ 既作为水热合成的模板，又作为反应物中的 N 源。首先采用热裂解方法，将尿素裂解为具有多孔结构片状的 $g\text{-}C_3N_4$；然后通过在 180℃水热处理葡萄糖得到胶体状碳化葡萄糖颗粒，将其沉积在

g-C$_3$N$_4$ 片表面；随后在 N$_2$ 气氛下在 900℃ 加热样品，最终获得了掺杂 N 的微米级多孔碳纳米片。该实验方法简单可控，所制备的纳米片 N 含量高，表现出良好的电催化 ORR 特性。

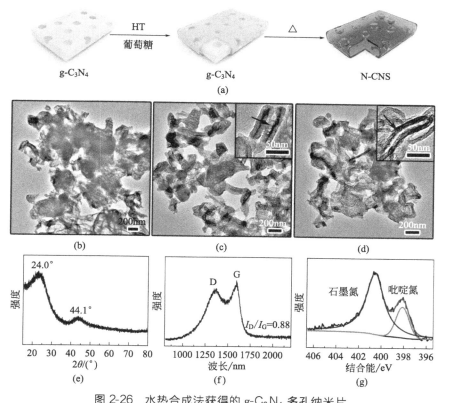

图 2-26　水热合成法获得的 g-C$_3$N$_4$ 多孔纳米片

（3）微乳法

在微乳液产生的空腔中纳米颗粒的合成也是一种广泛使用的方法。两种互不相溶的溶剂在表面活性剂双亲分子作用下形成乳液并被分割成微小空间，形成微型反应器，反应物在此反应器中经成核、聚结、团聚、热处理后可获得纳米粒子，其大小可控制在纳米级范围。由于微乳液能对纳米材料的粒径和稳定性进行精确控制，限制了纳米粒子的成核、生长、聚结、团聚等过程，从而形成的纳米粒子包裹有一层表面活性剂，并有一定的凝聚态结构。该方法的特点是纳米粒子的单分散和界面性好，并且合成材料具有良好的生物相容性和生物降解性。每当两种不混溶的液体被搅拌在一起时，它们就会形成"乳液"，使得较少量的液体试图形成小液滴，凝聚的液滴或层会使它们全部与液体的其余部分（例如牛奶中的脂肪液滴）发生分离。乳液中的液滴尺寸通常大于 100nm 甚至为几毫米。乳液外观通常是浑浊的。另外，存在另一类不混溶液体，称为微乳液，表现为透明的并且液滴尺寸在 1～100nm 的范围内，十分有利于合成纳米材料。

如果两亲性分子在水溶液中扩散，它们会试图与空气中的疏水基团和溶液中的亲水基团保持空气-溶液界面，这种分子称为表面活性剂。比如当烃溶液与水性介质混合时（图 2-27），烃溶液本身将与水溶液分离并漂浮在其上。当表面活性剂分子在水溶液中大量混合时，若水溶液混入油中，它们会试图形成所谓的"胶束"和"反胶束"。在胶束中，头部组漂浮在水中，尾部在内部，而尾部在反胶束的情况下向外指向。

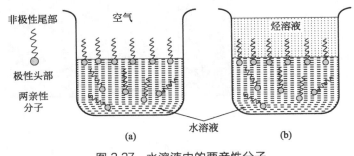

图 2-27　水溶液中的两亲性分子

当有机液体或油、水和表面活性剂混合在一起时，在某些临界浓度下，根据水和有机液体的浓度形成"胶束"或"反胶束"。如图 2-28 所示，胶束具有漂浮在水中的头部组，而尾部和尾部组合填充腔体以及内部的有机液体。反胶束是反向胶束的情况。它们也可以形成各种形状，图 2-29 示出了在不同合成条件下胶束的不同形状。

临界胶束浓度（CMC）取决于所有水、油和表面活性剂浓度。表面活性剂的作用是将水的表面张力显著降低至 CMC 以下，并且在其上方保持恒定，因为有机溶剂浓度持续增加。有机溶质也会在一定程度上降低表面张力。如果使用任何电解质，它们会略微增加表面张力。一般有四种类型的表面活性剂：一是阳离子型，例如 CTAB，$C_{16}H_{33}N(CH_3)_3^+ Br^-$；二是阴离子型，例如具有通式 R—的磺化化合物，三是非离子型，例如 R—$(CH_2—CH_2—O)_{20}$—H，其中 R 是 $C_n H_{2n+1}$；四是两性离子型，有些活性剂的一些性质类似于离子型活性剂，而另一些性质和非离子型相似，如甜菜碱。

Lee 等利用微胶囊自组装的方法在 SiO_2 微囊内同时包裹 CdSe 量子点和 Fe_2O_3 纳米磁性材料[13]，如图 2-30 所示。CdSe 量子点的存在同时增加了

Fe_2O_3 纳米颗粒的磁各向异性。该微胶囊分三步法合成：首先分别合成 CdSe 量子点和 Fe_2O_3 纳米颗粒。然后将聚氧乙烯、壬基苯醚、Igepal CO-520 超声分散在环己烷中，随后加入 CdSe 和 Fe_2O_3 环己烷溶液，在 NH_4OH 氛围内混合自组装，获得棕色透明的反相微胶囊。最后加入正硅酸四乙酯，反应 48h 后获得同时包裹 CdSe 和 Fe_2O_3 的 SiO_2 微胶囊。

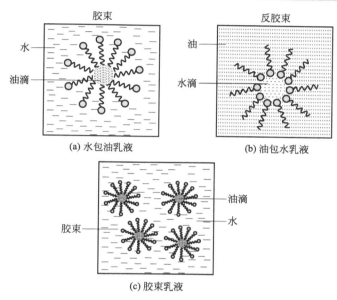

图 2-28　胶束和反胶束的形成

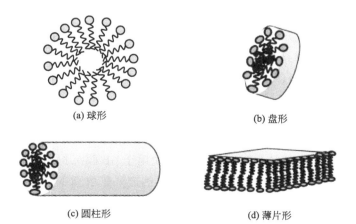

图 2-29　不同形状的胶束

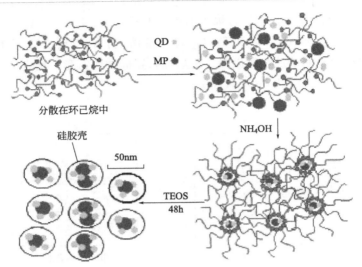

图 2-30 利用微乳法获得的在 SiO_2 微囊内同时
包裹 CdSe 量子点和 Fe_2O_3 纳米磁性材料

（4）LB 法

将兼具亲水和疏水的两亲性分子分散在气液界面，逐渐压缩其在水面上的占有面积，使其排列成单分子层，再将其转移沉积到固体基底上得到一种膜，人们习惯上将漂浮在水面上的单分子层膜称为 Langmuir 膜，而将转移沉积到基底上的膜称为 Langmuir-Blodgett 膜，简称为 LB 膜。这种将有机覆盖层从气-液界面转移到固体基质上的技术是由科学家 Langmuir 和 Blodgett 开发的，因此以他们的名字命名。在这种方法中，人们使用像脂肪酸中的两亲性长链分子。两亲性分子（图 2-31）在一端具有亲水基团，在另一端具有疏水基团。例如，花生酸的分子具有化学式 $[CH_3(CH_2)_{16}COOH]$，有许多这样的长有机链具有通用化学式 $[CH_3(CH_2)_nCOOH]$，其中 n 是正整数。在这种情况下，—CH_3 是疏水的，—COOH 本质上是亲水的。

通常 $n > 14$ 的分子比较有利于获得 LB 膜，这对于保持疏水性和亲水性末端能彼此良好分离是必要的。图 2-32 列出成功用于 LB 膜沉积的不同类型分子的举例。当这些分子被放入水中时，分子以这样的方式扩散到水的表面上，使得它们的亲水末端（通常称为"头部"）浸入水中，而疏水末端（称为"尾部"）保留在空气中。它们也是表面活性剂，表面活性剂是两亲性分子，其中一端是极性、亲水性基团，另一端是非极性、疏水性（憎水性）基团。

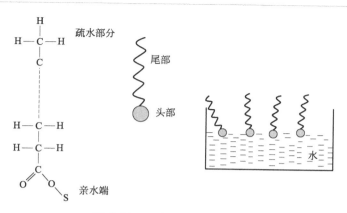

图 2-31　两亲性分子的结构式

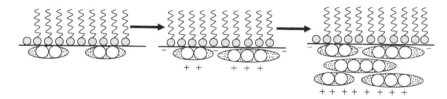

图 2-32　LB 膜的合成步骤

使用可移动的基底可以将这些分子压缩在一起形成"单层"并对齐尾部。

具有亲水性和疏水性末端的两亲性分子，头部基团浸入水中，尾部基团在空气中，亲水性末端和疏水性末端可以很好地分离，这种单层是二维有序的，可以转移到一些合适的固体基底上，如玻璃、硅等。这可以通过将固体基底浸入有序分子的液体中来实现，如图 2-31 所示。

"层"在固体基底上转移取决于基底材料的性质，即疏水性还是亲水性。浸入液体中的载玻璃片被浸渍后从液体中取出时，头组可以容易地附着在玻璃表面上。结果，整个单层以一种拉出地毯的方式转移，其外侧是疏水的。因此，当它再次浸入液体中时会获得第二层，其尾-尾靠近在一起并且当它被拉回到空气中时，拉动另一个具有头-头组的单层分子。浸渍基底的过程可以重复几次，以获得有序的多层分子。然而，为了在水面上保持有序层，有必要对分子保持恒定的压力。

图 2-32 显示了 LB 膜的合成步骤：

a. 形成单层两亲性分子；b. 将基底浸入液体中；c. 拉出基底，在此期间有序分子附着到基底上；d. 当再次浸渍基底时，分子再次沉积在基底，在基底上形成第二层；e. 当再次拉出基底时，沉积薄层。

通过重复该过程，可以在基底上转移大量有序层，不同层之间的相互作用力为范德华分子力。在这种意义上，即使层数很多，薄膜仍保持其二维特性。如上所述的有机分子的长度通常为 2～5nm。因此，LB 膜本身是纳米结构材料的良好例子。

使用 LB 技术也可以获得纳米颗粒。如图 2-33 所示，将金属盐如 $CdCl_2$ 或 $ZnCl_2$ 溶解在水中，在其表面上涂布压缩均匀的单层（单层分子）表面活性剂。当 H_2S 气体通过溶液时，可以形成几十纳米的 CdS 或 ZnS 纳米颗粒。颗粒是单分散的（几乎一种尺寸）。如果不存在表面活性剂分子，则不能形成均匀的纳米颗粒。

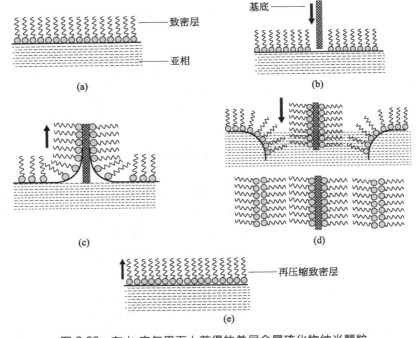

图 2-33　在水-空气界面上获得的单层金属硫化物纳米颗粒

黄嘉兴课题组在水溶液中对单层氧化石墨烯依据边对边自组装和面对面自组装这两种模式在 Langmuir 气-液界面上进行了自组装[14]，如图 2-34 所示。研究发现，由于氧化石墨烯表面存在着静电斥力，在水溶液中能够以稳定的单层存在。进行边对边自组装时，由于边界折叠和弯曲效应，单层容易发生可逆性的堆积；而面对面自组装时，则发生不可逆的堆积，形成多层结构。Langmuir 膜是一种有效地研究氧化石墨烯自组装的方法。

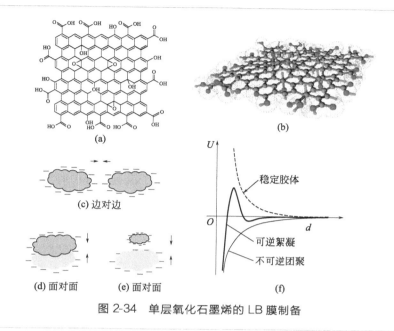

(a)

(b)

(c) 边对边

(d) 面对面　(e) 面对面

(f)

图 2-34　单层氧化石墨烯的 LB 膜制备

（5）超声合成法

超声合成法是利用气泡在液体中破裂时可以释放大量能量的优势，通过增强前驱体的反应活性，利用频率范围为 20kHz～2MHz 的超声波形成气泡（图 2-35）来获得纳米材料的方法。它可以被认为是一种通过替代加热和/或加压来增强液体中化学反应的方法。

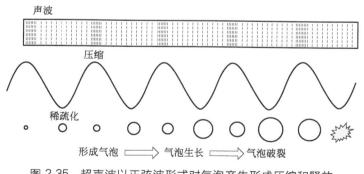

声波

压缩

稀疏化

形成气泡 ⟹ 气泡生长 ⟹ 气泡破裂

图 2-35　超声波以正弦波形式对气泡产生形成压缩和释放

尽管尚未充分了解如何使用超声方法合成纳米颗粒，但是人们一致认为液体中气泡的产生、生长和坍塌是引起反应的最重要途径。超声波在通过液体时会产生非常小的气泡，这些气泡会持续生长直到达到临界尺寸而爆裂，从而释放出非常高的能量，局部达到约 5000℃ 的温度，压力是大气压的几百倍。在气相发生反应时，液相中的溶质会扩散到膨胀的气泡中。气泡爆炸时的液相反应也可能发生在气泡周围的界面区域（约 200nm 距离），其中在气泡周围的界面区域（200nm 距离）温度可以高达 1600℃。通常，气泡的尺寸可以是十微米到几十微米，其中溶剂和溶质的选用非常重要。非挥发性液体会阻止气泡的形成，这是我们所希望得到的，因为只有这样，反应物才能以蒸气形式进入气泡内。溶剂的化学特性则要求呈惰性，并且在超声辐射过程中保持稳定。有趣的是，冷却速率也可高达每秒 10^{11}℃ 或更高。因为冷却速率高，原子没有足够的时间进行重组，所以有利于产生无定形纳米颗粒。这种无定形颗粒相比相同尺寸和材料的结晶颗粒更有活性，这在催化等领域很有用。使用超声方法已合成了各种纳米颗粒，如 ZnS、CeO_2 和 WO_3 等。

（6）微波合成法

在人们的日常生活中，常使用微波炉加热或烹饪食物。微波炉在 1986 年左右开始进入科学实验室。当时一些科学家证明，即使利用家用微波炉也可以快速、大规模和均匀地合成材料。当然，由于对科学设备所要求的搅拌力、温度和功率不能很好地控制，家用微波炉曾不被认为是可控的化学合成设备。然而，由于微波具有很多优点，微波合成的参数已经逐渐可控并在科研工作中广泛应用。

微波是电磁频谱的一部分，具有非常长的波长，其频率在 $300\sim300000$MHz 的范围内。但是，只有某些频率用于家用设备和其他设备，其余波段需要用于通信。微波会产生振荡电场和磁场，从而在容器中产生节点和反节点以及相应的冷热点。该电场作用在物体上，由于电荷分布不平衡的小分子迅速吸收电磁波而使极性分子产生 25 亿次/s 以上的转动和碰撞，从而使极性分子随外电场变化而摆动并产生热效应；又因为分子本身的热运动和相邻分子之间的相互作用，使分子随电场变化而摆动的规则受到了阻碍，这样就产生了类似于摩擦的效应，一部分能量转化为分子热能，造成分子运动的加剧，分子的高速旋转和振动使分子处于亚稳态，这有利于分子进一步电离或处于反应的准备状态，因此被加热物质的温度在很短时间内得以迅速升高。这种方法的优点是外部能量不会浪费在加热容器上，并且反应时间短、产物尺寸和形状均匀。通过这种方法已经合成了各种类型、形状和尺寸的氧化物、硫化物和其他纳米颗粒。

（7）喷雾法

喷雾法是指溶液通过各种物理方法进行雾化获得超微粒子的化学与物理相结合的方法。通过泵的作用使电解质溶液匀速通过不锈钢毛细管，在电场力或机械力的作用下，液滴拉伸变形呈现细丝状，进而在表面张力、电场力或者机械力、库仑斥力等共同作用下破裂形成液滴。此后，液滴自身的裂解过程不断重复，逐渐产生一系列越来越小的液滴喷雾，可以原位形成或者经后处理形成纳米颗粒、纳米线或者纳米管。

2.1.5 分子束外延法

分子束外延（Molecular Beam Epitaxy，MBE）制备纳米材料的方法是将半导体基底放置在超高真空腔体中，将需要生长的单晶物质按元素的不同分别放在喷射炉中（也在腔体内），如图 2-36 所示。将各种组分分别加热到相应温度并喷射在半导体基底上，从而生长出极薄的（可薄至单原子层水平）单晶体和几种物质交替的超晶格结构。分子束外延主要研究的是不同结构或不同材料的晶体和超晶格生长。该方法生长温度低，能严格控制外延层的厚度和掺杂浓度，但系统复杂，生长速度慢，生长面积也受到一定限制。

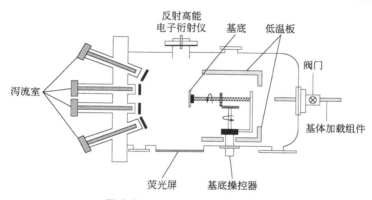

图 2-36　MBE 设备结构原理图

分子束外延技术是 20 世纪 50 年代用真空蒸发技术制备半导体薄膜材料发展而来的，随着超高真空技术的发展而日趋完善。由于分子束外延技术的发展，制备了一系列崭新的超晶格器件，扩展了半导体科学的新领域。分子束外延法的优点：能够制备超薄层的半导体材料；外延材料表面形貌好，而且均匀性较好；可以制成不同掺杂剂或不同成分的多层结构。图 2-37 所示为采用分子束外延法获得的 $LaCoO_3/SrTiO_3/Si$ 多层膜结构。另外，外延生长的温度较低，有利于提高外延层的纯度和完整性；利用各种元素的黏附系数的差别，可制成化学配比较好的化合物半导体薄膜。这种方法可以高度可控地沉积元素或化合物量子点、量子阱以及量子线。在超高真空（优于 $10^{-8}Pa$）条件下可实现高纯度沉积产物。这种方法沉积速率非常低，以便在基底上实现元件足够的迁移率，从而逐层生长以获得纳米结构或高纯度薄膜。可以采用反射高能电子衍射仪（RHEED）等来监测生长膜的高结晶度。

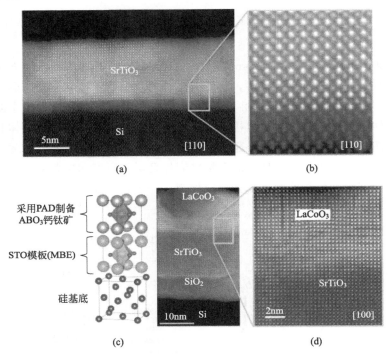

图 2-37 采用分子束外延法制备的 $LaCoO_3/SrTiO_3/Si$ 多层膜结构

分子束外延技术作为已经成熟的技术，早已应用在微波器件和光电器件的制作中。但由于分子束外延设备昂贵，而且真空度要求很高，所以要获得超高真空并避免蒸发器中的杂质污染，需要大量的液氮，因而提高了日常维持的费用。分子束外延能对半导体异质结进行选择性掺杂，大大扩宽了掺杂半导体所能达到的性能范围，调制掺杂技术使得结构设计更灵活，但同样对平滑度、稳定性和纯度有关的晶体生长参数的控制提出了严格的要求，如何控制晶体生长参数是应解决的技术问题之一。

2.1.6 纳米材料的表面修饰

所谓纳米材料的表面修饰是指用物理、化学、机械等方法对纳米粒子表面进行处理。根据应用需要有目的地改变材料表面的物理化学性质，如表面组成、结构和官能团、表面能、表面润湿性、电性能、光学性能、吸附和反应特性等，从而实现人们对纳米微粒表面的控制。纳米微粒表面改性后，由于表面性质发生了变化，其吸附、润湿、分散等一系列性质都将发生变化。就无机纳米粒子而言，可利用溶液中金属离子、阴离子和修饰剂等与无机纳米粒子表面的金属离子通过表面化学键合或者物理吸附、包覆作用，以获得表面修饰的无机纳米粒子。通过对纳米微粒表面的修饰，可以改善或改变纳米粒子的分散性；提高微粒表面活性；使微粒表面产生新的物理性能、化学性能、力学性能及新功能；改善纳米粒子与其他物质之间的相容性。纳米材料的表面修饰可以分为表面物理修饰、表面化学修饰、表面沉积修饰。

（1）表面物理修饰

纳米材料的表面物理修饰是指通过吸附、涂敷、包覆等纯粹物理作用对微粒进行表面改性，利用紫外线、等离子射线等对粒子进行表面改性也属于表面物理修饰。表面物理修饰主要通过范德华力等特异质材料吸附在纳米微粒的表面，形成的分子膜可阻碍分子发生团聚、降低表面张力、利于颗粒在体系中均匀分散，有时还可起到空间位阻作用。

（2）表面化学修饰

通过纳米微粒表面与处理剂之间进行化学反应，改变纳米微粒表面结构和状态达到表面改性的目的，称为纳米微粒的表面化学修饰。由于纳米微粒比表面积很大，表面键态、电子态不同于颗粒内部，表面原子配位不全导致悬挂键大量存在，使这些表面原子具有很高的反应活性且极不稳定，很容易与其他原子结合，这就为人们利用化学反应方法对纳米微粒表面修饰改性提供了有利条件。

表面化学修饰主要包括下述三种方法。

① 偶联剂法　偶联剂是一类用于改变无机材料与合成树脂的有机材料相容性及界面性能的添加剂。偶联剂一般具备两种基团，一种能与无机纳米粒子表面进行化学反应，另一种能与有机物反应或相容。

② 酯化反应法　酯化试剂与纳米粒子表面原子反应，原来亲水疏油的表面变成亲油疏水的表面，通常应用于表面为弱酸性或中性的纳米粒子。

③ 表面接枝改性法　它是纳米粒子表面原子与修饰剂分子（大分子链）发生化学反应而改变其表面结构和状态的方法。

（3）表面沉积修饰

比较典型的表面沉积修饰方法是原子层沉积法。原子层沉积（Atomic Layer Deposition，ALD）法是一种可以将物质以单原子膜形式一层一层地镀在基底表面的方法。原子层沉积与普通的化学沉积有相似之处。

一般的 ALD 工艺如图 2-38 所示。生长过程由气态化学前驱体的连续交替脉冲沉积所组成。在原子层沉积过程中，新一层原子膜的化学反应是直接与前一层相关联的,这种方式使每次反应只沉积一层原子,又被称作原子层外延技术。原子层沉积是通过将气相前驱体脉冲交替地通入反应器并在沉积基底上化学吸附且反应而形成沉积膜的一种方法(技术)。当前驱体到达沉积基底表面时,它们会在其表面化学吸附并发生表面反应。在前驱体脉冲之间需要用惰性气体对原子层沉积反应器进行清洗。这样每个生长周期产生最多一层所需的材料,然后循环该过程直到达到适当的膜厚。由此可知,前驱体物质能否在基底表面被化学吸附是实现原子层沉积的关键。从气相物质在基底材料的表面吸附特征可以看出,任何气相物质在材料表面都可以进行物理吸附,但是要在材料表面实现化学吸附,必须具有一定的活化能,因此能否实现原子层沉积,选择合适的反应前驱体物质是很重要的。原子层沉积的表面反应具有自限制性,实际上这种自限制性特征正是原子层沉积技术的基础,不断重复这种自限制反应就能形成所需要的薄膜。

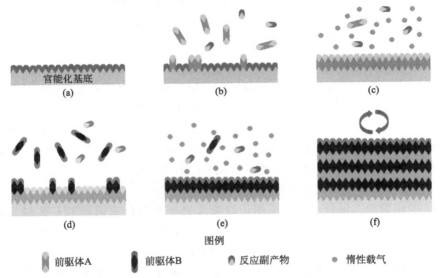

图 2-38　原子层沉积过程示意图:(a)基材表面天然官能化或经处理以使表面官能化;
(b)前驱体 A 是脉冲的并与表面反应;(c)用惰性载气吹扫过量的前驱体和反应
副产物;(d)前驱体 B 是脉冲的并与表面反应;(e)用惰性载气吹扫过量的前驱
体和反应副产物;(f)重复步骤(a)~(e),直到达到所需的材料厚度为止

原子层沉积法由于沉积速率慢,可以精确控制沉积速率,因此具有优异的复型性。如图 2-39 所示为 Au 纳米颗粒上沉积 SnS_x 薄膜和 SiO_2 沟槽上沉积 $Ge_2Sb_2Te_5$ 薄膜的图像,显示出该过程具有优良的沉积均匀性特点。原子层沉积的第二个明显优点是沉积的薄膜厚度可控。利用逐层沉积,可以通过原子层沉积循环的次数来控制薄膜的厚度,并且每个沉积周期厚度小于 1Å(1Å =

0.1nm）。原子层沉积的第三个突出优点是成分控制，这个从诸如氧化锌锡（ZTO）和 SrTiO₃ 等材料的制备上获得了证实。这些薄膜可以通过设计原子层沉积"超级循环"来沉积和成分控制，原子层沉积超级循环是由多个原子层沉积过程组成的。例如，在 ZTO 沉积中，调整 SnOₓ 和 ZnO 的超循环比可以设计控制薄膜的导电行为和光学性质。在沉积 SrTiO₃ 时，TiO₂ 和 SrCO₃ 以 1：1 的原子比例在超循环中交替，在退火后可以获得具有化学计量比的 SrTiO₃ 超薄膜[15]。

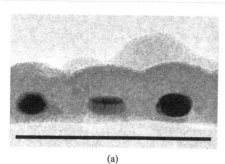

(a)　　　　　　　　　　　　(b)

图 2-39　（a）Au 纳米颗粒上的复型 SnSₓ ALD 膜的 TEM 图像（比例尺为 100nm）；（b）沟槽中复型 Ge₂Sb₂Te₅ ALD 膜的 SEM 横截面图像

2.1.7　自组装法

自组装是在无人为干涉的前提下，组元自发地组织成热力学上稳定、结构确定、性能特殊的聚集体的过程。自组装纳米结构的形成过程、表征及性质测试吸引了众多化学家、物理学家与材料学家的兴趣，已经成为目前非常活跃并正飞速发展的研究领域。它一般是利用非共价作用将组元（如分子、纳米晶体等）组织起来，这些非共价作用包括氢键、范德华力、静电力等。通过选择合适的化学反应条件，有序的纳米结构材料能够通过简单的自组装过程而形成。也就是说，这种结构能够在没有外界干涉的状态下，通过它们自身的组装而产生，已成为纳米科技的核心理论和技术。该方法遵循的是"自下而上"模式，通过合理利用特殊分子结构中所蕴含的各种相互作用，分层次地逐步生长，最终巧妙地形成多级结构。

无机固体中主要的键是离子键、共价键或金属键，它们具有相当大的形成能（或解离能），通常为 0.5eV 至几个电子伏特。而自组装可以通过弱相互作用，如范德华力、毛细管力等自发形成。

在纳米技术中，自组装法具有重要的作用。有机分子和纳米颗粒的紧密排列对于获得新型纳米器件装置具有很重要的意义。由于认识到自组装的重要性，科学家开始寻求各种能够实现自组装的有机材料、无机材料或其他材料，以获得新型电子材料、机械材料、磁性材料或光学材料。使用 DNA 的纳米制造在纳米电子学、纳米机械装置以及计算机中具有潜在的应用。化学领域中发展起来的一个非常重要分支——"超分子化学"，即是"自组装"的体现。"超分子化学"一词是由诺贝尔奖获得者让-玛丽·勒恩（Jean-Marie Lehn）提出的，意思是分子之外的化学。它基本上是一种或几种类型的分子的组合，以通过非共价键相互作用制备聚集体或更大的晶体。"分子识别"（如锁和钥匙）有助于构建更大的组件，就像两股 DNA 缠绕在一起一样。这种分子组装体的三维有序排列可导致形成"超晶格"或自组装分子的大单晶。

需要指出的是，在一维、二维或三维范围内，自组装涉及弱到强的相互作用和纳米结构。自组装可以是非常弱的相互作用，如范德华力、氢键、电场力、磁场力等。目前认为自组装能够发生的驱动力基于体系的最低能量状态的原理。系统进入低能有序的状态取决于能否获得相同的尺寸和形状。如果具有一定形状、原子数和尺寸的分子已经处于低能状态，则为自组装提供了一个良好的前提条件。

当一种基元用于自组装时（两种或更多种类型的基元也可以形成自组装），可以在没有任何外力的情况下自发地获得最低能量状态；或者在温度、压力、磁场等外部驱动的情况下，也可以发生自组装。在没有外部驱动力的情况下的组装称为静态自组装，存在外部驱动力的情况下的组装称为动态自组装（图 2-40）。当系统达到最低能量状态，并且可以维持在那种状态时，则可以实现静态自组装。

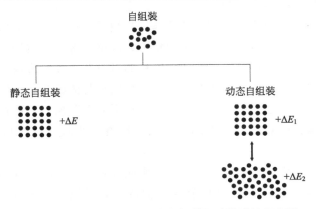

图 2-40　静态自组装和动态自组装两种模式的示意图

另外，动态自组装涉及来自环境外力的持续影响。如果系统不再吸收来自环境的能量，则自组装会偏离有序结构并可能出现有序结构分解的情况。从熔体中形成有序晶体结构可以被认为是动态自组装的示例。

静态和动态自组装可以进一步分为"分层自组装""定向自组装"和"协同组装"，如图 2-41 所示。分层自组装的特征在于一种类型的组装体的小范围、中范围和大范围相互作用。定向自组装是指当基元占据预先设计好的地方（例如有光刻图案的基材的某些部分，膜上的孔隙或有序部分之间的空隙）时，就会发生定向自组装。顾名思义，协同自组装可以由两种或更多种类型的基元形成，这些基元可以彼此配合。

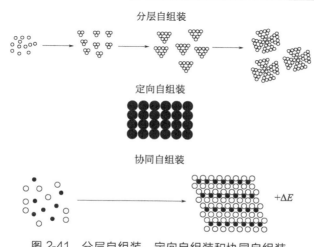

图 2-41　分层自组装、定向自组装和协同自组装

如若合成无机纳米粒子，可以通过吸附在其表面的一些有机分子在固态基底上进行组装。例如，用羧基（—COO—）功能化的 CdS 纳米粒子基团可以转移到铝基底上［图 2-42(a)］。吸附在金属表面的二硫醇也能吸附 CdS 纳米粒子［图 2-42(b)］形成薄层。银纳米颗粒［图 2-42(c)］已被双功能吸附在氧化铝层上。另外如 4-羧基苯硫酚分子可以与氧化铝层结合，并通过硫醇附着在银颗粒上来完成自组装。采用这种方法可以使用烷硫醇或烷基胺封端的金、银、钯等纳米颗粒进行自组装。这里的化学反应在含水介质中进行，然后将颗粒转移到有机溶剂中并滴在合适的固态基底上，使溶剂蒸发，留下自组装层。

自组装法可以自发地产生量子点，例如在硅（Si）上的锗（Ge）[16] 或在砷化镓（GaAs）上的砷化铟（InAs），如图 2-43 所示。这种自组装源于应变诱导。Ge 和 Si 只有 4% 的晶格失配，因此 Ge 可以外延沉积在 Si 单晶上，可达 3～4 个单层。尽管外延生长（异质），但沉积的 Ge 层会产生明显应变（在没有任何缺陷或位错的前提下）。当进一步沉积时，晶格应变导致纳米岛或量子点的自发形成。然而，在沉积或沉积后退火时，基底的温度必须大于 350℃。图 2-44 所示为 Si（111）表面上的锗岛的生长机制以及电子显微镜图像。岛的大小取决于生长温度以及基底表面状态。

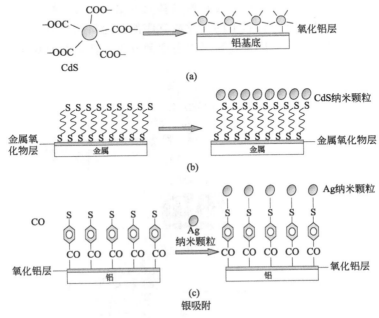

图 2-42　纳米颗粒的自组装

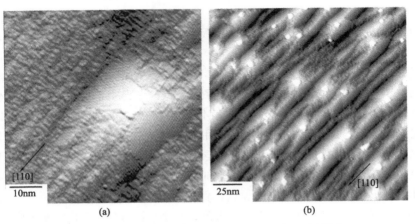

图 2-43　Si（001）表面沉积的 Ge 量子点 STM 图像

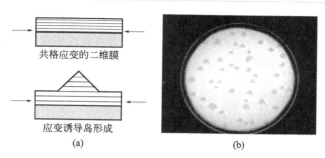

图 2-44　Ge 在 Si 上的生长机制和显示岛形成的图像（视场 10μm）

　　无机颗粒材料如二氧化硅（SiO$_2$）、二氧化钛（TiO$_2$）、聚合物颗粒或乳胶也能够通过沉淀来组织自身，但需要它们具有非常均匀的尺寸。如图 2-45 所示，Navaraj 等采用提拉法通过变换接触角，将 SiO$_2$ 颗粒自组装为单层或者多层的 SiO$_2$ 纳米颗粒阵列[17]。由于颗粒之间的范德华力相互作用弱，颗粒自组装驱动力是毛细力，通过形成六边形网络可以使得表面能最小化。如果粒子尺寸均匀，则有助于形成有序的二维粒子网络。

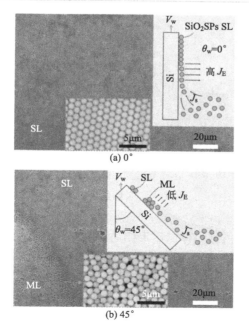

图 2-45　采用提拉法在不同接触角自组装二氧化硅（SiO$_2$）颗粒的 SEM 图像

通过自组装还可以设计和制造其他自组装件。这种组件可以存储信息和传递信息，因此在分子信息技术中具有很大的潜力，对纳米加工具有重要意义。如果可以实现复杂结构的自组装，则有希望利用自组装来进行高度集成和有序的结构设计。

2.2 纳米材料的常见表征方法

2.2.1 X射线衍射分析

X射线衍射（X-ray Diffraction，XRD）是一种利用X射线在晶体物质中的衍射效应来进行物质结构分析的技术。XRD研究的是材料的体相结构，通常采用单色X射线为衍射源。XRD既是一种定性分析方法，亦是一种定量分析方法，多以定性物相分析为主，但也可以进行定量分析。通过待测样品的X射线衍射谱图与标准物质的X射线衍射谱图进行对比，可以定性分析样品的物相组成；另外，通过对样品衍射强度数据的分析计算，可以完成样品物相组成的定量分析。

利用X射线衍射仪（图2-46）进行定性分析时可以获得下列信息。

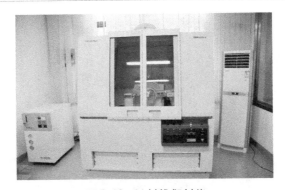

图2-46　X射线衍射仪

a. 根据XRD谱图信息，可以确定样品是无定形样品还是晶体：无定形样品为大包峰，没有精细谱峰结构；晶体则有丰富的谱线特征。把样品中最强峰的强度和标准物质的进行对比，可以定性知道样品的结晶度。

b. 通过与标准谱图进行对比，可以知道所测样品由哪些物相组成（XRD最主要的用途之一）。基本原理：晶态物质组成元素或基团如果不相同或其结构有差异，它们的衍射谱图在衍射峰数目、角度位置、相对强度以及衍射峰形上会显现出差异（基于布拉格方程）。

c. 通过待测样品和标准谱图 2θ 值的差别，可以定性分析晶胞是否膨胀或者收缩的问题，因为 XRD 的峰位置可以确定晶胞的大小和形状。

利用 X 射线衍射仪进行定量分析时可以获得下列信息。

a. 样品的平均晶粒尺寸。基本原理：当 X 射线入射到小晶体时，其衍射线条将变得弥散而宽化。晶体的晶粒越小，XRD 谱带的宽化程度就越大。因此，晶粒尺寸与 XRD 谱图半峰宽之间存在一定的关系，即谢乐公式。

b. 样品的相对结晶度。一般将最强衍射峰积分所得的面积（A_s）当作计算结晶度的指标，与标准物质积分所得面积（A_g）进行比较，即结晶度 $=(A_s/A_g)\times100\%$。

c. 物相含量的定量分析。主要有 K 值法（也称 RIR 方法）和 Rietveld 全谱精修定量等。其中，RIR 法的基本原理是：用 1：1 混合的某物质与刚玉（Al_2O_3），其最强衍射峰的积分强度会有一个比值，该比值为 RIR 值。该物质的积分强度 RIR 值总是可以换算成 Al_2O_3 的积分强度。对于一个混合物而言，物质中所有组分都按这种方法进行换算，最后可以通过归一法得到某一特定组分的百分含量。

d. XRD 还可以用于点阵常数的精密计算、残余应力计算等。

Odom 课题组利用自上而下的合成方法首先制备了 Ag 纳米线，随后在 Ag 纳米线上用 CVD 法沉积了 Se 粉[18]。Ag 和 Se 之间随即发生了低温相转变过程而生成了 Ag_2Se 纳米线。所生成的 Ag_2Se 纳米线连续性较差，在纳米线上 Ag_2Se 各晶粒面的生长方面均不相同。他们采用掠角 X 射线衍射（GAXD）分析了 Ag_2Se 纳米线的物相结构。不同于常规 XRD，GAXD 可用来分析低密度纳米材料的物相结构，并保持样品表面的完整性。GAXD 结果表明，Ag_2Se 纳米线属于斜方晶系，如图 2-47 所示。

2.2.2 扫描电子显微分析

扫描电子显微镜（Scanning Electron Microscope，SEM）是一种电子光学仪器，简称扫描电镜。扫描电子显微镜是以细聚焦电子束作为照明源，以光栅状扫描方式照射到试样上，产生各种与试样性质有关的信息，然后用探测器接收被激发的各种物理信号并加以处理调制，从而获得微观形貌放大像，如图 2-48 所示。由电子枪发射出来的电子束经栅极聚焦后，在加速电压作用下，经过 2～3 个电磁透镜所组成的电子光学系统，电子束会聚成一个细的电子束聚焦在样品表面。在末级透镜上装有扫描线圈，在扫描线圈的作用下使电子束在样品表面扫描。由于高能电子束与样品物质的交互作用，结果产生了各种信号：二次电子、背散射电子、吸收电子、X 射线、俄歇电子和透射电子等。这些信号被相应的接收器接收，经放大后送到显像管的栅极上，调制显像管的亮度。由于经过扫描线圈的电流与显像管相应的亮度一一对应，即电子束打到样品上一点时，在显像管荧光屏上就会出现一个亮点。扫描电子显微镜就是采用逐点成像的方法，把样品表面不同的特征按顺序、成比例地转换为视频信号，完成一帧图像，从而使人们在荧光屏上观察到样品表面的各种特征图像。

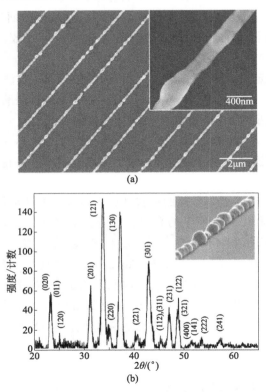

图 2-47　Ag$_2$Se 纳米线的 SEM 图像与 GAXD 物相分析

(a)

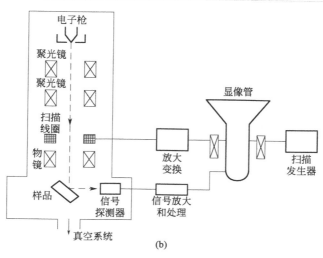

图 2-48　扫描电子显微镜及其原理图

在过去几十年的时间内，扫描电子显微镜发展迅速，又综合 X 射线分光光谱仪、电子探针以及其他技术而发展成为分析型的扫描电子显微镜。由于结构不断改进，分析精度不断提高，应用功能不断扩大，扫描电子显微镜成为众多研究领域不可缺少的工具，目前已广泛应用于冶金矿产、生物医学、材料科学、物理和化学等领域。扫描电子显微镜具有以下特点：

① 仪器分辨率较高。场发射扫描电子显微镜的二次电子成像分辨率可达 1.0nm 以下。

② 仪器放大倍数变化范围大（从几倍到几十万倍），且连续可调。

③ 图像景深大，富有立体感，可直接观察起伏较大的粗糙表面（如金属和陶瓷的断口等）。

④ 试样制备简单。只要将块状或粉末的、导电的或不导电的试样不加处理或稍加处理，就可直接放到 SEM 中进行观察。

扫描电子显微镜主要应用在观察原始表面、观察纳米材料、观察生物试样、分析材料断口以及从形貌获取资料等方面。

SEM 可以提供样品尺寸、形貌、颗粒分散及分布状态和元素的组成等信息。例如，可以使用 $NaClO_2$ 酸腐蚀去木质素的方法将天然木材转变为高强度、轻巧和可生物降解的纳米木材，如图 2-49 所示。SEM 分析结果记录了酸腐蚀处理木材微观形貌的变化：酸处理后，去木质素后的木材横截面显示出多孔结构，其纳米孔道清晰可见。剖面 SEM 显示这些纳米孔道在竖直方向上平行排列。纳米孔道的高倍 SEM 图像显示该纳米孔道由平行排列的纤维素组成。所制高密度纳米木材显示出超高机械强度（106.5MPa）和韧性（7.70MJ/m³）。该纳米木材可加工成任意形状和尺寸，有望发展成为新型的材料[19]。

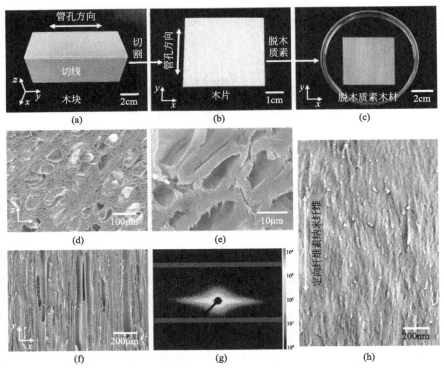

图 2-49　天然木材经 NaClO₂ 酸腐蚀去木质素后的纳米木材 SEM 图像

　　Kale 小组用自上而下的方法在 Si 基底上用 H₂O₂ 腐蚀的方法制备了多孔 Si 纳米线[20]，如图 2-50 所示。H₂O₂ 浓度、腐蚀时间、Si 基底的电阻率等参数对所生成的多孔 Si 纳米线的形貌和长度都有影响。SEM 被用来监控样品表面形貌和空隙深度，以优化 Si 纳米线生长参数。SEM 结果表明，随着 H₂O₂ 浓度的增加，Si 纳米线的长度反而减小。H₂O₂ 浓度为 0.1mol/L 时，Si 纳米线的长度约为 27.39μm；而 H₂O₂ 浓度为 0.3mol/L 时，Si 纳米线的长度为 10.26μm。该反常生长现象可以根据表面 SEM 结果分析：随着 H₂O₂ 浓度的增加，顶端的 Si 纳米线出现了较明显的聚集现象，从而阻碍了 H₂O₂ 对 Si 基底的进一步腐蚀。

2.2.3　透射电子显微分析

　　透射电子显微镜（Transmission Electron Microscope，TEM）是以波长极

短的电子束作为照明源，用电磁透镜聚焦成像的一种高分辨率、高放大倍数的电子光学仪器，其结构与成像原理如图 2-51 所示。透射电子显微器集形貌观察、晶体结构、成分分析等于一体。

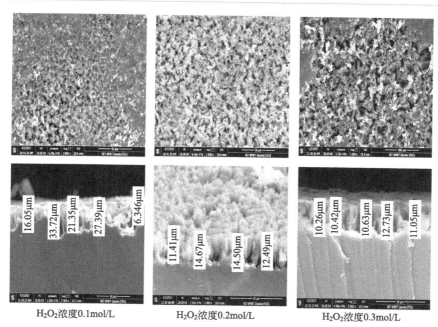

H_2O_2浓度0.1mol/L　　　　H_2O_2浓度0.2mol/L　　　　H_2O_2浓度0.3mol/L

图 2-50　Si 基底上用 H_2O_2 腐蚀方法制备的多孔 Si 纳米线 SEM 图像

透射电子显微镜是将电子枪产生的电子束经 1～2 级聚光镜后照射到试样上待观察的微小区域上，入射电子与试样相互作用，由于试样很薄，绝大部分电子能穿透试样，透射出的电子经过放大后带有微区结构和形貌信息，呈现出不同的强度，或者某些晶面满足衍射定律形成衍射束，经过放大在荧光屏上显示出与试样形貌、组织、结构对应的图像。透射电子显微镜的放大倍数在数千倍至一百万倍之间，有些甚至可达数百万倍或千万倍。分辨率可小于 1Å。透射电子显微镜的基本组成包括电子枪（光源）与加速管、聚光系统、成像系统、放大系统和记录系统（图 2-51）。

透射电子显微镜具有很高的空间分辨能力，适合分析纳米级样品的形貌、尺寸、成分和微区物相结构信息。空心结构纳米材料相对于纳米粉体结构复杂，具有比表面积高、有效活性位多和扩散距离短等特点，可以用作催化剂、载体或分子筛。而金属或金属氧化物构成的空心结构已表现出独特的电催化、光催化和非均相催化活性。透射电子显微镜在空心结构微观形貌的分析上具有较大的优势。例如杨培东课题组利用透射电子显微镜记录了 Pt/Pt$_3$Ni 双金属空心球结构生长过程。如图 2-52 所示，实心的 Pt$_3$Ni 多面体被腐蚀成 Pt$_3$Ni 空心结构，而其成分也由 Pt$_3$Ni 转变为不稳定的中间体 PtNi，放置一段时间后稳定为 Pt$_3$Ni 纳米框架，在惰性气氛 Ar 中煅烧 Pt$_3$Ni 纳米框架将获得 Pt 薄层包裹的 Pt$_3$Ni，即 Pt/Pt$_3$Ni 双金属空心球结构[21]。所获 Pt/Pt$_3$Ni 空心球结构显示出卓越的 ORR 电催化活性和稳定性，其质量活性是商用 Pt/C 的 36 倍。

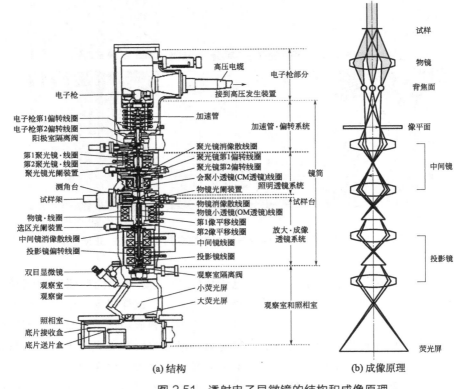

(a) 结构   (b) 成像原理

图 2-51　透射电子显微镜的结构和成像原理

Xue B 等利用表面活性剂-碳化法用油酸将 MnO 超晶格固定在 AAO 模板内，随后热裂解制备出在中空碳纳米管上自组装的单分散 Mn$_3$O$_4$ 纳米颗粒，即 Mn$_3$O$_4$@C[22]，如图 2-53 所示。TEM 结果表明产物管状单层超晶格 h-Mn$_3$O$_4$-TMSLs 是由 Mn$_3$O$_4$ 纳米晶组成，外层裹着由油酸热裂解而得的碳层。高分辨 TEM 表明，Mn$_3$O$_4$ 保留了前驱体 MnO 的八面体构型，平均壳层厚度为 3nm 左右，其（101）晶面清晰可见。

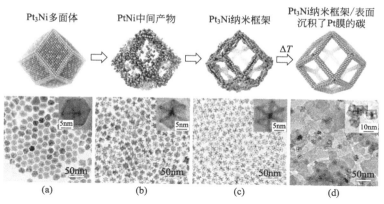

图 2-52　Pt/Pt$_3$Ni 双金属空心球结构生长过程 TEM 图像

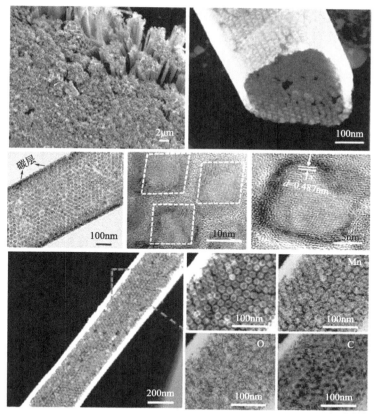

图 2-53　在 AAO 模板中获得的 Mn$_3$O$_4$@C 阵列的 TEM 图像和 EDS 图谱

暗场 TEM 图像和 EDS 图谱分析表明，Mn_3O_4 在整个管状单层超晶格内分布均匀，Mn 和 O 的原子比约为 1 : 2.6。较高的氧原子可能来源于没有完全裂解的油酸。Mn_3O_4@C 显示出因分层中空结构和外层碳膜而产生的优越催化活性和耐碱性。

2.2.4 扫描探针显微分析

随着科技的发展，需研究在纳米尺度表征和操纵原子，并研究非周期结构和晶体中原子尺度上缺陷或 DNA 和单个蛋白质。另外微电子器件工程设计仅为几十原子厚度的电路图，需寻求一种高分辨率高且经济简便的显微分析技术。

扫描探针显微镜（Scanning Probe Microscope，SPM）是在扫描隧道显微镜的基础上发展起来的新型探针显微镜，是一种高灵敏度的表面分析仪器，是综合运用光电子技术、激光技术、微弱信号检测技术、精密机械设计和加工、自动控制技术、数字信号处理技术、应用光学技术、计算机高速采集和控制及高分辨图形处理技术等现代科技成果的集光、机、电一体化的高科技产品。SPM 利用带有超细针尖的探针逼近样品，并采用反馈回路控制探针在距表面纳米量级位置扫描，获得其原子以及纳米级的有关信息图像。SPM 是原位观察物质表面原子的排列状态和实时地研究与表面电子有关的物理化学性质的有力工具。

SPM 的工作原理就是电子的隧道效应，其优点有以下几个。

a. 分辨率高。

b. 可实时地获取表面的三维图像，可用于具有周期性或不具有周期性的表面结构研究。

c. 可以观察单个原子层的局部表面结构，而不是体相或整个表面的平均性质。

d. 可在真空、大气、常温等不同环境下工作，甚至可将样品浸在水和其他溶液中，不需要特别的制样技术，并且探测过程对样品无损伤。

e. 配合扫描隧道谱，可以得到有关表面结构的信息，例如表面不同层次的态密度、表面电子阱、电荷密度波、表面势垒变化和能隙结构等。

f. 设备相对简单，体积小，价格便宜，对安装环境要求较低，对样品无特殊要求，制样容易，检测快捷，操作简便，同时 SPM 的日常维护和运行费用低。

SPM 可以在真空、空气甚至溶液中不同温度条件下提供样品表面和侧面化学成分和物理特性的信息；另外，可以无损地提供样品的三维表面图像，而且样品可以是导电的，也可以是不导电的。因此，SPM 在非导电样品的检测观察上有着比扫描电子显微镜更好的优势。Tautz 小组在 Au（111）晶面基底上沉积的

3，4，9，10-苝四酸二酐采用扫描探针显微镜进行了观察，如图 2-54 所示。与扫描隧道谱图相比，扫描探针显微谱图更加清晰，可在原子量级对样品进行分析，而且三维高度清晰可辨，原子图与化学结构完全吻合。利用扫描探针显微谱图，可以对样品中存在的氢键连接进行准确分析[23]。

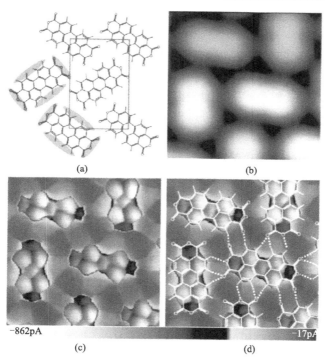

图 2-54　Au（111）晶面基底上沉积的 3，4，9，10-苝四酸二酐 SPM 图像：
（a）化合物的分子结构图；（b）普通扫描隧道显微镜所观察的化合物形貌、
高度图；（c）化合物的扫描探针显微镜谱图；（d）扫描探针显微镜谱图与
化合物结构图叠加后的效果图

2.2.5　拉曼光谱分析

　　光照射到物质上发生弹性散射和非弹性散射，弹性散射的散射光是与激发光波长相同的成分，非弹性散射的散射光有比激发光波长长的和短的成分，统称为拉曼（Raman）效应。当用波长比试样粒径小得多的单色光照射气体、液体或透明试样时，大部分的光会按原来的方向透射，而一小部分则按不同的角度散射开来而产生散射光。在垂直方向观察时，除了与原入射光有相同频率的瑞利散射外，还有一系列对称分布着若干条很弱的与入射光频率发生位移的拉曼谱线。由于拉曼谱线数目、位移大小、谱线长度直接与试样分子振动或转动能级有关，因此通过对拉曼光谱的研究，可以得到有关分子振动或转动的信息。目前拉曼光谱分析技术已广泛应用于物质的鉴定，为分子结构的研究提供快速、简单、可重复且无损伤的定性定量分析；另外，它无需复杂的样品准备，可直接通过光纤探头或者玻璃、石英对样品进行测量。此外，由于水的拉曼散射很微弱，拉曼光谱是研究水溶液中的生物样品和化学化合物的理想工具；一次可以同时覆盖 50～4000cm^{-1} 波数的区间；拉曼光谱谱峰清晰尖锐，更适合定量研究、数据库搜索以及运用差异分析进行定性研究；在化学结构分析中，独立的拉曼区间的强度可以和功能基团的数量相关；因为激光束直径在聚焦部位通常只有 0.2～2mm，常规拉曼光谱只需要少量的样品就可以得到，而且拉曼显微镜物镜可将激光束进一步聚焦至 20μm 甚至更小，可分析更小面积的样品；共振拉曼效应可以用来有选择性地增强大生物分子发色基团的振动，这些发色基团的拉曼光强能被选择性地增强 1000～10000 倍。

拉曼光谱的分析方向有以下几个。

① 定性分析　不同的物质具有不同的特征光谱，因此可以通过光谱进行定性分析。

② 结构分析　对光谱谱带的分析，是进行物质结构分析的基础。

③ 定量分析　根据物质对光谱的吸光度差异的特点，可以对物质进行定量分析。

石墨烯具有载流子密度大、比表面积高、导电性和导热性好、机械强度大等优点，是目前广为研究应用的"明星"材料。Stupp 课题组使用 π-π 共轭化合物在水溶液中直接从石墨粉体中剥离制备了石墨烯，为简单、高效、低成本地制备石墨烯提供了一种思路[24]。拉曼光谱是检测石墨烯结构的有效手段。图 2-55 (a) 中波数 1574cm^{-1} 附近的 D 峰是由于石墨晶格无序振动引起的。2708cm^{-1} 处的 G 峰对应石墨的 E_{2g} 模式，是由 sp^2 杂化的碳原子在六边形晶格中的面内振动引起的。图 2-55 (b) 中 1256cm^{-1}、1303cm^{-1} 和 1375cm^{-1} 处拉曼振动峰是分散剂 N，N′-dimethyl-2，9-diazaperopyrenium（MP）分子环面内呼吸振动引起的，1569cm^{-1} 和 1607cm^{-1} 处的拉曼峰是 C—C、C—N 键伸缩振动引起的。而当 MP 和石墨烯复合后，被剥离的石墨烯-MP 复合物显示出强的 1571cm^{-1} 处的 G 峰和 1356cm^{-1} 处的 D 峰，证实复合物中存在石墨烯；而 MP 本征拉曼峰强则呈现较大幅度的降低 [图 2-55(c)]。此外，形成复合物后，石墨烯的 I_D/I_G 比值由 0.31 增加到 0.42，表明复合物中 MP 的确和石墨烯复合。具有 π-π 共轭的化合物可以在水溶液中直接剥离石墨制备石墨烯，大大降低了石墨烯的制备成本。

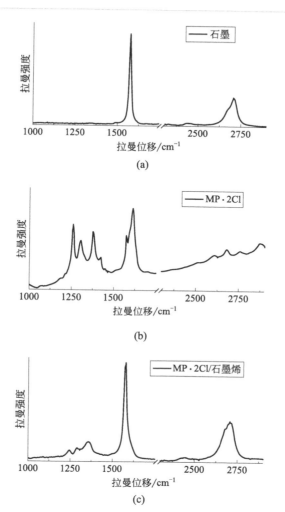

图 2-55　π-π 共轭化合物在水溶液中制备的石墨烯的拉曼光谱

2.2.6　电子能量损失谱分析

　　电子在固体及其表面产生非弹性散射而损失能量的现象称为电子能量损失现象。电子能量损失谱（Electron Energy Loss Spectroscopy，EELS）是利用入射电子引起材料表面原子芯级电子电离、价带电子激发、价带电子集体振荡以及电子振荡激发等，发生非弹性散射而损失能量以获取表面原子物理和化学信息的一种分析方法。它能辨别表面吸附的原子、分子的结构和化学特性，而成为表面物理和化学研究的有效方法之一。电子所损失的能量使物体产生各种激发，包括单电子激发（价电子激发和芯能级电子激发）、等离子元激发、声子激发以及表面原子、分子振动激发。谱线的"边缘"反映了芯能级电子激发的阈值能量，可以对元素进行鉴定。谱线"边缘"的位移反映出元素的化学状态，靠近谱线"边缘"的精细结构也反映出元素的化学状态和表面原子排列状况。在表面分析工作中，所使用的初级电子能量通常小于 10keV，这时的芯能级电子激发的能量损失峰是很弱的，要比俄歇信号小得多。

电子能量损失谱可以应用于以下方面：

① 分析吸附分子的电子跃迁；

② 通过对表面态的分析来研究薄膜镀层的光学性质、界面状态和键合情况；

③ 通过对吸附物质振动的研究可以了解吸附分子的结构对称性、键长度和有序问题以及表面化合物的鉴别；

④ 通过表面原子来研究表面键合和弛豫；

⑤ 通过对金属和半导体的光学性质研究，了解空间电荷区中的载流子浓度分布及弛豫过程等。

电子能量损失谱常用来分析样品中原子的种类、化合态或者和其他邻近原子间的相互作用。

Terrones 小组利用气溶胶热裂解方法在多壁碳纳米管内合成了单晶的 Fe/Co 合金（图 2-56），以制备高密度储磁材料。电子能量损失谱用来测试碳纳米管内 Fe 和 Co 的含量比，即化学计量比。首先在横贯 FeCo 纳米线的位置分别打出 Fe 和 Co 的 EELS 谱，结果显示，在纳米线横切面内 Fe 和 Co 的 EELS 谱图峰强度基本一致，表明两者的化学计量比为 1:1 的关系。另外，在纳米线的顶端存在半颗粒状的 Fe/Co 合金，Terrones 小组对其化学成分也进行了分析。EELS 谱图显示，该半颗粒也是由 Fe 和 Co 组成的，在中心部位 Fe 的含量稍高，但整体上 Fe 和 Co 元素之间仍保持着化学计量比 1:1 的关系。EELS 成分 mapping 图更直观地显示纳米线中 C、Fe 和 Co 的元素分布。EELS 谱图证实，在多壁碳纳米管内合成的物质中 Fe、Co 是均匀分布的，产物为严格化学计量比的 Fe/Co 合金[25]。

2.2.7 原子力显微分析

原子力显微镜（Atomic Force Microscope，AFM）是利用微小探针与待测物之间的交互作用力，通过将激光束照射到微悬臂上，再进行反射及反馈来呈现待测物表面的形貌和物理特性的仪器。

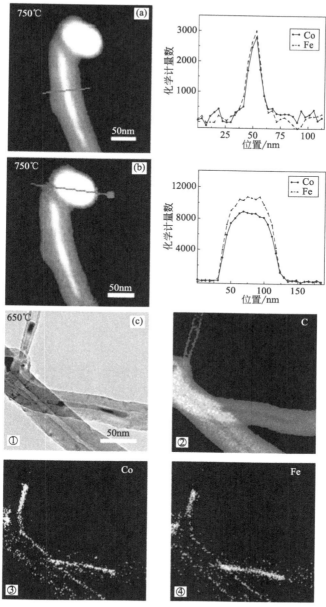

图 2-56 采用气溶胶热裂解方法在多壁碳纳米管内
合成的单晶 Fe/Co 合金 TEM 图像和 EELS 能谱

　　在 AFM 中，将针尖制作在一个对原子作用力非常敏感的 V 形微悬臂上，微悬臂的另一端固定住，使针尖趋近样品表面并与表面轻轻接触。当探针在样品表面扫描时，探针尖端原子与样品表面原子之间产生极微弱的作用力，该作用力造成微悬臂偏转。用激光束照射微悬臂，通过光电检测方法测量反射的激光信号位置的偏转，由计算机控制实现对信号的采集，应用计算机及软件分析微悬臂的变形程度及方程，获得样品表面形貌的信息。AFM 的优点是：分辨率高；制样简单且样品损伤小；三维成像；可在多种环境下操作。二维非金属纳米片对光、pH 值有较灵敏的响应，可用作药物靶标释放的载体。

林梅课题组使用热氧化腐蚀与液体剥离协同作用的方法制备出超薄硼（B）纳米片，作为光子抗癌药物定向释放载体。B 纳米片的形貌和厚度用 AFM 分析，并与 TEM 结果进行了比对，如图 2-57 所示。首先，将 B 粉放在 N-甲基-2-吡咯烷酮（NMP）和乙醇体积比为 1∶1 的溶液中进行液体剥离 5h，获得了平均粒径为 250～500nm、厚度在 20～50nm 之间的 B 纳米片。AFM 对 B 纳米片形貌的分析结果与 TEM 基本一致，并提供了样品厚度的信息，表明液体剥离方法可以获得纳米尺度的薄层 B 二维结构。但是，用液体剥离方法制备的超薄 B 纳米片的产量很低。因此，林梅课题组又引入了高温氧化处理步骤。B 纳米片的边缘部分容易发生氧化，为随后的液体剥离提供了有利条件。使用新方法制备的 B 纳米片平均粒径约为 110nm，厚度约为 3nm。产物的二维尺度和厚度均有大幅度的降低[26]。

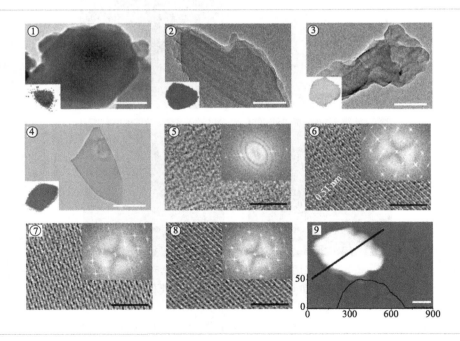

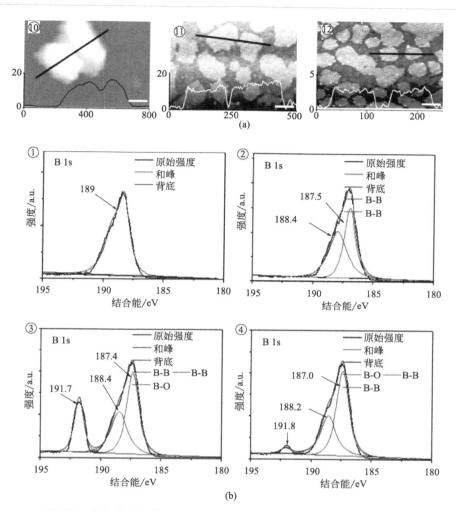

图 2-57 热氧化腐蚀与液体剥离协同作用的方法制备的超薄 B 纳米片

2.2.8 激光粒度分析

激光粒度仪（DLS）是专指通过颗粒的衍射光或散射光的空间分布（散射谱）来分析颗粒大小的仪器。激光粒度仪是利用颗粒对光的散射（衍射）现象测量颗粒大小的，即光在行进过程中遇到颗粒（障碍物）时，会有一部分光偏离原来的传播方向，也就是发生散射现象。散射光的传播方向将与主光束的传播方向形成一个夹角 θ，由散射理论和实验结果证实散射角 θ 的大小与颗粒的大小有关，颗粒越大，产生的散射光的 θ 角就越小；颗粒越小，产生的散射光的 θ 角就越大。散射光的强度代表该粒径颗粒的数量。因此，在不同的角度上测量散射光的强度，就可以得到样品的粒度分布。散射现象可用严格的电磁波理论（即 Mie 散射理论）描述。当颗粒尺寸较大（至少大于 2 倍波长），并且只考虑小角散射（散射角小于 5°）时，散射光场可用较简单的 Fraunhoff 衍射理论近似描述。该类仪器因为具有超声、搅拌、循环的样品分散系统，所以测量范围广（测量范围可达 0.02～2000μm，有的甚至更宽）；自动化程度高；操作方便；测试速度快；测量结果准确、可靠、重复性好。

纳米颗粒的形貌、尺寸与药物靶标释放和细胞追踪等效率密切相关。激光衍射仪常用来测试所合成纳米颗粒的大小及粒径分布。牟中原课题组为了研究药物靶标释放的尺寸效应，以单分散、高悬浮性的多孔纳米硅为模板，用 pH 值调节硅纳米颗粒的尺寸，并对其在细胞内的吸收情况进行了系统性研究[27]。DLS 结果分析表明，由于分散在水溶液中，硅纳米颗粒的 DLS 水合粒径与 TEM 所测粒径相比略大，但总体上 DLS 和 TEM 的测量结果是一致的。pH 值在 11.00～11.52 之间，随着溶液 pH 值的降低，硅纳米颗粒的尺寸逐渐减小，而且硅纳米颗粒并没有因为 pH 值发生变化而产生团聚现象。但是当 pH 值在 10.86 时，DLS 的测量结果和 TEM 之间有显著不同。TEM 测量结果显示颗粒的粒径在 30nm 左右，而 DLS 的测试结果显示颗粒的平均粒径在 130nm 左右，如图 2-58 所示。推测纳米颗粒平均粒径的显著增加是由于形成颗粒团聚体造成的。DLS 的测试结果为整体分析颗粒大小提供了依据。

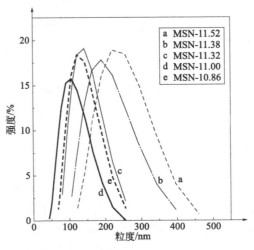

图 2-58　硅纳米颗粒的激光粒度谱

本章小结

本章主要介绍了常用的纳米材料制备方法以及表征手段。第一部分首先介绍了"自上而下"与"自下而上"两种合成纳米结构的模式。随后分别列举了合成纳米材料的工艺，包括气相法、液相法、分子束外延法以及纳米材料表面进行改性和修饰的物理与化学方法，并对各种生长方法的原理和特点进行了简要分述。第二部分简要介绍常用的纳米材料的表征方法，根据纳米材料与常规块材的不同之处举例介绍如何表征纳米材料的物相、微观结构、表面状态和尺寸等。

参考文献

[1] Jalali H, Gates B D. Langmuir, 2009, 25 (16): 9078-9084.

[2] Blenjamin J S. Metall. Trans, 1970, 1 (5): 1281-1285.

[3] Aziz JA, Schönert K. Zement-Kalt-Gips, 1980, 33: 213-218.

[4] Indris S, Amade R, Heitjans P. J Phys. Chem. B, 2005, 109 (49): 23274-23278.

[5] Lee J S, Lee CS, Oh S T. Scripta Mater, 2001, 44 (8): 2023-2026.

[6] Ding J, Tsuzuki T, Mccormick PG. J Phys. D Appl. Phys, 1999, 29 (9): 2365-2369.

[7] Shih CJ, Vijayaraghavan A, Krishnan R. Nature Nanotech, 2011, 6 (7): 439.

[8] Jung JH, Oh HC, Noh HS. J Aerosol Sci, 2006, 37 (12): 1662-1670.

[9] Iravani S, Korbekandi H, Mirmohammadi SV. Res. Pharm. Sci, 2014, 9 (6): 385-406.

[10] Habiba K, Makarov VI, Avalos J. Carbon, 2013, 64 (9): 341-350.

[11] Kim JY, Kim SH, Lee HH. Adv. Mater, 2006, 18: 572-576.

[12] Huijun Y, Lu S, Tong B. Adv. Mater, 2016, 28: 5080-5086.

[13] Yi DK, Selvan ST, Lee SS. J. Am. Chem. Soc., 2005, 127: 4990-4991.

[14] Cote LJ, Kim F, Huang J. J. Am. Chem. Soc., 2009, 131: 1043-1049.

[15] Johnson RW, Hultqvist A, Bent SF. Mater. Today, 2014, 17 (5): 236-246.

[16] Bernardi M, Sgarlata A, Fanfoni M. Superlattices Microst, 2009, 46 (1-2): 318-323.

[17] Núñez CG, Navaraj WT, Liu F. ACS Appl. Mater. Interf, 2018, 10 (3): 3058-3068.

[18] Stender CL, Odom TW. J. Mater. Chem, 2007, 17: 1866-1869.

[19] Chao J, Chaoji C, Yudi K. Adv. Mater, 2018: 1801347.

[20] Singh N, Kumar SM, Kale PG. J Crys. Grow. 2018: S0022024818302392.

[21] Chen C, Kang Y, Huo Z. Science, 2014, 343 (6177): 1339-1343.

[22] Li T, Xue B, Wang B. J. Am. Chem.

Soc., 2017, 139: 12133-12136.

[23]　Weiss C, Wagner C, Temirov R. J
Am. Chem. Soc., 2010, 132 (34):
11864-11865.

[24]　Srinivasan S, Basuray AN , Hartlieb
KJ, et al. Adv. Mater, 2013, 25 (19):
2740-2745.

[25]　El í as AL, Rodr í guez-Manzo JA,
Mccartney MR. Nano Letters, 2005, 5
(3): 467-472.

[26]　Xiaoyuan J, Na K, Junqing W. Adv.
Mater, 2018: 1803031.

[27]　Lu F, Wu SH, Hung Y. Small, 2010, 5
(12): 1408-1413.

第3章

纳米信息材料

3.1 半导体纳米材料

当半导体材料的尺寸减小到纳米级时，它们的物理化学性质由于其大的比表面积或量子尺寸效应而产生剧烈的变化。目前，半导体纳米材料和器件仍处于研究阶段，但它们在很多领域中具有潜在的应用前景，如太阳能电池、光电催化反应器、纳米电子器件、纳米发光器件、激光技术和生物传感器等。纳米技术的进一步发展必将对半导体产业带来重大的突破。

3.1.1 半导体纳米材料简介

半导体材料是处在导体和绝缘体之间具有导电性的材料。在半导体中，最高占据能带称为价带，最低未占据能带称为导带。通过掺杂或外部偏置，半导体的电阻率可以改变高达 10 个数量级。由于价带与导带之间的带隙较大，掺杂或外加场难以改变电阻率。在金属导体中，电流由电子流携带。在半导体中，电流可以通过电子流或材料的电子结构中带正电的空穴流来携带。在过去的 10 年中，直径在 1~20nm 范围内的纳米材料已经成为一个主要的跨学科研究热点，其极小的尺寸特征在工业、生物医学等领域的应用具有广泛的潜力。表面和界面对于纳米材料非常重要。在纳米材料中，小的特征尺寸可以确保原子在某些情况下可以一半或更多地接近界面，表面特性（例如能级、电子结构和反应活性）可以与内部状态完全不同，进一步产生完全不同的材料特性。纳米胶囊和纳米器件可以为药物传递、基因治疗和医学诊断提供新的可能性。1991 年，S. Iijima[1] 首次报道了对碳纳米管的研究。碳纳米管已被证明具有独特的性能，其硬度和强度高于任何其他材料。据报道，碳纳米管在高达 2800℃ 的真空中具有热稳定性，能够承载比铜线高 1000 倍的电流，并且具有 2 倍于金刚石的热导率。碳纳米管用作纳米复合材料中的增强颗粒，具有许多其他潜在的应用。比块体材料更小、更强大的碳纳米管可能成为电子设备新时代的基础，如基于碳纳米管的纳米计算机已经制造出来。

最近，人们对在几种新技术中起主要作用的半导体纳米颗粒（如纳米晶、量子点、二维纳米片等）的制备、表征和应用产生了浓厚的兴趣。当半导体材料的尺寸减小到纳米级时，它们的物理化学性质急剧变化，由于它们的大比表面积或量子尺寸效应而产生独特的性质。半导体的导电性及光学性质（如吸收系数和折射率）可以在一定程度上进行调节。半导体纳米材料和器件仍处于研究阶段，但它们在许多领域的应用前景广阔，如太阳能电池、纳米电子器件、发光二极管、激光技术、波导、化学和生物传感器、包装膜、超吸收剂、汽车零件和催化剂。纳米技术的进一步发展必将带来半导体产业的重大突破。一些半导体纳米材料如 Si、Si-Ge、GaAs、AlGaAs、InP、InGaAs、GaN、AlGaN、SiC、ZnS、ZnSe、AlInGaP、CdSe、CdS 和 HgCdTe 等，在计算机（包括掌上电脑、笔记本电脑）、移动电话、CD 播放器、电视遥控器、移动终端、光纤网络、交通信号灯、汽车尾灯和空气袋中表现出优异的性能。

3.1.2 半导体纳米材料的特性

由于半导体纳米材料具备特殊结构及形貌，使之具有普通纳米材料所不具有的特殊性能，如表面效应、小尺寸效应、量子尺寸效应等，同时为科研工作者后续的研究应用奠定了基础。

（1）小尺寸效应

当纳米材料的尺寸与传导电子的德布罗意波长相当或更小时，周期性的边界条件将被破坏，材料的磁性、光吸收、热阻、化学活性、催化活性及熔点等与普通晶粒相比都有很大的变化，这就是纳米材料的体积效应。如熔点降低，烧结温度也显著下降，从而为粉末冶金工业提供了新工艺；磁性的变化可通过改变晶粒尺寸来控制吸收边的位移，从而制造出具有一定频宽的微波吸收纳米材料。

（2）量子尺寸效应

当粒子尺寸下降到某一数值时，费米能级附近的电子能级由准连续变为离散能级或者能隙变宽的现象，以及半导体微粒存在不连续的最高被占据分子轨道能级和最低未被占据的分子轨道能级能隙变宽的现象均称为量子尺寸效应。量子尺寸效应导致微粒的磁、光、声、电、热以及超导电性与同一物质宏观状态的原有性质有显著差异，即出现反常现象。纳米金属微粒在低温时，由于量子尺寸效应呈现绝缘性。例如在热力学温度 1K 条件下，Ag 纳米微粒在粒径小于 14nm 时变为绝缘体（图 3-1）。

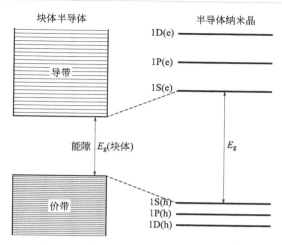

块体半导体　　　　　半导体纳米晶

图 3-1　半导体量子尺寸效应示意图[2]

（3）表面效应

球形颗粒的表面积与直径的平方成正比，其体积与直径的立方成正比，故表面积与体积之比与直径成反比，即颗粒直径越小，这个比值就越大。纳米微粒尺寸小，表面能高，位于表面的原子占相当大的比例。随着粒径的减小，表面原子数迅速增加。这是由于颗粒变小时，比表面积急剧变大所致。由于表面原子数增多，原子配位不足，故存在许多悬空键，具有不饱和性以及高的表面能，使这些表面原子具有高的活性且极不稳定，很容易与其他原子结合。基于半导体纳米微粒量子尺寸效应和表面效应，半导体纳米粒子在发光材料、非线性光学材料、光敏感传感器材料、均相/异相催化材料、光催化材料等方面具有广阔的应用前景。

（4）库仑阻塞（堵塞）效应

当一个物理体系的尺寸达到纳米量级时，电容也会小到一定程度，以至于该体系的充电和放电过程是不连续（即量子化）的，电子不能连续地集体传输，而只能一个一个地单电子传输。通常把这种在纳米体系中电子的单个输运的特性称为库仑阻塞效应。

（5）量子隧道效应

根据量子力学的基本理论，当微观粒子被高度和厚度均为有限的势垒所限域时，即使该微观粒子所具有的能量低于势垒高度，微观粒子仍有一定的概率出现在势垒限域区之外。就像是微观粒子在势垒壁上打出孔而跑出，这种现象就称为微观粒子的隧道效应。从量子力学的观点来看，电子具有波动性，其运动用波函数描述，而波函数遵循薛定谔方程，从薛定谔方程的解可知电子在各个区域出现的概率密度，从而进一步得出电子穿过势垒的概率。扫描隧道显微镜（STM）利用电子隧道效应，如果两电极相距很近，并在其间加上微小电压，则探针所在的位置便有隧穿电流产生。由于探针与样品表面的间距和隧穿电流有十分灵敏的关系，当探针以设定的高度扫描样品表面时，样品表面的形貌导致探针和样品表面的间距发生变化，隧穿电流值也随之改变。借助探针在样品表面上来回扫描，并记录每个位置点的隧穿电流值，便可得知样品表面原子的排列情况（图 3-2）。

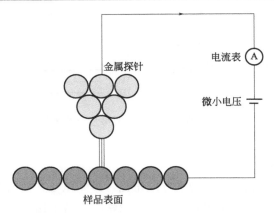

图 3-2　扫描隧道显微镜（STM）原理示意图[2]

（6）介电限域效应

介电限域效应是指纳米微粒分散在异质介质中，由于界面而引起的体系介电增强的现象，主要来源于微粒表面和内部局域场的增强。当介质折射率与微粒折射率相差很大时，产生了折射率边界，导致微粒表面和内部的场强比入射场强明显增强，这种局域场的增强为介电限域效应。介电限域效应对纳米微粒的光吸收、光化学、光学非线性等有重要影响。分析材料光学现象时，既要考虑量子尺寸效应，又要考虑介电限域效应。

3.1.3　常见的半导体纳米材料

在纳米晶材料中，当相对尺寸与德布罗意波长相当时，电子被限制在具有一维、二维或三维的区域（图 3-3）。对于像 CdSe 这样的半导体，自由电子的德布罗意波长约为 10nm，具有低于该临界值的 z 方向（薄膜、层结构、量子阱）的半导体晶体的纳米结构被定义为二维纳米结构。当 x 和 z 方向的尺寸均低于该临界值（线性链结构、量子线）时，纳米结构被定义为一维纳米结构，当 x、y 和 z 方向均低于该阈值（簇、胶体、纳米晶、量子点）时，纳米结构被定义为零维纳米结构。

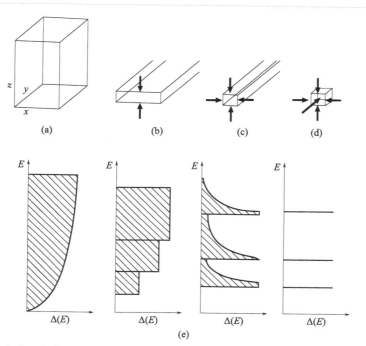

图3-3 （a）体半导体（三维）；（b）薄膜、层结构、量子阱（二维）；
（c）线性链结构、量子线（一维）；（d）簇、胶体、纳米晶、量子点（零维）；
（e）零维材料至三维材料的状态密度（ΔE）与能量（E）图（对于理想情况）[2]

（1）零维（0D）纳米结构

在纳米合成研究的早期，零维形状被认为是最基本、最对称的形状，包括球体和立方体。有机胶束内离子前驱体的老化过程产生了几种半导体纳米晶。然而，用这种方法得到的纳米晶在尺寸上结晶性或多分散性较差。为了解决这些问题，采用热有机溶液下有机金属前驱体的热分解方法。Murray 等[3] 成功地开发出一种更先进的方法，即通过将含有二甲基镉和三辛基膦硒化物前驱体溶液注入热的三辛基氧化膦（TOPO）溶液中制备出不同尺寸的 CdSe 纳米晶。纳米晶的尺寸在 1.2～12nm 之间变化，具有高的单分散性和结晶度；获得的纳米晶在各种有机溶剂中高度可溶。光谱清楚地表现出尺寸依赖的量子尺寸效应，表明纳米晶的高单分散性和高结晶度。

量子点（QDs）是由少量原子组成，能把导带电子、价带空穴及激子在三个空间方向上束缚住而产生量子尺寸效应的准零维半导体纳米结构，如图 3-4 所示。对于量子点，电子运动在三维空间都受到了限制，因此有时被称为"人造原子"。量子点按照组成成分可分为Ⅱ-Ⅵ量子点和Ⅲ-Ⅴ量子点。

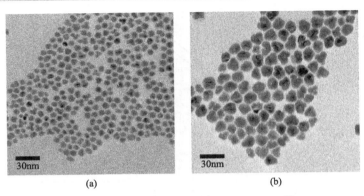

图 3-4 CdSe 和 CdS 量子点 TEM 图像[2]

如何提高量子点的荧光性能，尤其是发光效率，以及在量子点基础上，如何实现量子尺寸效应下的激子行为与其他电子行为的耦合，如贵金属的表面等离子元之间的耦合等已成为研究热点。一个重要的方法是在一种量子点的表面，包覆一层量子尺寸的另外一种半导体壳层，从而形成核壳系统。该方法通过选择合适的核壳材料，成功地提高了荧光量子产率和抗光氧化稳定性，优化了大光谱窗口的发射波长。利用半导体与具有局域表面等离子体共振效应（LSPR）的贵金属（如 Au、Ag、Pt）结合形成的异质纳米晶以增强半导体的光、电、光催化特性，引起了诸多研究者的关注。金属/半导体核壳结构作为一种典型的表面等离激元与激子的耦合作用材料体系被广泛研究。核壳结构较为普遍的合成方法是外延生长法，利用该方法合成的 CdSe@ZnS、CdTe@CdSe、CdSe@ZnTe、InAs@InP 等在光伏及光电应用中发挥了巨大的作用。图 3-5 报道了利用逆向阳离子交换反应方法实现高曲率金属纳米晶上不同单晶半导体壳层的非外延生长，开创性地建立了一种新型金属/半导体异质纳米结构的制备方法[4～6]。

（2）准一维（1D）纳米结构

之所以使用准一维纳米结构这个术语，是因为尽管沿着一个主轴的延伸率仍然存在，但是其尺寸往往大于所指示的阈值。当纳米棒、纳米线或纳米管的直径变得更小时，它们的性质往往会发生显著变化，这与晶体固体甚至二维系统有关。铋纳米线就是一个很好的例子，当金属丝的直径变小时，它就会转变成半导体。通过控制生长变量，如温度、盖层分子的选择、前驱体浓度、核的晶相、动力学控制生长与热力学控制生长之间的状态等，产生了各种多维度的纳米构建块。为了生成一维纳米晶体，研究人员探索了一维纳米棒的"一步原位合成"方法，使用的方法与球形纳米晶体相似。例如，使用二元加帽分子和己基膦酸等二元旋盖分子对 CdSe 的形状各向异性和固有的六边形结构性质均有影响。

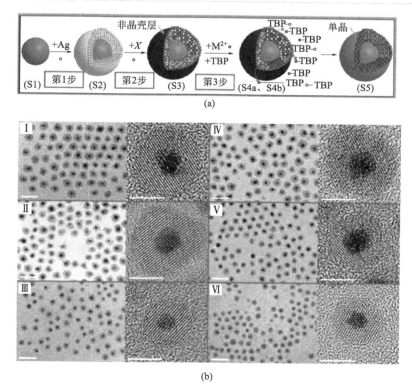

图 3-5　非外延生长制备核壳结构示意图及不同金属@半导体核壳结构电镜分辨图[4,5]

利用非水解高温注射法可以有效地制备高质量的纳米棒。Peng[7] 和 Man-na[8] 等首先报道了在三辛基氧化膦和己基膦酸的热表面活性剂混合物中通过二甲基镉和三辛基膦硒化物的热分解得到的 CdSe 纳米棒。Ⅱ-Ⅵ半导体的水解合成也通过包含定向附着过程的形状转换生成一维棒状纳米晶体。Tang 等通过偶极子诱导 CdTe 单个纳米球的融合，报道了从球体到棒状的形状转变。Ⅲ-Ⅴ半导体一维纳米晶体（包括 InP、GaAs 和 InAs）也可以通过溶液-液-固（SLS）工艺合成。在Ⅳ族半导体系统的情况下，由于其高度共价特性，通过典型的基于溶液的前驱体注入方法极难获得纳米棒。相反，Morales 和 Lieber 使用气相合成，例如化学气相沉积，其中使用气-液-固（VLS）生长机制可以在基板上很容易地获得一维硅和锗纳米线。

过渡金属氧化物是白色颜料、电子陶瓷、化妆品、催化载体和光催化剂等领域的重要材料。纳米结构二氧化钛具有特殊的应用价值，具有作为太阳能电池材料的潜在应用前景。Chemseddine 和 Moritz 证明了在四甲基氢氧化铵存在下，通过钛醇盐 $[Ti(OR)_4]$ 的水解和缩聚合成的细长二氧化钛纳米晶体可作为稳定剂和反应催化剂。Penn 和 Banfield 也报道了在水热条件下自然排列的二氧化钛纳米晶体，通过采用定向附着机制进入纳米晶体发展，钛醇盐前驱体水热处理可产生菱形锐钛矿二氧化钛纳米晶体。

（3）二维（2D）纳米结构

二维纳米结构表示为尺寸在纳米量级的颗粒（晶粒）构成的薄膜，或者层厚在纳米量级的单层或多层薄膜。其性能依赖于晶粒尺寸、膜厚度、表面粗糙度及多层膜的结构。二维纳米结构的主要合成方法可归纳为各向异性晶体生长、表面活性剂辅助合成和更简单的零维或一维纳米系统的组装。

所有二维扁平纳米晶体具有约 10nm 的总尺寸。应按该尺寸控制纳米晶的增长，以防止仅沿一个特定方向的增长，从而产生一维系统。通过溶液的自组装实现二维纳米晶体的合成，并且这些体系的构成元素通常是金属。盘状纳米晶体是典型的扁平结构单元。它们通常通过表面活性剂辅助合成或通过胶体系统的各向异性晶体生长获得。

（4）三维（3D）纳米结构

总体尺寸在非纳米范围（主要是微米或毫米范围），但表现出纳米特征（如纳米尺度的限制空间）或由纳米尺度的构建块的周期性排列和组装而形成的物体，可被归类为"三维纳米系统"。它们表现出不同的分子和体积特性。特别地，三维纳米晶体的超结构是通过装配基本的纳米积木，如零维球、一维棒和二维板，具有更大的结构创新的形状。相反，纳米多孔材料是由"互补"方法制备的，因为纳米尺寸的孔隙系统是在连续的大块材料中获得的。除此之外，更简单的纳米系统还可以作为"人工原子"来构建三维超结构，例如给定纳米颗粒处于可预测的周期点阵中的超晶格。为了这个目的，零维纳米系统（主要是纳米颗粒）是最好的选择，因为它们可以很容易地产生高度有序的三维紧密排列模式，通过化学颗粒间的相互作用保持在一起。利用选择性蒸发技术，从含有球形 CdSe 纳米晶的辛烷和辛醇溶液中得到了 CdSe 纳米晶的超晶格。它们具有与溶液中稀释的 CdSe 纳米球不同的光学性质。

3.1.4　半导体纳米材料的应用

与传统的体积材料和分子材料相比，窄而密集的发射光谱、连续的吸收带、高化学和光漂白稳定性、可加工性和表面功能性是半导体纳米材料最吸引人的特性之一。"纳米化学"的发展体现在大量关于半导体纳米颗粒合成的出版物上。例如，空间量子约束效应导致半导体纳米材料光学性质的显著变化；非常高的分散性（高的表面积与体积比）以及半导体的物理化学性质对它们的光学和表面性质有很大的影响。因此，半导体纳米材料已成为近 20 年来的研究热点，并在固体物理、无机化学、物理化学、胶体化学等不同学科的研究和应用中引起了人们极大的兴趣。在纳米材料的独特性能中，电子和空穴在半导体纳米材料中的运动主要受量子约束，声子和光子的输运特性在很大程度上受材料尺寸和几何形状的影响。随着材料尺寸的减小，比表面积和表面积与体积的比值急剧增大。参数（如大小、形状和表面特征）可以改变，以调控半导体纳米材料的物理化学性质。半导体纳米材料的新特性在纳米电子学、纳米光子学、能量转换、非线性光学、微型传感器和成像装置、太阳能电池、催化剂、探测器、摄影生物医学等新兴技术的研究和应用中引起了人们极大的关注。

3.2 纳米光电转换材料

3.2.1 光电转换特性

光电转换，即利用半导体对光的吸收，产生光电效应。光电效应可以分为两种，一种称为外光电效应，是指物体吸收光后，其内部的电子逸出表面而向外发射；另一种称为内光电效应，是指物体吸收光后，其电导率发生变化以及产生光电导效应，即产生了光生电动势以及光伏效应。光电转换的原理可以分为以下几种[9~11]。

（1）光催化原理

光电转换的使用方式之一就是光催化，其原理如图 3-6 所示。

半导体在被光激发以后，其导带和价带分别产生电子和空穴。一部分光生电子和空穴会发生复合，一部分会逸出到半导体的不同位置，那么助催化剂的存在有利于半导体光生电荷的分离。其中在富集电子的位置可以进行还原反应，而在富集空穴的位置可以进行氧化反应。

（2）太阳能电池原理

太阳能电池主要就是运用光伏效应，其原理如图 3-7 所示。

当入射光的光子能量比非均匀半导体（如 PN 结）带隙的能量大时，将会发生内光电效应，即在半导体两侧产生电子-空穴对，形成载流子。在 PN 结中由于存在较强的从 N 区指向 P 区的内建场，会使得 N 区的空穴向 P 区运动，而 P

区的电子向 N 区运动。这种行为将会导致 N 区、P 区的电势分别不断降低和不断升高，使得 N 端带负电、P 端带正电，从而在 N 端和 P 端之间产生光生电动势，即为光伏效应。

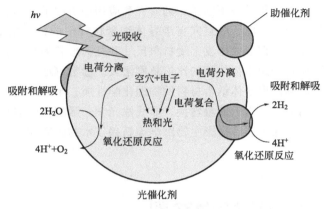

图 3-6　光催化原理

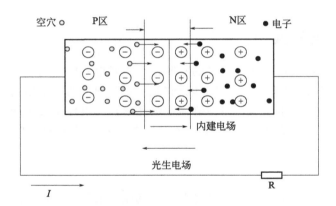

图 3-7　光伏效应原理[11]

（3）表面等离子体共振原理

表面等离子体共振（Surface Plasmon Resonance，SPR）可以根据金属纳米粒子和金属薄膜的传导，分为局域表面等离子体共振和表面等离子激元共振。金属的价电子相当于运动的电子气体，可以将其看作一种等离子体。当存在电磁场时，价电子会因为电子间的排斥以及库仑力的作用而产生振荡。这种现象称为等离子体振荡。当把介质层与金属放在一起时，光会从光密的介质进入光疏的金属而发生全反射，投入金属那部分由全反射产生的光波称作消逝波。这种消逝波会和金属的等离子体振荡发生共振，产生的共振波吸收光子的能量，减少反射的能量，即为表面等离子体共振原理。

3.2.2 纳米结构与光吸收

半导体纳米结构，是指在其三维空间中至少有一个维度的尺寸在 100nm 以下的材料，包括零维结构的纳米晶、量子点和原子团簇，一维结构的纳米管和纳米线，二维结构的薄膜材料，以及满足定义的某些三维结构材料。半导体的光吸收强弱与其纳米结构有着紧密的联系。

（1）核壳纳米结构

以纳米线为例，核壳结构的纳米线可以有效地钝化表面增强光吸收，另外大面积垂直排列的核壳纳米线也可以很好地提高光吸收性能[12,13]。核壳纳米线的光吸收系数与体系内核截面积以及外延层厚度有很大的关系。罗晟[14] 等研究了 Si/Ge 和 Ge/Si 核壳纳米线的光吸收系数的尺度和形状效应，发现 Si/Ge 以及 Ge/Si 核壳纳米线的光吸收系数随着体系内核截面积和外延层厚度的增加而增大，并且得出在相同的情况下，四种截面形状的核壳纳米线的光吸收系数的大小满足以下关系：三角形＜四边形＜六边形＜圆形。

（2）纳米锥阵列结构

2009 年，Burkhard 等通过离子刻蚀技术首次得到纳米锥阵列结构的材料[15,16]。他们发现纳米锥的直径从上而下可以发生连续性的变化，这样其有效折射率不会像传统材料一样，由空气折射率突然改变到体材料折射率，如图 3-8 所示[16]。因此，纳米锥阵列的光吸收要比其他纳米结构的材料高得多。此后，研究者还发现，具有纳米锥阵列结构的太阳能电池能够减少对材料的应用，而且因为结构上自上而下的连续性能够扩大吸收不同光波的能力。研究还发现，对于纳米锥结构的太阳能电池，其形貌比值对光电转换效率有着很大的影响，当纵横比为 1 时，其光电转换效率能够达到最大值[17]。

（3）表面等离激元纳米结构

能量转换效率偏低，是影响有机太阳能电池发展的一个重要原因。太阳能电池的活性层厚度与其光吸收性能有着密切的联系。如图 3-9 所示，随着太阳能电池活性层厚度的增加，其光吸收效率呈现增强的趋势，并且光吸收呈现宽谱高强度吸收。当活性层达到一定厚度后，活性层的光吸收能力会达到一个峰值，这样随着活性层厚度 T 的增加，造成了过量的活性层，从而降低了活性层的光吸收效率，并且随着活性层厚度 T 的增加，会增加激子的淬灭，从而影响有机太阳能电池的光电转换效率[18]。为了提高效率，就需要有机太阳能电池的活性层不能太厚，以此确保获得较高的激子的分离效率以及载流子的收集效率，但是较薄的活性层会导致其光吸收效率变差，进而浪费入射光能。因此，在不改变活性层厚度的前提下，在太阳能电池中引入光捕获剂，是一种改变活性层光吸收的好方法。贵金属纳米结构具有激发表面等离子激元的特性，因而其光捕获性能比较好。

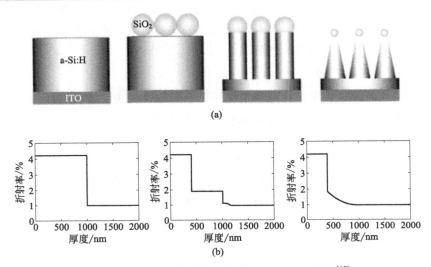

图 3-8 不同纳米结构的示意图和对应的折射率[16]

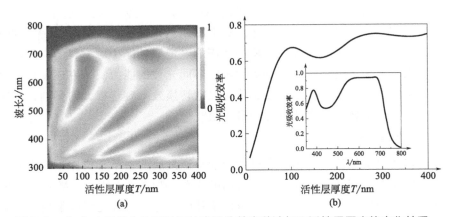

图 3-9 （a）太阳能电池活性层的光吸收效率随波长和活性层厚度的变化关系；
（b）太阳能电池活性层吸收效率随活性层厚度的变化关系，
插图为 $T = 104nm$ 时活性层光吸收效率随波长的变化关系[18]

2010 年，Min 等[19] 在活性层厚度只有 15nm 的太阳能电池的电极中引入了 Ag 光栅的结构，结果光吸收效率增强且达到 50%。2012 年，Li 等[20] 通过 Ag 光栅电极的光栅形状，将活性层也制备成光栅形状，使有机太阳能电池的光电转换效率提高 10.4%。由此可见，将贵金属纳米结构引入到太阳能电池中可以有效地增强活性层的光吸收能力，提高其光电转换效率。

3.2.3　纳米结构与电子传输

（1）核壳纳米结构

核壳纳米结构的半导体纳米线相比于单根半导体纳米线，用作光电转换材料具有更好的优势。一方面，核壳体系下的半导体光照下产生的载流子因为收集长度不大于载流子的扩散长度，可以高效地转移到 P-N 结，而来不及复合，从而载流子的收集可以得到有效的提高，如图 3-10 所示[21,22]。

(a) 轴向　　　　　　　　　　(b) 径向

图 3-10　电子-空穴在核壳纳米线中的分离示意图[22]

另一方面，在核壳体系中因为存在外延层，会对半导体的导带电子以及价带电子有很大的影响，半导体的能带结构会因为外延层的不同而表现出极大的差异性。因此，可以通过调制半导体的外延层使纳米体系的电子结构表现出不同的形式[23]，光生的电子和空穴分别进入核和壳中，从而使其有效地被分离，如图 3-11 所示[24]。在光照激发下，PbSe/PbS 核壳纳米晶产生的空穴富集到 Au 上，而产生的电子富集到 TiO$_2$ 上，使载流子得到有效的分离。

（2）纳米锥阵列结构

Gao 以及 Tsai[25,26] 等发现纳米锥阵列结构能够使光生载流子得到有效的分离，而且还可以有效地实现载流子的转移和收集。纳米锥阵列结构以及其电流电压曲线如图 3-12 所示。目前，纳米锥阵列太阳能电池的光电转换效率最高可达 11% 以上，远高于其他纳米结构的太阳能电池。

3.2.4　常见的纳米光电转换材料

光电转换材料，是指通过光生伏特效应，将太阳能转变为电能的材料。由经济快速发展带来的资源短缺是困扰人类发展的关键问题,而太阳能作为一种取之不尽的绿色资源被人们广泛研究,其中将光能转换为电能是重要的研究方向。光电转换过程中,在纳米材料表面及界面处发生物理相互作用及化学反应,会影响纳米材料的动力学特性与反应速率,其表面能与表面化学也会对在界面处发生的多相反应的热力学以及形核与生长产生较大影响。同样,纳米材料可控尺寸也可以为相变与化学反应提供更合适的形貌、热量、电子转移能力以及空间容纳性。下面介绍常见的纳米光电转换材料及研究现状。

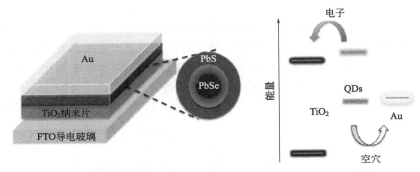

图 3-11　PbSe/PbS 核壳纳米晶的光生载流子分离示意图[24]

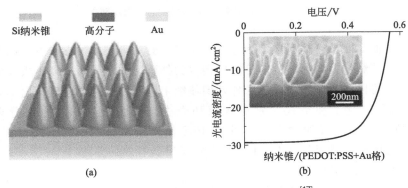

图 3-12　纳米锥阵列和电流电压曲线[17]

(1) 碳纳米材料

① 碳纳米管材料　1991 年,日本电镜学家通过高分辨率电子显微镜观察电弧蒸发石墨产物时发现了碳纳米管。碳纳米管是一种具有特殊结构,径向尺寸为纳米量级、轴向尺寸为微米量级、管子两端几乎都封口的一维量子材料。碳纳米管可以看作是由片层结构的石墨卷成的无缝中空的纳米级同轴圆柱体,两端由富

勒烯半球封闭。虽然化学组成和原子结合形态都很简单，但是碳纳米管具有丰富的结构和良好的物理化学性能，如耐热、耐腐蚀、耐热冲击、传热性和导电性好，有自润滑性和生体相容性等。碳纳米管按片层石墨层数分类，可分为单壁碳纳米管和多壁碳纳米管。单壁碳纳米管可看成是由单层片状石墨卷曲而成的，如图 3-13 所示[27]。而多壁碳纳米管可理解为由不同直径的单壁碳纳米管套装而成。

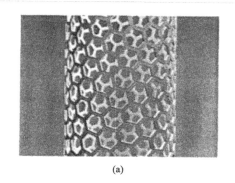
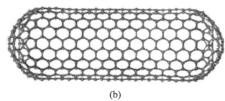

(a)   (b)

图 3-13　碳纳米管结构示意图[27]

　　碳纳米管由于其独特的一维结构，具有比表面积大、力学性能强、热稳定性高和导电能力良好等特点，被认为是理想的电极材料和活性物质的载体，引起了人们强烈的兴趣。人们的研究方向也转向了其在复合材料、传感器、储能材料、场发射装置、纳米器件和显微探针等方面的应用，特别是规模化生产的实现大大促进了碳纳米管在电子器件上的研究。自碳纳米管问世至今，规模化生产已见雏形，如全球最大的计算机制造商已开发出碳纳米晶体管，它比硅芯片晶体管具有运行速度更快、集成度更高和能耗更低等优点；碳纳米管平板显示器的成功研发，也对照明和显示行业带来深刻的变革。

　　② 石墨烯材料　石墨烯材料[28] 是另一种被广泛研究的碳纳米材料。2004年曼切斯顿大学的 Geim 研究团队首次用机械剥离法制备出二维晶体材料石墨烯，完善了从零维到一维再到二维的碳材料研究。石墨烯的结构与石墨的单原子层相同，石墨烯是由碳原子组成的具有蜂巢状结构的二维晶体，每个碳原子和邻近的 3 个碳原子以 sp^2 轨道连接形成超大的共轭体系。石墨烯可以看成是一个巨大的稠环芳烃，这种特殊的结构使石墨烯既具有半导体的属性，又具有金属的属性，而且石墨烯还具有其他优异的性能，如禁带宽度为零、透光性好、导电性能优异、电荷迁移率极高、电子传输速率为光速的三分之一和受温度影响很小（图 3-14 和图 3-15）。

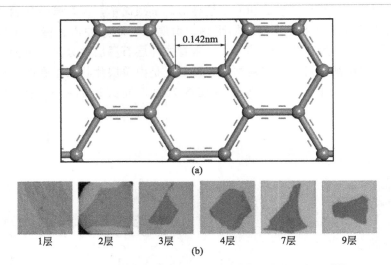

图 3-14 石墨烯的原子排列和石墨烯的光学显微图像[28]

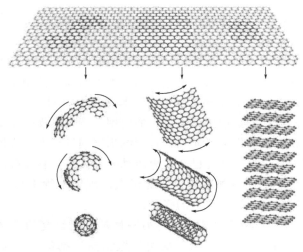

图 3-15 石墨烯：富勒烯、碳纳米管和石墨的基本结构单元[28]

（2）无机半导体纳米材料

① 以 TiO_2 为代表的二元氧化物纳米材料 由于具有化学性质稳定、抗腐蚀性能强、无毒和价格低廉等特点，二氧化钛（TiO_2）成为目前研究最为广泛的半导体光催化材料。TiO_2 常应用在各种催化反应中，是研究较早且比较成熟的半导体纳米催化材料之一[29]。但是由于 TiO_2 的禁带宽度较宽（锐钛矿相 3.2eV，金红石

相 3.0eV），根据半导体的光吸收阈值 λ_g 与带隙 E_g 的相关公式：$\lambda_g(\text{nm})=1240/E_g(\text{eV})$，只能吸收波长小于 380nm 的紫外光，对太阳光的利用率较低。单纯的 TiO_2 在光激发下产生的电子空穴对较容易复合，这较大地限制了 TiO_2 纳米材料在光催化领域的应用。为了提高 TiO_2 纳米材料对太阳能的利用率，研究人员采用不同方式对 TiO_2 纳米材料进行改性。目前已经通过多种方法制备出具有各种形貌的包括纳米颗粒、纳米线、纳米棒、纳米带以及纳米薄膜在内的多种结构的 TiO_2 纳米材料，如图 3-16 所示。同类的二元氧化物纳米材料还有 ZnO、CuO 等。

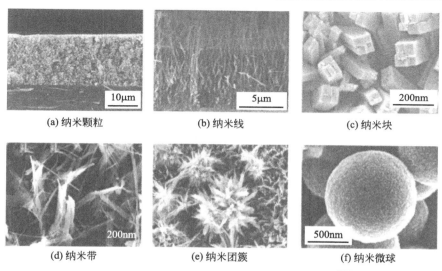

（a）纳米颗粒　　　　（b）纳米线　　　　（c）纳米块

（d）纳米带　　　　（e）纳米团簇　　　　（f）纳米微球

图 3-16　不同形貌的 TiO_2 纳米材料的 SEM 图[29]

② 以 CdS 为代表的二元硫化物纳米材料　硫化镉（CdS）是Ⅱ～Ⅵ主族中一种直接带隙的 N 型无机半导体材料，禁带宽度为 2.42eV。文献报道[30] 已制备出形貌可控的 CdS 纳米材料，包括零维 CdS 纳米颗粒薄膜、一维 CdS 纳米棒及三维 CdS 纳米棒阵列，如图 3-17 所示。同类的二元硫化物还有 ZnS、PbS 等。

③ 以 $CuInS_2$ 为代表的三元纳米材料　现在广为研究[31] 的 $CuInS_2$（图 3-18）具有黄铜矿结构，是一种直接带隙半导体材料。它的禁带宽度约为 1.50eV，吸收系数可达 $10^5 cm^{-1}$，理论光伏转换效率最高可达 30%，有利于少数载流子的收集。1μm 厚度的 $CuInS_2$ 吸收层对太阳光的吸收效率高达 90%，具有良好的热稳定性。$CuInS_2$ 与 CdSe、CdS 和 $CuInSe_2$ 等相比，无毒性、对环境无害且化学性质比较稳定。另外 $CuInS_2$ 具有本征缺陷自掺杂特性，不需要其他元素的掺杂，仅通过调整自身元素的成分就可以获得不同的导电类型，基于这个特性可以制备同质结。$CuInS_2$ 纳米材料通过调节其纳米尺寸可获得在可见光至

近红外范围可调的光谱。同样广为研究的多元纳米材料还有 $AgInS_2$、$ZnCdSe$、$CuInZnS_2$、$CuInGaS_2$ 等。

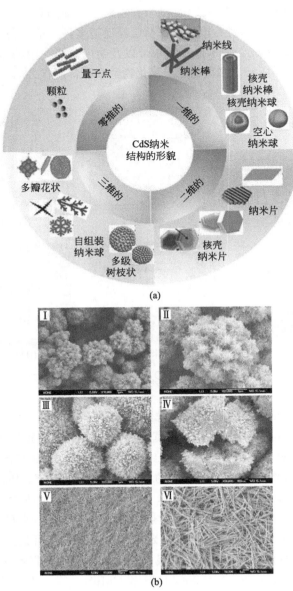

(a)

(b)

图 3-17　不同形貌的 CdS 纳米材料示意图和
不同形貌的 CdS 纳米材料的 SEM 图像[30]

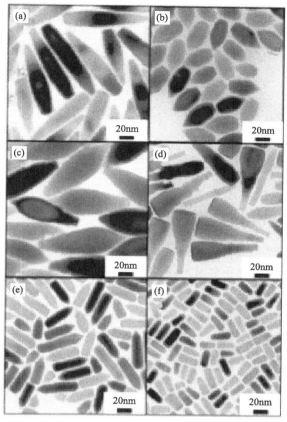

图 3-18　不同形貌的 CuInS$_2$ 纳米晶的 TEM 图像[31]

（3）有机/无机杂化钙钛矿材料

与传统的半导体材料相比，有机/无机杂化钙钛矿材料（图 3-19）表现出更加优异的光电材料特性[32]。第一，带隙可调。钙钛矿薄膜可以通过组分控制调节薄膜的禁带宽度。例如甲咪碘化铅钙钛矿（FAPbI$_3$）的禁带宽度为 1.47eV，吸收带边在 843nm 左右，可以将大部分的太阳光吸收。第二，吸收系数高。钙钛矿是一种直接带隙半导体材料，在短波区域的吸收系数（10^5cm^{-1}）远远高出传统的有机半导体材料（10^3cm^{-1}），有利于缩短自由载流子在钙钛矿体内的传输距离，减少复合，提高收集效率。第三，钙钛矿材料的激子束缚能非常小。常见的 CH$_3$NH$_3$PbI$_3$ 和 CH$_3$NH$_3$PbBr$_3$ 的激子束缚能分别为 50meV 和 76meV。所以钙钛矿薄膜在吸收入射光子形成激子后，在室温情况下便可以分离成自由的载流子。基于以上几点特性，钙钛矿材料可更好地吸收入射光，并将太阳能转换成电能，表现出更高的光电转换效率。

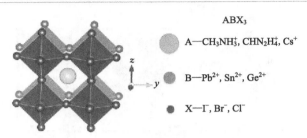

$$ABX_3$$

A—$CH_3NH_3^+$, $CHN_2H_4^+$, Cs^+

B—Pb^{2+}, Sn^{2+}, Ge^{2+}

X—I^-, Br^-, Cl^-

图 3-19　有机/无机杂化钙钛矿材料晶体结构示意图[32]

3.2.5　纳米光电转换材料的应用

光电利用主要是将太阳能转换成电能并加以利用，电能作为最终的表现形式，具有传输性、可存储性和通用性良好的特性。

（1）太阳能电池

太阳能电池是利用光生伏特效应将太阳能转换为电能的半导体光伏器件，是太阳能利用最有发展潜力的方式之一，近年来得到了人们广泛的关注。其中比较有代表性的有染料敏化太阳能电池和钙钛矿太阳能电池。

① 染料敏化太阳能电池　染料敏化太阳能电池（Dye Sensitized Solar Cells，DSSCs）是瑞士 Grätzel 教授于 1991 年以多孔状 TiO_2 纳米薄膜作为光阳极制备的，并获得了 7.1% 的光电转换效率。DSSCs 太阳能电池[33] 也被认为是第三代新型太阳能电池，引起了能源研究领域广泛的关注，开启了能源研究的新领域。DSSCs 具有原料来源广、制作简单、成本低，能耗低、无污染，对生产设备要求低、生产工艺简单，电池的长期稳定性有待提高以及电池的转换效率较低等特点。DSSCs 主要分为四个组成部分：半导体氧化物光阳极、染料分子、电解质和对电极，如图 3-20 所示。

DSSCs 的光阳极材料一般使用热稳定性和光化学稳定性较好的宽带隙的半导体纳米材料（如 TiO_2、ZnO、SnO_2 等），由于受到半导体本身的带隙限制，使得其对可见光的捕获能力较弱。另外，电子在传输过程中也会发生复合，引起电流损失，需要从材料本身出发，寻找制备方法简单、电子传递性能优异的半导体材料。光阳极作为 DSSCs 的重要组成部分之一，是决定电池光电转换效率的关键因素。所以采用多样化的制备技术以及修饰等方法以提高半导体光阳极对太阳光的有效利用率，是 DSSCs 研究的重点。

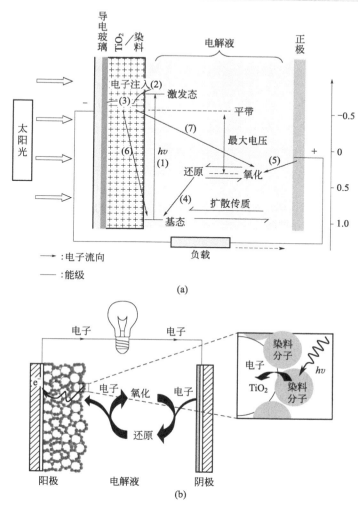

图 3-20 DSSCs 的原理示意图和结构示意图[33]

② 钙钛矿太阳能电池 实现高效、低成本、易加工的太阳能电池的制备，一直是光电转换领域的研究热点。钙钛矿太阳能电池的研究早期是由染料敏化太阳能电池过渡而来的，因此沿用了染料敏化太阳能电池的阳极结构。常见的钙钛矿太阳能电池结构如图 3-21 所示。

2009 年，Miyasaka 首次使用碘、溴取代的有机/无机杂化钙钛矿（$CH_3NH_3PbI_3$ 和 $CH_3NH_3PbBr_3$）制备液态的染料敏化太阳能电池（DSSCs），探索钙钛矿材料的光电特性，但仅达到 3.81% 光电转换效率。钙钛矿材料的本征结构以及对环境湿度、温度的不稳定性，成为其进一步发展的限制因素。2012

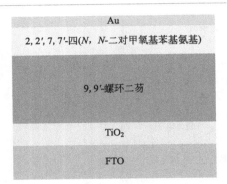

图 3-21　常见的钙钛矿太阳能
电池结构示意图

年，Chung 等使用 $CsSnI_3$ 作为空穴传输层，首次制备全固态 DSSCs 器件，突破了 10% 的光电转换效率。2013 年 6 月，Grätzel 课题组采用连续沉积薄膜的方法制备介孔型钙钛矿电池，Snaith 等采用双源蒸发技术制备平板型钙钛矿电池，使光电转换效率均突破 15% 大关。钙钛矿材料用于太阳能电池方向，可以在相当短的时间内极大地提高光电转换效率，证明其在太阳能电池领域的极大潜力，因此吸引了人们的极大兴趣。2014 年，Yang 等通过优化钙钛矿型太阳能电池结构，

实现了 19.3% 的转化，更是使钙钛矿材料得到极大关注。钙钛矿作为新兴的半导体材料，近几年来在太阳能电池领域取得了迅猛的发展。但由于钙钛矿太阳能电池稳定性差等问题制约了其产业化发展，相信今后钙钛矿太阳能电池的研究仍将得到大力发展。

（2）光电化学电池

科学家发现光伏效应的同时，自然也发现光电化学转换。法国科学家 Becquerel 发现涂过卤化银颗粒的金属电极在电解液中产生了光电流，后人称这种结构为光电化学电池（Photo-Electrochemical Cell，PEC）。1972 年，Fujishima 和 Honda 以 TiO_2 为电极，成功地利用太阳能光解水制得 H_2，实现了太阳能到化学能的转化，开启了光电化学能量转换的新领域，以太阳能为背景的光电化学能量转换也成为研究的新热点。所有的光电化学能量转换装置都可以称为光电化学电池，这类电池在产生电能或者化学能的过程中伴随的化学反应（图 3-22），是区别光伏电池（光伏电池是一种物理电池）

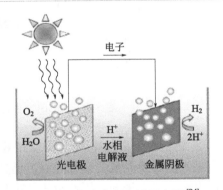

图 3-22　光电化学电池示意图[34]

的最大特点[34]。其中广泛用于光电化学电池的半导体电极材料包括 Si、以 CdS 为代表的 Ⅱ-Ⅵ 族化合物、以 GaAs 为代表的 Ⅲ-Ⅴ 族化合物、二元硫族化合物（MoS_2、

FeS$_2$）、三元化合物（CuInSe$_2$、CuInS$_2$ 等）以及半导体氧化物（TiO$_2$、ZnO）等。

（3）光电探测器

光电探测器[35] 是一种可以把光信号转换成电信号的器件，按照工作的机理不同，可分为光子型探测器和热探测器。对于光子型光电探测器来说，当不同波长的光照射探测器时，只有能量满足一定条件的光子才能激发出光生载流子，从而产生光生电流。对于半导体材料，只有当光子能量大于或者等于禁带宽度时，才能产生本征吸收，即探测器对光的响应存在一个波长界限 λ。光子的能量 ε 与频率 v 成正比，即 $\varepsilon = hv$，其中 h 是普朗克常数，v 为光的频率，因此此公式可以转换为 $\varepsilon = hc/\lambda = 1.24/\lambda$。根据上述公式可推测不同带隙材料的激发波长和应用范围。根据入射光波长，探测器可分为红外光探测器（波长区域 0.78～25μm）、可见光探测器（波长区域 0.38～0.78μm）和紫外光探测器（波长区域 0.01～0.38μm），如图 3-23 所示。

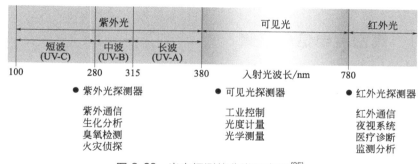

图 3-23 光电探测的分类及应用[35]

紫外光探测器一般用于军事，但在民用方面也有广泛的应用。在军事上，紫外光探测器可用于紫外光通信、制导和生化分析等；在民用上，紫外光探测器可用于明火探测、生物医药分析、臭氧监测、太阳照度监测等。目前常用的紫外光探测器材料具有禁带宽度大、热导率高、电子饱和漂移速率大、化学稳定性好等特点。由上可见，光探测器主要用于工业自动控制、光度计量、光学测量等方面，在光学测量方面常用于超精密加工以及微小形变测量。红外光探测器是目前应用最多的探测器，与紫外光探测器类似，红外光探测器材料和相关技术的研究也普遍应用于与军事相关的领域。常见的红外光探测器材料有 Si、Ge、CdS、PbS、InSb、InAs、HgCdTe 等。

高度发展的信息化技术对器件提出了如体积小、重量轻、集成度高、能量转化效率高等新要求。纳米材料随着维度的减小，表现出优异且新奇的性质，因此研究可用于光电探测器的纳米材料具有非常重要的意义。各种半导体纳米材料逐渐被研究和用于制备光电探测器。为了实现更多宏观性能的提高和优化，零维、一维和二维半导体材料的光电探测性能仍然是当今研究的重点。

3.3 纳米信息存储材料

纳米信息存储材料是指用于各种存储器中用来记录和存储信息的纳米材料。这类材料在一定强度的外场（如光、电、磁或热等）作用下发生从某一种状态到另一种状态的突变，并能将变化后的状态保持较长的时间。近年来，超高密度的信息存储材料引起了研究人员越来越多的关注，这也将为未来信息技术的发展提供理论和技术支持。信息技术的发展要求存储器件必须具备高存储密度、快的读取速率和长的存储寿命，这些都对信息存储材料提出了更高的要求。纳米信息存储材料按作用机理的不同，可分为电信息存储材料、光信息存储材料、磁信息存储材料和热信息存储材料等。

3.3.1 高密度电信息存储

电信息存储，即在电场电压刺激下，存储材料导电性会表现出的两种截然不同的状态，从而实现信息的存储。在电信息存储材料中，引起存储材料导电性变化的因素有很多，如电荷转移、分子构型转变、氧化还原反应、载流子捕获等。虽然电信息存储的作用机制多种多样，但是其作用机理都是通过改变体系的共轭度或电子云的密度实现信息的写入、读取与擦除。电信息存储元件如图 3-24 所示。

图 3-24 电信息存储元件

（1）电荷转移引起的导电性转变

当体系中既有电子给体（Electron Donor，简记为 D）又有电子受体（Electron Acceptor，简记为 A）时，则在电场作用下就可能发生导电性的转变，即在施加了一定阈值的电压后，电子给体、电子受体会发生电荷转移，从而使材料的导电性发生变化，实现信息的写入和读取则由小于阈值电压的电压完成。

（2）基于氧化还原引起的导电性转变

具有氧化还原活性的分子在电压驱动下发生氧化还原反应，不同的氧化还原态代表不同的信息位，从而实现信息的写入。分子由于发生了氧化还原反应使导电性发生了变化，从而完成信息的读取。其存储密度取决于分子中氧化还原态的数目，分子中氧化还原态的数目越多，相应的存储密度也就越大。因为分子对于氧化还原的电势的响应极其灵敏，所以对应的存储的读写能耗就相当得低。

（3）相变引起的导电性转变

通过施加电压脉冲在薄膜上写入了一个信息图案，施加了反向的电压脉冲后可实现信息点的擦除。经过透射电子显微镜以及理论计算证明：信息点的写入或擦除是由于薄膜在纳米尺度上晶体结构的变化，即由晶态变为非晶态，其中晶态的导电性差，而非晶态的导电性好。

（4）基于分子构型改变引起的导电性转变

二芳基乙烯为一种相当典型的光致变色材料，有两种非常稳定的存在构型。将两端基团均为巯基的二芳基乙烯分子装到两金电极间形成单分子层器件，在不同的光照后对比分子的吸收光谱，同时对单分子层器件进行导电性测量。在可见光照射下，二芳基乙烯分子从闭环体经过开环反应变成开环体，分子的吸收产生蓝移，同时分子的电流密度增强一个数量级。

3.3.2 高密度光信息存储

光信息存储的存储方式与软盘、硬盘等相同，都是以二进制数据的形式来存储信息。光信息存储通过写入装置将字符、声音、图像等有用的装置记录在某存储介质中，并使信息通过读取装置从存储介质再现。需要借助激光把计算机转换后的二进制数据用数据模式刻在扁平、具有反射能力的盘片上。而为了识别数据，光盘上定义激光刻出的小坑就代表二进制的"1"，而空白处则代表二进制的"0"。DVD 盘的记录凹坑比 CD-ROM 更小，且螺旋存储凹坑之间的距离也更小。为了进一步提高光信息存储器件的信息存储量，实现高密度光信息存储，光信息存储的方向从传统的二维延伸到了三维，从而大大提升了信息存储容量和信息读取速度。实现三维光信息存储途径主要有全息存储技术、光子烧孔技术、双光子存储技术和近场光学存储技术。

（1）全息存储技术

激光全息存储即在光敏物质中，逐页（层）记录通过物光和参考光经相干叠加后产生的干涉性条纹图像，如图 3-25 所示。在厚的介质中可存储多层此种全息图像，并能独立读取，它们还可以通过方向或空间不同而进行区分。全息存储技术特别适用于图像存储和记录，不但可存储记录图像的振幅信息，还可存储记录图像的相位信息，重新呈现的存储图像具有明显的三维特性。全息存储器件具有保真度高、可并行输入或输出、数据传输速率超过 125Mbit/s、存储密度可达到 1Tbit/cm^3 的优点，但由于其价格昂贵且结构复杂等，限制了其应用。

图 3-25　全息存储技术

（2）光子烧孔技术

光子烧孔技术作为一种超高密度的信息存储方式，基于在二维存储中增加一个频率维度，从而大大提高了光信息存储密度。其作用机理是：在低温下，将光反应分子通过单分子形式分散在存储介质中，由激光诱导发生可进行位置选择的光化学反应，在不均匀的加宽吸收光谱中调控性地产生了一个光谱孔，从而实现了信息的记录。

图 3-26　双光子存储技术

（3）双光子存储技术

双光子存储技术是指存在于存储介质中的分子可同时吸收两个光子而被激发到较高能级处，如图 3-26 所示。在双光子的吸收过程中，被吸收的两个光子既可以是同一波长的，也可以是不同波长的，但是任意一个波长的一个光子都不能被介质分子吸收，只有两个光子同时被吸收时才可以使分子被激发到较高的能级上。

（4）近场光学存储技术

近场光学是指当光通过尺度远远小于它的波长的小孔，并且控制其与样品的距离在近场范围时，成像的分辨率便可冲破衍射极限的限制，其优势在于容量大和密度高。

3.3.3　多功能存储

多功能存储，是指在同一器件上构造多种类型的物理通道，使得物质在外加条件下具有双重或多重稳态，从而同时实现光、电、磁等多功能信息的存储。基于光信息存储和电信息存储方面的积累以及两者可能的协同作用，如果存储器件可以同时实现光和电的双重调控，从而实现多重响应，对于光电器件和高密度存储器件的发展是尤其重要的。

基于以上设想，国内外多个科研团队在多功能存储材料领域做出了显著的贡献。其中有机小分子如 1,1Dicyano-2,2-(4-Dimethyla Minophenyl) Ethylene（DDME）、Phenalenyl 等基于其特殊结构引发的功能特性，受到国内外多个研发团队的广泛关注和研究。以 DDME 为例，2000 年，S. M. Hou、D. B. Zhu 等报道了物理沉积法实现 DDME 薄膜材料的合成，进而通过傅立叶红外光谱仪、透射电子显微镜以及扫描隧道电子显微镜等进行表征，实现了可控的电学双稳特性以及电致变色特性[36]。其中电学双稳态特性，是基于其具有较强的电子给体与双电子受体基团，从而实现光照前后的两种稳态。同时，基于其分子具有的特殊共轭结构，可以实现三维光信息存储，其在光或电作用下的结构变化导致了其发光信号和电信号的同时变化，使信息可以通过电或者光两种方式进行有效的写入和存储，从而实现了多功能存储。类似的，Tang 等研究并实现的新型热稳定螺噁嗪类材料的合成和应用，基于双光子技术，同样实现了三维光学信息的存储[37]。设计、合成、研究具有稳定并同时含有磁、光、电稳定特性的材料用于多功能信息存储领域，同样也是近年来的重要研究方向。以 Phenalenyl 为例，2002 年 Coedes 等设计、合成并深入研究了其作为存储材料所需的特征[38]，通过对分子烷基的可控取代，实现了其磁、光、电稳态的可控调节，从而实现了在高低温下不同的磁性转变；同时，通过控制温度可有效控制其分子间的相互作用，调节其相关特性。该类材料也被认为具有丰富的多功能存储应用前景。

3.3.4　纳米材料与光电高密度信息存储

近年来，纳米材料在信息、能源、环境、医疗、卫生、生物与农业等诸多领域引发了新的产业革命，尤其在光电、光信息以及半导体等相关领域有着广泛的应用。纳米材料在光电信息存储领域有着天然的优势，由于纳米微粒的小尺寸效应、表面效应、量子尺寸效应和宏观量子隧道效应等使得纳米材料在磁、光、电等方面呈现常规材料不具备的特性。因此纳米微粒在磁性材料、电子材料、光学材料等领域有着广阔的应用前景[39,40]。

在信息技术领域，计算机的重要参数包括存储量、处理速度等。而具有特殊光、电、磁特性的纳米材料对于实现信息材料性能上的突破和特异性能的实现具有广阔的前景。例如，小尺寸的超微颗粒具有特殊的磁性变化。粒径20nm（大于单磁畴临界尺寸）的铁颗粒的矫顽力比大块纯铁增加了1000倍，已用作高密度存储的磁记录粉，大量用于磁带、磁盘、磁卡以及磁性钥匙等；但对于粒径小到6nm的铁颗粒，其矫顽力反而降为零，呈现出超顺磁性，可用来制备磁性液体，也可广泛应用于旋转密封等领域。此外具有库仑阻塞效应的材料可以用来制作单电子晶体管和单电子存储器，是构筑纳米电子学的基础。同时，相比于传统块体材料，纳米微粒开始长大的温度随着粒径的减小而降低，这无疑可以降低其生产成本。用有机分子、CNT和半导体纳米线可制造出纳米级电子器件（如晶体管、二极管、继电器和逻辑门），然后再将这些纳米器件连接起来，从而可以有效地实现多功能化。著名纳米材料学家 C. M. Lieber 教授曾说过，微电子器件向纳米电子器件转变：由"自上而下"到"自下而上"直径为 5～10nm 的纳米线代表着电子器件的未来，可用于制作存储器、逻辑元件和发光二极管等[41]。利用 P 型和 N 型半导体纳米线交叉及碳纳米管组装出的存储器，还可以制作出场效应晶体管、逻辑门及发光二极管等。同时，近年来提出单分子开关的概念，分子发生氧化还原反应改变原子构型，将其连通，则每个分子像细小的导线那样起导电作用[42,43]。纳米线的组装及其在存储器件领域的潜在应用如图 3-27 所示。

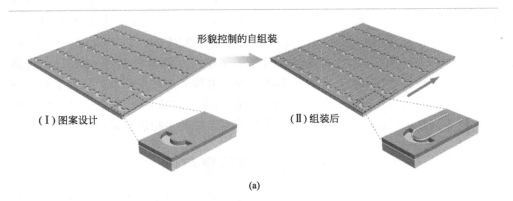

形貌控制的自组装

（Ⅰ）图案设计　　　（Ⅱ）组装后

(a)

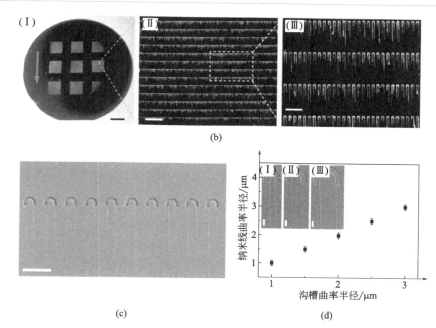

图 3-27 纳米线的组装及其在存储器件领域的潜在应用[41]

与此同时，纳米材料实现的光电存储器件在军事上也有很多潜在的应用，已成为提高各类武器和通信安全指挥控制系统的关键技术之一，对提高信息的存储能力和特异性有着特别重要的作用。例如，近期提出的采用量子通信的量子互联网的信息概念，其载体是单个光子，光子在不被破坏的情况下，其携带的信息是无法被获取的，从而提高了其安全性。

目前纳米材料在光电领域的应用主要包括巨磁电阻材料、新型的磁性液体和磁记录材料、红外反射材料、优异的光吸收材料、隐身材料以及光电器件（半导体或有机 LED、纳米激光器、光电传感器、光电探测器）等[44]，如图 3-28 所示。相比于其他领域，纳米材料应用于光电存储器件的关键技术为各种技术的合成，主要包括分子束外延、金属有机化合物气相沉积等先进的超薄层材料生长技术。有关专家认为，未来纳米光电存储器件的重要突破口将是对超晶格、量子阱（点、线）结构材料及器件的研究，其发展潜力无可估量。未来战争是以军事电子为主导的高科技战争，其标志就是军事装备的电子化、智能化，而其核心是微电子化。以高性能、具有特殊功能化的纳米材料为主体，以微电子技术为核心的关键电子元器件是一个高科技基础技术群，而器件和电路的发展一定要依赖于超薄层材料生长技术（如分子束外延技术）的进步[45~50]。

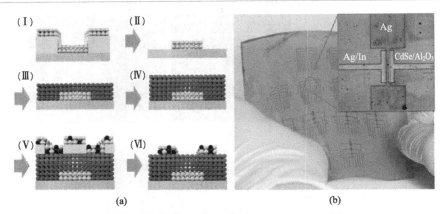

图 3-28   基于纳米材料的柔性半导体器件[44]

3.4   有机光电纳米材料

有机光电纳米材料通常是富含碳原子、具有大 Ⅱ 共轭键的有机小分子或聚合物，它们能够实现光能与电能之间的转换，因此可以应用于光伏、显示和光探测等领域。自 20 世纪 70 年代以来，有机光电纳米材料开始在应用中崭露头角；2000 年，艾伦·黑格、马克迪尔米德和白川英树三位科学家因在有机光电功能材料领域的突出贡献而获得了诺贝尔化学奖，从此掀起了有机光电纳米材料的研究热潮。进入 21 世纪，能源危机和环境污染问题日益严重，寻找具有性能优异、性质可调、价格低廉和易于加工的光电功能材料成为当前的研究热点。与无机纳米材料相比，有机光电纳米材料可以通过改变分子结构和组分，实现材料光电性质的精准调控、丰富材料种类和推动有机光电纳米材料的研究进展；此外有机光电纳米材料具有易于加工和价格低廉的优势，有助于有机光电纳米材料的广泛应用。

3.4.1   有机光电纳米材料简介

有机光电纳米材料是指处于纳米尺寸的有机光电材料。常见的有机光电纳米材料主要包括卟啉及其衍生物、酞菁及其衍生物、聚合物等。

卟啉在自然界广泛存在，比如人体内的血红素以及植物中的叶绿素等。卟啉环具有 26 个 Ⅱ 电子，是一个高度共轭的体系。卟啉中间可以络合不同的金属离子，形成不同金属配位的卟啉。卟啉作为非常优秀的光敏剂被长期研究，在光动力治疗、电催化、声动力治疗中凸显核心作用。卟啉及其衍生物在生物抗肿瘤材料、抗菌材料、光催化以及光电材料中应用十分广泛[51~54]。

酞菁是一种具有18电子的共轭体系化合物，它与卟啉极为相似，只是酞菁是一种完全由人工合成的物质。酞菁以及衍生物现在也被用于光催化、光动力治疗等方面。

聚合物（如聚苯胺）是一种很常见的有机光电材料，通过一定的合成手段形成纳米尺寸的聚合物也成为目前光电材料研究的热点。

3.4.2 有机光电纳米材料的优势

与传统的无机纳米材料相比，有机光电纳米材料具有以下优势。

a. 有机光电纳米材料具有多元化的组织结构，通过改变其组分或结构，可以实现光学性质的有效精准调控。

b. 有机光电纳米材料具有易加工的特性，可以通过简单方法实现材料的大规模合成和光电器件的构筑。

c. 有机光电纳米材料具有密度小、成本低的特点，有助于减轻器件重量，控制器件成本，从而实现光电器件的大规模装备。

d. 有机光电纳米材料可以基于柔性基底构筑光电器件，实现柔性或可穿戴器件的构筑。

3.4.3 有机光电纳米材料的应用

有机光电纳米材料主要应用于以下几个方面。

① 有机发光二极管（OLED）　与传统的发光与显示技术相比，OLED 具有量子效率高、发光效率高、高亮度以及高对比度等优点；另外，OLED 还具有体积小、重量轻、可制备柔性器件以及材料种类丰富等特点。由于 OLED 的种种优点，目前市场上许多电子设备的屏幕使用 OLED，并且可以预见的是，OLED 显示面板会越来越多地进入市场。

② 有机半导体晶体材料与器件　有机半导体晶体材料由于具有长程有序、缺陷较少、载流子迁移率高等优点而受到重视。随着技术的发展，现有的单晶晶体管的载流子迁移率已经可以做到优于传统多晶硅的程度。例如 Briseno 成功制备出红荧烯单晶，以此为基础制备出晶体管器件，具有非常好的性能[55]。

③ 有机太阳能电池　有机太阳能电池以光敏性有机物质作为半导体材料实现太阳能发电的目的。相比硅基太阳能电池，有机太阳能电池最大的缺点就是光电转换效率低。有机太阳能电池研究的主要关注点就是提高光电转换效率。随着研究人员的不懈努力，有机太阳能电池的光电转换效率正在稳步提升，目前已经

实现有机太阳能电池光电转换效率超过 11%[56]。

④ 有机晶体传感器 有机晶体传感器具有体积小、价格便宜和便于测试等优点，因此越来越受到人们的青睐。有机晶体传感器已广泛地应用于化学与生物检测领域，具有很高的灵敏度。另外，有机晶体传感器可以测定气体和液体两种形态的物质，具有比较大的适用范围。随着技术的发展，有机晶体传感器有望实现多种成分的实时分析。

3.5　新型纳米材料

进入 21 世纪以来，信息、生物技术、能源、环境、先进制造技术和国防领域的高速发展必然对材料提出新的需求，元件的小型化、智能化、高集成、高密度存储和超快传输等对材料的尺寸要求越来越小；航空航天、新型军事装备及先进制造技术等对材料功能要求越来越高。新型纳米材料的纳米尺寸赋予材料非凡的物理、化学和光电特性，在电子、生物医药、环保、光学等领域具有巨大的开发潜能。例如，新型碳纳米材料、量子点材料和新型二维纳米材料由于特殊的结构和优秀的物理性质，已经成为材料科学领域的热门研究对象。

3.5.1　碳基纳米材料

由于碳元素和碳材料具有形式和性质的多样性，随着科学的进步，人们不断发现和利用碳，对碳元素的开发具有无限的可能性。碳元素具有多样的电子轨道特性（sp、sp^2、sp^3 杂化），再加之 sp^2 的异向性而导致晶体的各向异性和其排列的各向异性，因此以碳元素为唯一构成元素的碳材料具有各式各样的性质[56~58]。自 1989 年著名的科学杂志 *Science* 设置每年的"明星分子"以来，碳的两种同素异构体"金刚石"和"C_{60}"相继于 1990 年和 1991 年连续两年获此殊荣。1991 年另一种碳结构——碳纳米管被日本电子公司（NEC）的饭岛澄男博士使用高分辨透射电子显微镜从电弧法生产的碳纤维中发现。1996 年诺贝尔化学奖授予发现 C_{60} 的三位科学家 Harold Kroto、Robert Curl 和 Richard Small-ey[59]。2004 年另一种神奇的碳纳米材料——石墨烯被英国曼彻斯特大学的两位科学家 Andre Geim 和 Konstantin Novoselov 发现，两人获得 2010 年诺贝尔物理学奖[60]。进入 21 世纪以来，富勒烯、碳纳米管、石墨烯、介孔纳米碳材料等新型纳米碳材料（图 3-29）的迅速发展引起了全世界的广泛关注，随着这几种新型纳米碳材料的研究逐渐深入及其制备工艺的不断完善，目前逐步走向产业化阶段。尽管与传统的碳材料产业化程度还有一定差距，但由于新型纳米碳材料独有的优异性能，在各个领域中展现出了良好的应用前景。

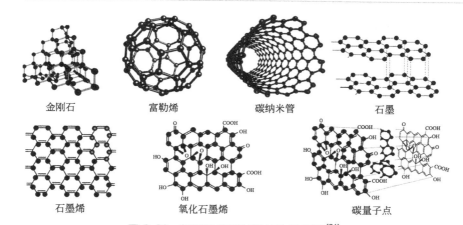

金刚石　　　　富勒烯　　　　碳纳米管　　　　石墨

石墨烯　　　　氧化石墨烯　　　　碳量子点

图 3-29　新型纳米碳材料结构示意图[61]

（1）新型纳米碳材料的种类

新型纳米碳材料的发展始于 1990 年，指分散相尺度至少有一维小于 100nm 的结构性碳材料，主要包含富勒烯、碳纳米管和石墨烯等。新型纳米碳材料具有稳定性好、强度高、比表面积高和来源丰富等特点，是最具发展潜力的新型纳米材料之一，现已应用于复合材料、超级电容器、储氢材料、催化剂等能源化工及生物应用领域。

① 富勒烯及其复合材料　富勒烯是由碳原子形成的一系列笼型单质分子的总称，形状呈球形、椭球形、柱形或管形，是碳单质除石墨、金刚石外第三种稳定的存在形式，而 C_{60} 是富勒烯系列全碳分子的代表。1985 年英国科学家 Harold Kroto 博士和美国科学家 Robert Curl、Richard Smalley 博士在莱斯大学制备出第一种富勒烯，即 C_{60} 分子。因为 C_{60} 分子与建筑学家 Buckminster Fuller 的建筑作品很相似，将其命名为"巴克明斯特·富勒烯"（巴克球）。自然界中也存在富勒烯分子，2010 年科学家通过 Spitzer 望远镜发现在外太空中也存在富勒烯。C_{60} 是最常见的富勒烯，60 个相同的碳原子构成完全对称的中空球形结构，具有 32 个面和 60 个碳原子顶点，每个顶点都是两个正六边形和一个正五边形的聚合点，酷似一个直径在 0.7nm 左右的小足球。杂化电子在碳球外围和内腔形成非平面离域大 Ⅱ 键，因此 C_{60} 具有缺电子烯烃的性质，碳球内外表面都能反应，如金属、Ti、N、S 等嵌入碳笼内或对碳笼外表面修饰的富勒烯衍生物。随着 C_{70}、C_{76}、C_{84} 等富勒烯的发现，富勒烯及其衍生物显示出巨大的应用前景。

大量低成本地制备高纯度的富勒烯是富勒烯研究的基础，1990 年物理学家

W. Krätschmer 等[62] 用电弧法首次合成克量级的富勒烯。目前较为成熟的富勒烯制备方法有电弧法、热蒸发法、燃烧法和化学气相沉积法等，其形成是由于在高温下气相中碳网自由基碎片倾向于形成封闭结构，使这种碳结构单元趋向于位能最低，处于最稳定的状态。

富勒烯在大部分常见的有机溶剂中溶解性很差，通常用芳香性溶剂（如甲苯、氯苯）或非芳香性溶剂（如二硫化碳）溶解。纯富勒烯的溶液通常呈紫色，浓度大则呈紫红色。富勒烯 C_{60} 具有良好的非线性光学性质，这是因为 C_{60} 分子中电子共轭的笼形结构存在着三维高度非定域，大量的共轭 Π 电子云分布在其内外表面上。在光激发后会发生光电子的转移，形成电子-空穴对，因此 C_{60} 是很好的光电导材料。

C_{60} 具有缺电子化合物的性质，倾向于得到电子，易与亲核试剂（如金属）反应。C_{60} 的碳笼内能够包入各种不同的金属或金属原子簇，形成一类具有特殊结构和性质的化合物，通常被称为内嵌金属富勒烯（EMFs），常用 $M@C_{2n}$ 形式来形象地表示内嵌金属富勒烯的结构[63]。目前金属原子如 K、Na、Cs、La、Ba、U、Y、S 等碱金属、碱土金属和绝大多数稀土金属都已经成功地包笼到 C_{60} 碳笼内，形成了单原子、双原子、三原子金属包合物。

由于 C_{60} 独特的笼形结构，碳原子之间以不饱和化学键连接，在适当条件下很容易被打开，与其他化学基团组成富勒烯衍生物。化学修饰一直是 C_{60} 研究的主要领域之一。C_{60} 具有不饱和性，加成反应主要有 C_{60} 亲核加成反应和 C_{60} 亲电加成反应。C_{60} 可以和胺类、磷酸盐、磷化物等发生亲核加成反应，还可以与 CH_3I 在格氏试剂作用下反应生成烷基化合物。

② 碳纳米管及其复合材料　碳纳米管属于一维纳米材料，是碳原子 sp^2 杂化连接的单层或多层的同轴中空管状碳，p 电子形成离域 Π 键，共轭效应显著。碳纳米管结构独特，比表面积高，导热性强，化学稳定，且交互缠绕易于形成纳米级网络结构，已成为纳米碳材料研究的热点。碳纳米管可以看成是由单层或者多层石墨片绕中心轴按照一定角度旋转一周、两端呈闭合或打开结构的纳米级管状材料。根据层数的多少，可以分为单壁碳纳米管和多壁碳纳米管。碳纳米管的内径一般在几纳米到几十纳米之间，长度范围在几十纳米到微米级甚至厘米级之间。碳纳米管中大量交替存在的 $C=C$ 双键和 $C-C$ 单键使得相互之间形成共轭效应，化学键很难断裂或者破坏掉，因此碳纳米管具有极高的机械强度和理想的弹性，其杨氏模量与金刚石相当（约为 1TPa，是钢的 5 倍左右），其弹性应变最高可达 12%。在碳纳米管中，由于电子的量子限域所致，电子只能在石墨片中沿着碳纳米管的轴向运动，因此碳纳米管表现出独特的电学性能。根据直径和螺旋度的不同，碳纳米管既可以表现出金属性，又可以表现出半导体性。

碳纳米管的制备方法主要有电弧放电法、激光蒸发法、化学气相沉积法、固相热解法等，其中化学气相沉积法由于具有反应过程易于控制、适应性强的优点，被广泛应用于制备碳纳米管。碳纳米管生长机理一般认为是在催化剂上的"基底生长"，而非"顶端生长"[64,65]。清华大学的魏飞教授团队在水平阵列状碳纳米管的生长机理、结构可控制备、性能表征以及应用探索等方面开展了大量的研究，并取得了一系列重要突破。目前，该团队已经制备出单根长度达到50cm以上的碳纳米管。

③ 石墨烯及其复合材料　石墨烯是一种由碳原子 sp^2 杂化连接而成的六方蜂巢状二维结构，电子可以自由移动，碳原子之间键接柔韧，可随外部施力而弯曲，具有良好的电子传输性和柔韧性。2004年，英国曼切斯特大学的Novoselov等[60] 首次使用机械剥离方法获得了独立存在的高质量石墨烯，并提出了表征石墨烯的光学方法，对其电学性能进行了系统研究，发现石墨烯具有很高的载流子浓度、迁移率和亚微米尺度的弹道输运特性，从而掀起了石墨烯研究的热潮。石墨烯发展迅速的一个原因在于，研究人员能够在实验室通过相对简单而低成本的方法获得高质量的石墨烯。通过石墨烯样品实验测出的一些性能甚至达到了理论预测极限[66]，如室温电子迁移率为 $2.5 \times 10^5 cm^2/(V \cdot s)$ ［理论值为 $2 \times 10^5 cm^2/(V \cdot s)$］，杨氏模量为1TPa，固有强度为130GPa（十分接近理论值），很高的热导率（高于 $3000W \cdot M/K$），光学吸收率为 $\pi\alpha \approx 2.3\%$（α 为常数），不透气，能保持极高的电流（比铜高出许多倍）。然而这些优异的性能都是建立在高质量样品的基础上，并且需要将石墨烯放置在特殊的基底上，如六方氮化硼。

石墨烯的主要制备方法包括机械剥离法（胶带剥离法）、液相和热剥离法、化学气相沉积法、碳化硅外延生长法等（图3-30）[66]。机械剥离法利用胶带的黏合力，通过多次粘贴将鳞片石墨等层层剥离，然后将带有石墨烯薄片的胶带粘贴到硅片等目标基底上，最后用丙酮等溶剂去除胶带，从而在硅片等基底上得到单层和少层的石墨烯。该方法具有过程简单和产物质量高的优点，所以被广泛用于石墨烯本征物性的研究；但该方法产量低，难以实现石墨烯的大面积和规模化制备。液相剥离的石墨烯是利用溶剂的表面张力增加石墨烯的结晶面积的方法制得的。氧化石墨烯的合成路线与此方法相关。首先氧化石墨烯粒料，然后在水溶液中超声剥离。剥离氧化石墨烯之后，悬浮液经离心分散进一步加工，还原后得到石墨烯。这种生产方法已经用于大量生产，石墨烯油墨和颜料被用于电子、电磁屏蔽等产业中。化学气相沉积法是利用甲烷等含碳化合物作为碳源，通过其在基底表面的高温分解生长石墨烯，目前已经可以通过化学气相沉积法在铜箔上生产平方米级的石墨烯。碳化硅外延生长法指利用硅的高蒸气压，在高温下（通常＞1400℃）和超高真空（通常＜ 10^{-6} Pa）条件下使硅原子挥发，剩余的碳原子通过结构重排在SiC表面形成石墨烯。该法可以获得大面积的高质量单层石墨烯，但单晶SiC价格昂贵，且生长出的石墨烯难于转移。

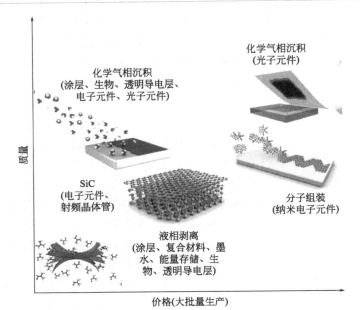

化学气相沉积
(光子元件)

化学气相沉积
(涂层、生物、透明导电层、
电子元件、光子元件)

质量

SiC
(电子元件、
射频晶体管)

分子组装
(纳米电子元件)

液相剥离
(涂层、复合材料、墨
水、能量存储、生
物、透明导电层)

价格(大批量生产)

图 3-30　石墨烯量产的一些方法[66]

（2）新型纳米碳材料的应用

新型纳米碳材料具有超高的机械强度、电导率、热导率和抗渗性等诸多优异性能，这使得其在许多领域中有诱人的应用前景，如生物医学、电子器件、光电、能源及环境保护等领域。

碳材料具有特殊的结构、特有的物理化学性质以及细胞生物学行为，如较高的化学惰性及机械稳定性、优异的导电性能以及良好的生物相容性等[67]。富勒烯、碳纳米管以及石墨烯已经被证明在生物医学方面有良好的应用前景，如用于药物传递、基因转移、光热治疗、光动力治疗、生物传感甚至是组织工程中。

随着电子器件的便携化发展，柔性电子器件越来越引起人们的关注。纳米碳材料因同时具有高的电子传输率、透光率以及良好的机械柔性，可以满足目前柔性电子器件的应用需求[68,69]。目前，用纳米碳材料制备柔性透明导电膜以及相关应用的研究工作主要集中在碳纳米管（包括单壁碳纳米管和多壁碳纳米管）以及石墨烯上。科研人员从材料制备、制膜方式、掺杂改性、图案化以及器件应用等方面开展了系统研究。

吸波材料（EAM）在电磁防护、微波暗室以及隐身设备等民用和军用领域具有广泛的应用。目前吸波材料的主要吸波机理是通过电损耗、磁损耗以及多反射干涉相消使电磁波在材料内部以热能的形式消耗掉，其吸波性能取决于材料的介电性能、磁性能和界面间的极化程度[70]。近年来，新型碳纳米材料如碳纳米管和石墨烯，具有特殊的纳米结构、较高的导电性及介电常数，更重要的是其轻质特性符合"薄、轻、宽、强"的发展趋势，通常将其与金属及聚合物基体复合以获得具有优异吸波性能的复合材料[71]。

随着能源与环境问题的日益突出，开发更为高效与环境友好的能源设备越来越得到人们的强烈关注。碳纳米材料因具有优异的导电能力、良好的力学性能以及独特的形貌与结构特征，在储能电池技术领域中的应用越来越普遍[72]。纳米碳材料常用于锂离子电池的复合电极材料、负极活性材料、导电添加剂、新型锂硫电池用复合导电载体以及超级电容器电极材料等领域[73]。大量研究成果表明，新型纳米碳材料可在不同的应用模式下显著提高储能电池的容量性能、倍率性能以及循环寿命。通过不同材料间的协同作用来构筑更完善的导电结构，不断完善与探索新的制备工艺来有效降低材料的应用成本，可以使新型纳米碳材料取得更加广泛的商业化应用。

（3）新型纳米碳材料的发展趋势

进入21世纪以来，随着碳纳米管、石墨烯等纳米碳材料的兴起，我国碳素领域面临新的发展机遇，相关研究在世界上占有重要地位，研究水平达到世界先进水平。目前我国从事碳材料研究的科研机构主要有中科院金属所、中科院山西煤化所、中科院物理所、航天总公司西安航天复合材料研究所、航天材料及工艺研究所以及清华大学等高校。主要研究领域涉及当今碳材料所有的热点领域，如碳纤维、活性炭材料和微孔碳、金刚石膜、富勒烯族、碳纳米管、石墨烯等。

目前发展我国新型碳纳米材料产业存在的主要问题是国内几种典型新型碳纳米材料在产业化方面还与欧美等发达国家存在一定差距。如在碳纳米管方面，尽管国内纳米管的宏量制备技术得到了长足发展，但对单根碳纳米管的严格控制和稳定质量的相关实践经验仍然缺乏。我国石墨烯产业仍处于初始阶段，以研发为主，规模化制备工艺还不成熟，难以实现低成本、规模化、高性能的石墨烯产品制造。国内相关企业和高校及科研机构应充分发挥各自的优势，围绕重大项目推进新型碳纳米材料的产学研合作，促进基础研究与产业化开发的有机衔接，有效、合理地利用行业资源，实现我国新型碳纳米材料技术的跨越式发展。

3.5.2 量子点材料

（1）量子点概述

量子点，是指三维尺度都在两倍的波尔半径范围之内。其电子结构从体相的连续结构转变为类似于分子的准分裂能级，具有特别显著的量子限域效应特性，表现出与体材料完全不同的性质，基于尺寸限域将引起尺寸效应、量子限域效应、宏观量子隧道效应和表面效应等[74]。其电子结构从体相的连续结构变成类似于分子的准分裂能级，表现出众多独特的发光特性，如光谱可调、高量子效率、高色纯度等。量子点材料主要包括Ⅳ（Si 量子点）、Ⅱ-Ⅵ族（CdS、CdSe、ZnSe 等）、Ⅲ-Ⅴ族（InP、InAs 等）以及近年来发展较快的Ⅰ-Ⅲ-Ⅵ族（$CuInS_2$、$ZnInS_2$ 等）、C 量子点和钙钛矿量子点材料。量子点材料主要制备方法有高温热注入法以及水相合成法。

（2）量子点能带工程

半导体纳米晶的性质与其电子能级结构密切相关。采用传统方法改变纳米晶尺寸，从而调控纳米晶电子能级以满足日益发展的光电器件应用。近年来，以能带工程为手段的纳米晶新型合成方法逐渐进入人们的视野。这些合成方法包括基于能带工程如核壳包覆[75]、纳米晶合金化[76]、过渡金属离子掺杂[77] 等的新途径，调控纳米晶的电子能级结构，从而有效改变其光学性能、电学性能、磁学性能。下面简要介绍新型能带调控方法。

① 核壳结构量子点　所谓核壳结构，即在原有纳米晶的表面包覆另一种半导体材料。由于不同的半导体材料的真空能级位置不同，根据排布方式形成的核壳结构可分为Ⅰ型核壳结构、Ⅱ型核壳结构和反Ⅰ型核壳结构三种（图 3-31）。

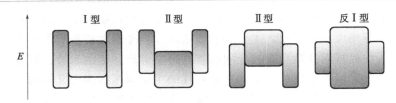

图 3-31　三种核壳结构量子点能级构造示意图[76]

Ⅰ型核壳结构材料往往采用 ZnS、ZnSe 等宽带隙壁层材料钝化表面缺陷，将内核纳米晶的电子和空穴限域于内核中，有效地提高内核材料的荧光量子效率。

反Ⅰ型核壳结构材料的电子能级排布则刚好和Ⅰ型核壳结构材料的电子能级排布相反，呈小包大形式。反Ⅰ型核壳结构材料量子点吸收峰和荧光峰会出现明显红移，成为调节纳米材料带隙一种非常好的方法。

在Ⅱ型核壳结构中，壳层材料的导带和价带要均低于或高于内核材料的导带和价带，呈交错排布形式。相对于原内核量子点材料，吸收峰具有更大的 Stokes 位移（斯托克斯位移），从而有效避免材料自吸现象的发生，且材料具有更长的荧光寿命。

② 多元合金量子点　多元合金量子点可以通过改变组分实现带隙的调控。

钟新华课题组报道了荧光波长在 450～81nm 范围的蓝-近红外组分调控 ZnS 包覆 Cu 掺杂：Zn-In-S 三元金量子点，量子效率达到了 85%（图 3-32）。

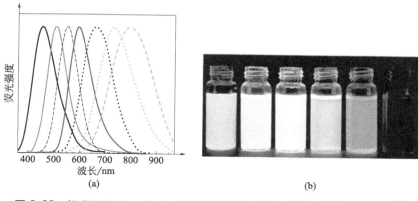

图 3-32　组分调控 Cu: Zn-In-S/ZnS 量子点的荧光光谱及紫外光照射图[76]

③ 掺杂量子点　掺杂即为有目的地将某些杂质原子掺入量子点，调控纳米晶能级结构以及空穴或电子的浓度，从而改变半导体纳米晶的电学性能、光学性能、磁学性能。纳米晶由于尺寸太小，存在"自清洁""自淬灭""自补偿"效应，使得纳米晶掺杂过程难以控制。关于掺杂机制的理解，目前主要有三种模型，如图 3-33 所示。第一种模型是 Turnbull 模型，该模型认为杂质元素在纳米晶中的浓度由统计规律决定，并且溶解度与体材料相同的杂质也会大幅度减少。第二种模型是自清洁（Self-Purification）模型，该模型认为某些杂质在纳米晶中的浓度比块体浓度低是因为体系处于热平衡状态，因而杂质会被"排挤"出纳米晶。第三种模型是杂质捕获（Trapped Dopant）模型，该模型认为掺杂主要由纳米晶生长动力学决定，掺杂的程度取决于杂质原子在纳米晶表面停留的时间。影响纳米晶掺杂效果的因素主要包括纳米晶表面活性物质、纳米晶的形貌与结构、表面能。

图 3-33

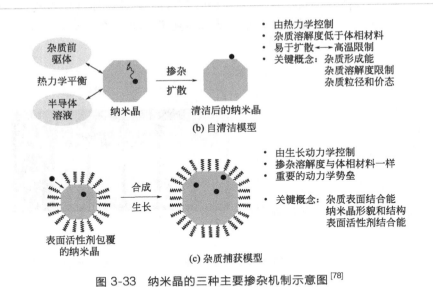

图 3-33　纳米晶的三种主要掺杂机制示意图[78]

近年来，掺杂纳米晶常用的液相合成方法有热注入方法和离子交换方法。Norris 等采用高温热注入方法，设计了生长掺杂和成核掺杂两种掺杂方式[78]，如图 3-34 所示。

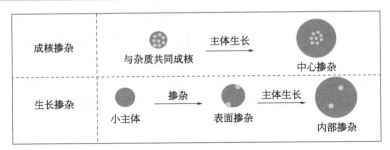

图 3-34　纳米晶的成核掺杂与生长掺杂示意图[80]

北京理工大学的张加涛课题组采用阳离子交换方法制备 Ag^+、Cu^+ 取代深度掺杂的 II～VI 族半导体纳米晶，实现了 N 型（CdS：Ag）、P 型（CdS：Cu）的导电调控[79]（图 3-35）。

量子点材料由于具有化学溶液法制备、容易分散加工、发射光谱可调、发光效率高等特点，在太阳能光伏电池、发光二极管与显示器件、生物医药、环境检测以及光催化等领域有着极其重要的应用前景。

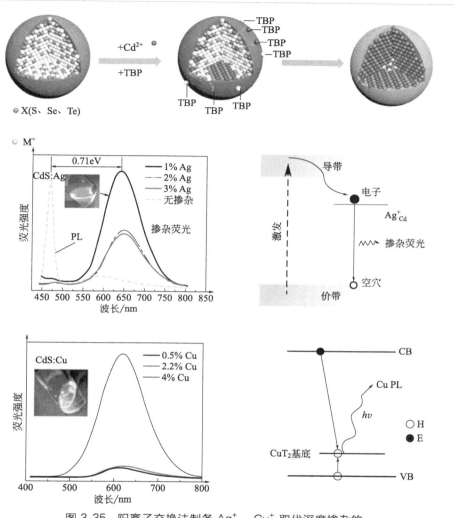

图 3-35　阳离子交换法制备 Ag$^+$、Cu$^+$ 取代深度掺杂的
Ⅱ～Ⅵ族半导体纳米晶，实现 N 型、P 型导电调控[79]

3.5.3　新型二维纳米材料

二维纳米材料是一种具有片状结构、厚度为纳米量级而水平尺寸可以无限延展的材料。自从 2004 年 Novoselov 等成功地使用胶带从石墨上剥离出了石墨烯后，二维纳米材料的研究就进入了高速发展时期。新型二维纳米材料的纳米尺寸的厚度赋予材料非凡的物理特性、化学特性、电子特性和光学特性。例如，由于

电子被限定在二维平面，使二维纳米材料在凝聚态物理学和电子/光电设备上成为理想材料；大的平面尺寸使其具有极大的比表面积，有利于暴露表面原子，提供更多的活性位点。二维纳米材料的这些独特性能，使其在能源存储与转化、电子器件、催化反应、传感器、生物医药等领域具有重要的潜在应用价值[80]。

（1）新型二维纳米材料的分类

迄今为止，二维纳米材料从最初的石墨烯发展到现在将近 20 多种。根据材料组成和结构可以将现有的二维纳米材料分为 5 大类[81]（图 3-36）。

图 3-36　二维纳米材料结构示意图[82]

a.单质类，包括石墨烯、石墨炔、黑磷（BP）、金属（如 Au、Ag、Pt、Pd、Rh、Ir、Ru）以及新出现的硼烯、砷烯、锗烯、硅烯、铋烯等；

b.无机化合物类，包括六方氮化硼（h-BN）、石墨相碳化氮（g-C$_3$N$_4$）、硼碳氮以及各种石墨烯衍生物；

c.金属化合物类，包括过渡金属硫化物（TMDs）、二维过渡金属碳化物/氮化物/碳氮化物（MXenes）、层状双金属氢氧化物（LDHs）、过渡金属氧化物（TMOs）、Ⅲ-Ⅳ族半导体（MX$_4$）；

d.盐类，包括无机钙钛矿型化合物（AMX$_3$）、黏土矿物（含水的层状铝硅酸盐）；

e.有机框架类，包括层状金属有机骨架化合物（MOFs）、层状共价有机骨架化合物（COFs）和聚合物等。

① 单质类二维纳米材料　石墨烯是单原子厚度的石墨，是以二维结构存在

的碳的同素异形体。它由六边形的封闭的碳的网络构成，其中每一个原子通过 σ 键和周围的三个原子共价键键合（图3-37）。在一个单片中，两个碳原子间的距离约为 1.42Å（$1\text{Å}=0.1\text{nm}$）。每一层通过范德华力堆垛形成石墨，相邻两层间距约为 3.35Å。

块体的黑磷是一种层状的正交晶体结构，相邻层间距为 5.4Å，层间同样通过范德华力连接。单独的一层黑磷由褶皱的蜂窝状结构组成，其中磷原子与其他三个原子相连。在四个磷原子之间，其中三个原子在同一平面内，第四个原子在相邻的平行层中。

② 无机化合物类二维纳米材料　块体的 h-BN 和石墨一样，也是层状晶体结构。它由相同数量的硼和氮在六方结构内排列组成。在每一层中，硼和氮原子通过共价键键合，每一层通过范德华力堆垛形成块状晶体。氮化硼二维纳米材料作为类石墨烯二维纳米材料的一种，在某些方面具有与石墨烯互补的性质，如较宽的带隙（5~6eV）、更优异的化学稳定性、热稳定性（2000℃）、独特的紫外发光性能等，是制备电子器件绝缘膜、高温功率器件、紫外发光元件等元器件的理想材料[83]。

石墨相碳化氮（$g\text{-}C_3N_4$）是另一个具有范德华层状结构的石墨类材料，其结构可以视为通过碳和氮原子的 sp^2 杂化形成氮替换的石墨框架。石墨相碳化氮有两种结构模型（图3-37）：一种是由具有单个碳空位周期阵列的压缩均三嗪单元构成；另一种是压缩的三均三嗪亚单元通过晶格中具有更大周期性空位的平面叔胺基基团相连接。

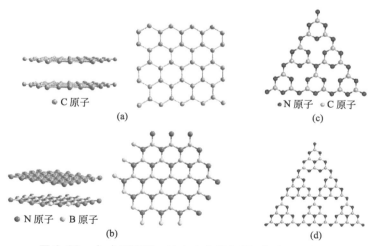

●C原子
(a)

●N原子　○C原子
(c)

●N原子　●B原子
(b)

(d)

图 3-37　（a）石墨烯；（b）六方氮化硼；（c）石墨相碳化氮的均三嗪；（d）石墨相碳化氮的三均三嗪结构单元[81]

③ 金属化合物类二维纳米材料　过渡金属硫化物（TMDs）是一种具有化学通式为 MX_2 的层状化合物，其中 M 代表过渡金属原子，X 代表硫族原子。过渡金属二硫化物具有层状结构，每一层可通过范德华力连接。每一个 TMDs 单层由三原子层组成，其中过渡金属层在两个硫族原子层之间形成三明治结构，因此 TMDs 能形成不同的晶体多型[84]，如图 3-38 所示。这类材料又可以分为以 MoS_2 为代表的半导体性材料和以 $TiSe_2$ 为代表的金属性材料两类。半导体性材料多样化的能带结构及化学组成极大地弥补了石墨烯零能带间隙的不足，迅速成为微纳电子器件领域的新宠。而金属性材料由于具有超导或电荷密度波相转变行为，为凝聚态材料和物理领域注入了新鲜的血液。

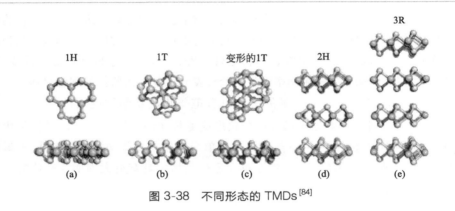

图 3-38　不同形态的 TMDs[84]

二维过渡金属碳化物/氮化物/碳氮化物（MXenes）是一类选择性刻蚀原始 MAX 相得到的二维层状过渡碳化物或氮化物、碳氮化物[85]，这些原始 MAX 相具有通式 $M_{n+1}AX_n$（$n=1,2,3$），其中 M 为过渡金属，A 为ⅢA 或ⅣA 族的另一种元素，X 为碳或氮。MAX 相具有层状的、P63/mmc 对称的六方结构，M 层几乎是六边形封闭聚集的，同时 X 原子填充在八面体的位置。A 元素与 M 元素金属键合在一起，并交叉在 $M_{n+1}X_n$ 层中。用氢氟酸类较强的刻蚀溶剂选择性刻蚀 MAX 相得到 MXenes，通常具有三种不同的结构，分别是 M_2X、M_3X_2 或 M_4X_3（图 3-39）。

层状双金属氢氧化物（LDHs）的通式：$[M_{1-x}^{z+}M_x^{3+}(OH)_2]^{m+}[A^{n-}]_{m/n} \cdot yH_2O$，是一种具有正电荷层的层状材料，同时存在较弱的边界电荷平衡阴离子或溶剂化分子和层间的水分子。在 LDHs 的典型结构中，金属阳离子占据顶点八面体的中心，并包含氢氧根离子，它们相互连接组成二维层状结构。由于阳离子、层间阴离子的多样性以及 x 值的变化，因此 LDHs 是一大类同构材料。

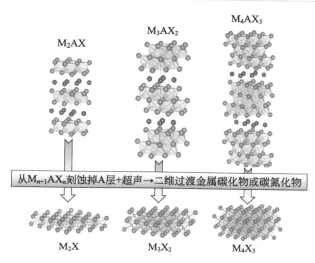

图 3-39 MAX 结构示意图及相对应的 MXenes[85]

过渡金属氧化物（TMOs）是具有通式 MO_3 的一类层状材料。例如 MoO_3 具有层状结构，并且每一层都主要由正交晶体中扭曲的 MoO_6 八面体组成，这些八面体与相邻的八面体共边，并形成二维层状结构（图 3-40）。V_2O_5 是氧化钒家族中最稳定的相，也是一种重要的层状金属氧化物。

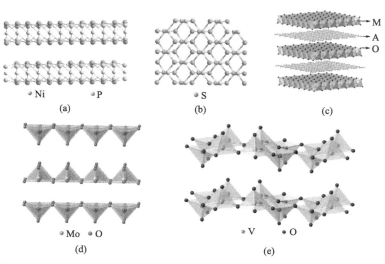

图 3-40 （a）、（b）NiPS$_3$，（c）LDHs，（d）MoO$_3$，（e）α-V$_2$O$_5$ 的结构示意图[82]

④ 盐类二维纳米材料　盐类二维纳米材料包括无机钙钛矿型化合物和黏土矿物。无机钙钛矿型化合物的化学通式为 AMX_3，其中 A 一般为 Cs^+，M 为 Pb、Sn，X 为 Br、Cl、I。钙钛矿的正八面体 $[BX_6]^{4-}$ 结构的堆积方式决定了钙钛矿材料很容易实现二维形貌[86]。其发光性能可以通过层数和组分进行调节，最高量子产率超过 85%，且具有偏振发光特性，有望成为一类新型发光材料[87]。

黏土矿物的层状结构是通过作为四面体的 SiO_4 和/或作为八面体的 AlO_4 相互连接构成的。每一个 SiO_2 四面体提供三个氧原子作为顶点与其他四面体相连，形成延伸的二维层状结构。

⑤ 有机骨架类二维纳米材料　近些年来，作为二维纳米材料的新成员，二维金属有机骨架（Metal-organic Frameworks，MOFs）纳米片和共价有机骨架（Covalent Organic Frameworks，COFs）纳米片被成功开发出来[88]。MOFs 是一种多孔的晶体化合物，由通过配位连接的金属离子或团簇形成块状晶体构成。依赖于配位剂和金属中心不同的配位类型，MOFs 可以形成具有不同空间群的晶体结构。COFs 是一种多孔的晶体材料，它由轻元素组成的有机单元通过共价键连接形成。有机单元之间共价连接组成有序的结构并形成周期性的多孔 COFs 框架。与其他的中孔和微孔的纳米材料相比，MOFs 和 COFs 材料提供了均一的纳米孔，并且可以通过预期性的设计条件组装功能化的结构单元来获得更多的功能化，从而扩展其性能和应用领域。MOFs 和 COFs 纳米材料除了具有 MOFs 和 COFs 基本性质外，其二维层状结构赋予了更大的比表面积和更多的活性位点。另外，相较于石墨烯，二维有机骨架材料可以根据需要将一些功能基团如羧基、氨基、羟基等通过多样的化学反应人为可控地接枝到骨架上。

（2）新型二维纳米材料的应用

基于二维结构特征，超薄二维纳米材料具有独特的物理性质、电子性质、化学和光学性质，广泛应用于电子器件、能源存储与转化、催化反应、传感器、生物医药等领域。

新兴的二维半导体纳米材料，如 TMDs 和 BP 纳米片，由于其优异的机械和电子性质而成为纳米电子材料研究的焦点。超薄特性使其可以抵抗短沟道效应，同时具有高度的灵活性。此外，层状二维纳米材料的表面没有悬挂键，减轻了表面散射效应。由于这些独特的性质，包括 MoS_2、$MoSe_2$、WS_2、WSe_2、GaTe 和 BP 在内的许多二维半导体纳米材料，已经在不同的电子和光电子应用中得到探索与发展（图 3-41）。

二维纳米材料具有超高比表面积、结构可调以及电子特性，使其在电催化领域具有广阔的应用前景，已被广泛用作几种重要电化学催化体系中的电催化剂，例如析氢反应（HER）、析氧反应（OER）、氧化还原反应（ORR）以及其他重要的电催化反应中。电催化析氢由于具有起始原料水资源丰富且可再生、电解技术清洁及产生的氢气纯度高等优点，成为备受研究人员关注的技术。目前，电解水制氢最有效的电催化剂是铂基金属，然而铂储量少且价格昂贵，极大地限制了它在析氢反应中的实际应用。在非贵金属基的电催化剂中，原子层厚度的二维纳米材料能够暴露更多的活性位点，因而广泛应用在析氢反应研究中。TMDs 中 MoS_2 由于具有和铂基金属相近的氢键能且价格低廉，成为析氢反应中研究最热的材料[89]。

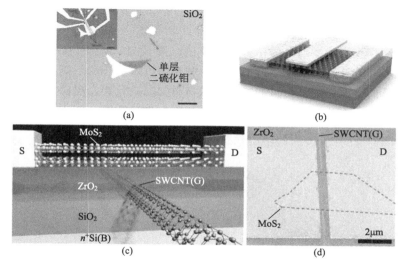

图 3-41 （a）在 SiO_2/Si 衬底上的机械剥离单层 MoS_2 的光学显微图像；
（b） MoS_2 晶体管示意图；（c）以 MoS_2 为沟道和 SWCNT 为栅极的
超短 FET 示意图；（d） SEM 图像[82]

在纳米材料化学领域，科学家提供了多种纳米结构用以开发高性能的能源存储和转换设备，如超级电容器、太阳能电池以及锂电池等。二维纳米材料的原子层厚度和大比表面积使其拥有更多的电化学活性位点，更有利于电化学反应和电子传递；同时二维纳米材料兼具独特的机械稳定性、伸展性、柔性和透明性等，能满足便携式和可穿戴式超级电容器的需求。作为典型的二维纳米材料，石墨烯的理论双电层电容能达到 $550F/g$。然而由于石墨烯片层间强的范德华力和 π-π 堆叠作用，使其很容易聚集而降低有效比表面积，因此实际容量远远低于理论值。提高石墨烯电容常用的方法有片层活化、组装三维结构、基团功能化、杂原子掺杂或添加层间间隔物（如金属氧化物、导电聚合物、碳材料和一些有机分子）等，可以增加石墨烯材料的有效比表面积或引入赝电容反应。锂离子电池具有高能量密度、高功率密度、高工作电压和低自放电速率，随着锂离子电池的需求日益增加，开发具有更高比容量、更高功率密度的正负极材料是当务之急。二维纳米材料具有丰富的吸附位点和较短的 Li^+ 扩散路径，在锂离子电池中有广阔的应用前景[90]。

　　光催化反应由于能直接将太阳能转化为化学能，降解污染，成为最有前途的光转换技术之一。二维纳米材料由于具有独特的晶体结构和电子结构，在光催化领域呈现出巨大的应用前景。中国科学技术大学谢毅课题组[91] 在二维纳米光催化材料领域取得很大进展，如他们考察了缺陷结构对具有强激子效应的半导体材料光激发过程的影响，通过缺陷工程促进体系激子解离，实现了材料载流子相关光催化性能的优化。

　　光热治疗作为肿瘤治疗的一种新型疗法（图 3-42），由于具有侵入性小、作用时间短和高效选择性（仅在激发光下的肿瘤部位发生作用）等特点，吸引了广大研究人员的研究兴趣。新兴的二维纳米材料如二硫化钼、黑磷、石墨烯和锑烯等[92,93] 由于具有独特的物理性能、化学性能和光学性能（尤其是优异的近红外光学性能），在肿瘤光热治疗方面具有巨大的应用潜力。

强化的放射治疗及光热疗法

图 3-42　二维纳米材料用于光热治疗示意图[93]

（3）新型二维纳米材料的发展趋势

　　随着对石墨烯二维纳米材料的不断深入和拓展研究，其他二维纳米材料（如TMDs、MXenes、LDHs、TMOs、MOFs、COFs 纳米材料）也得到了飞速的发展，其制备方法和功能化应用逐渐被开发和拓宽。然而，对这类材料的研究还有以下问题需要解决。

　　a.尽管二维纳米材料的制备技术已发展多年，但是多以结构与形貌不可控的普通合成方法为主，需要发展简易有效的制备方法，尤其是采用液相方法制备单晶二维纳米片等，促进二维纳米材料规模化制备和应用。

b. 深入理解二维纳米材料在各种应用中的反应机理需要结合更多的原位表征技术。

c. 单一的二维纳米材料性能受限，需要合理设计异质结构来促进其性能的发挥。

本章小结

本章主要对半导体纳米材料、纳米光电转换材料、纳米信息存储材料、有机光电纳米材料以及新型半导体纳米材料，如碳基纳米材料、量子点材料（包括Ⅱ～Ⅵ量子点、异价掺杂量子点、金属/半导体核壳量子点等）进行了阐述和研究进展的讨论。但并不能概括近几十年来在纳米信息材料研究方面的所有进展，主要介绍了国际前沿热点领域的部分面向纳米器件性能的半导体纳米材料调控合成、性能表征及器件应用。

面向光电、信息等器件应用的半导体纳米材料的合成发展到今天，已从尺寸、形貌的单分散合成发展到面向功能应用的组分（掺杂）、异质界面的精准合成，从而实现功能的耦合、集成与传递。从Ⅱ～Ⅵ量子点的有机前驱体热注入法单分散合成，到当前的稳定异价掺杂Ⅱ～Ⅵ量子点、纳米晶的精准合成，掺杂发光、掺杂能级、电子掺杂态（P型和N型）的精准调控，尤其是现在已可以利用配位的过渡金属离子与半导体纳米晶的离子交换反应实现掺杂调控合成[94～100]。当前的单晶二维纳米片（准单原子层）由于具有类石墨烯的一些高导电性、高载流子浓度、迁移率等独特的物理性质、电子性质、化学性质和光学性质，成为纳米半导体信息材料及器件的新宠[101]（图3-43）。

半导体纳米材料若要实现器件规模化应用，很重要的一步是如何自下而上地实现半导体纳米结构的精准组装、跨尺度的异质界面调控，实现载流子在异质界面的迁移及性能提高。因此，基于以上讨论，未来半导体纳米材料在信息等器件领域实现其高效应用，还需要解决以下科学问题。

a. 半导体纳米晶等纳米结构在尺寸、形貌、单晶性调控的基础上，考虑其在纳米尺寸下的"自清洁效应（或称为自排斥效应）"，因为阴离子空位引起的"自补偿效应"，以及激子复合发光引起的吸收峰与荧光峰之间的"自吸收效应"[74]，在实现稳定的掺杂能级基础上实现导电性（载流子类型及浓度等）的调控，进而实现光学、电学等方面的调控，仍是当前要解决的关键问题[77,94～98]。

b. 在大晶格失配下，半导体纳米结构与金属纳米结构基元形成异质结构，如核壳纳米结构、异质二聚体结构[99～110]，以及二维纳米片与不同零维、一维、二维以及三维纳米结构之间的异质结构（图3-44），实现单晶性的调控和原子精度的异质界面调控合成以及性能的耦合、功能传递，是当前需要解决的科学问题和研究热点[112~115]。

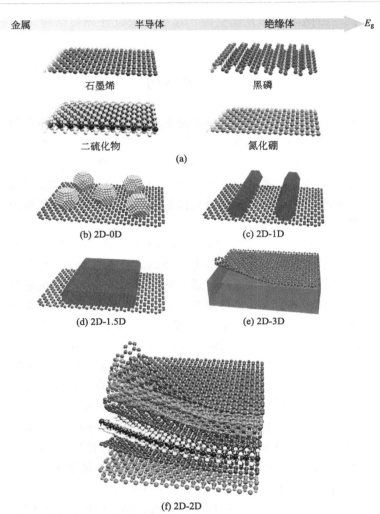

图 3-43 不同二维单晶纳米材料与其他零维（0D）、一维（1D）、二维（2D）、三维（3D）纳米材料形成的异质纳米界面类型[111]

c. 利用自下而上的纳米合成过程，将这些精准合成的纳米结构基元利用组装（模板法）以及范德华力等非共价键作用下的自组装，形成微米级甚至宏观尺寸的超晶格结构、薄膜结构[116-123]，然后在表面处理、微纳加工、3D 打印（增材制造）的基础上，形成二维、三维的宏观组装是实现信息、光电等器件应用的关键步骤和科学问题[124~126]。

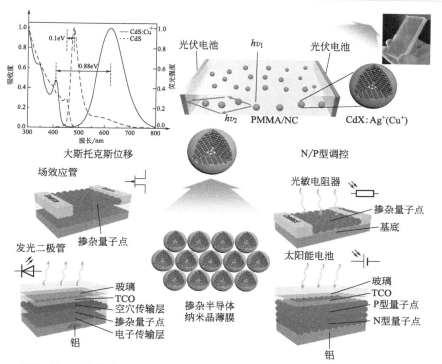

图 3-44 异价掺杂纳米晶、量子点因为大斯托克斯位移及 N 型、P 型掺杂调控的优势，在大面积组装形成薄膜结构的基础上在未来场效应晶体管、发光二极管、太阳能电池以及光电探测器方面具有的应用前景[77]

参考文献

[1] Iijima S. Nature. 1991, 354 (6348): 56.

[2] 林志东. 纳米材料基础与应用. 北京: 北京大学出版社, 2010.

[3] Murray C B, Norris D J, Bawendi M G. J. Am. Chem. Soc., 1993, 115 (19): 8706.

[4] Zhang J T, Tang Y, Lee K, et al. Science. 2010, 327 (5973): 1634.

[5] Zhang J T, Tang Y, Lee K, et al. Nature. 2010, 466 (7302): 91.

[6] 纪穆为. 离子交换反应法调控制备金属/半

导体异质纳米晶及性能应用研究[学位论文]. 北京: 北京理工大学, 2016.

[7] Peng X, Manna L, Yang W, et al. Nature, 2000, 404 (6773): 59.

[8] Manna L, Scher E C, Alivisatos A P. J. Am. Chem. Soc., 2000, 122 (51): 12700.

[9] 王聪, 代蓓蓓, 于佳玉. 硅酸盐学报, 2017, 45 (11): 1555.

[10] 钱红梅. 半导体纳米片的调控合成、组装及光电转换性能研究[学位论文]. 北京: 北京理工大学, 2015.

[11] 梁梅莉. 纳米复合结构光电特性的优化设计与实验研究[学位论文]. 黑龙江: 哈尔滨工业大学, 2014.

[12] Hua B, Wang B M, Yu M, et al. Nano Energy, 2013, 2 (5): 951.

[13] Choi H, Radich J G, Kamat P V. J. Phys. Chem. C, 2014, 118 (1): 206.

[14] 罗晟. 硅锗核壳纳米线的带隙漂移和光吸收性质的应变调制[学位论文]. 湖南: 湖南师范大学, 2015.

[15] Zhu J, Yu Z F, Burkhard G F, et al. Nano Lett., 2009, 9 (1): 279.

[16] Brongersma M L, Cui Y, Fan S H. Nat. Mater, 2014, 13 (5): 451.

[17] Jeong S, Garnett E C, Wang S, et al. Nano Lett., 2012, 12 (6): 2971.

[18] 张收. 表面等离激元纳米结构调控光的传播及吸收特性研究[学位论文]. 山西: 太原理工大学, 2015.

[19] Min C, Li J, Veronis G, et al. Appl. Phys. Lett., 2010, 96 (13): 56.

[20] Li X, Choy W C, Huo L, et al. Adv. Mater. 2012, 24 (22): 3046.

[21] Kim S K, Zhang X, Hill D J, et al. Nano Lett., 2015, 15 (1): 753.

[22] Zhang A, Zhu Z M, He Y, et al. Appl. Phys. Lett., 2012, 100 (17): 171912.

[23] Zhu Z M, Ouyang G, Yang G W. Phys. Chem. Chem. Phys., 2013, 15 (15): 5472.

[24] Brus L. J. Chem. Phys., 1986, 90 (12): 2555.

[25] He J, Gao P Q, Liao M D, et al. ACS Nano, 2015, 9 (6): 6522.

[26] Tsai S H, Chang H C, Wang H H, et al. ACS Nano, 2011, 5 (12): 9501.

[27] 翟莉花. 碳纳米管负载半导体纳米晶的光催化聚合与光电转换器件的制备研究[学位论文]. 上海: 复旦大学, 2009.

[28] 冉秦翠. 石墨烯光电探测器件的制备及性能研究[学位论文]. 重庆: 重庆理工大学, 2016.

[29] 祝文豪. TiO₂纳米复合材料制备及其光催化性能研究[学位论文]. 浙江: 浙江理工大学, 2017.

[30] 申倩倩. CdS纳米材料的可控制备及其光电化学性能研究[学位论文]. 山西: 太原理工大学, 2014.

[31] 郭健勇. 三元系CuInS₂纳米光伏材料的液相方法合成与研究[学位论文]. 湖北: 湖北大学, 2016.

[32] 肖娟. 有机-无机杂化钙钛矿材料的制备及在光伏电池和光检测器中的应用[学位论文]. 甘肃: 兰州大学, 2016.

[33] 程辉. 染料敏化太阳能电池光阳极的制备、性质和光电转换机理研究[学位论文]. 天津: 南开大学, 2012.

[34] 刘平. 电化学光光电转换与储存的新构思与新技术研究[学位论文]. 湖北: 武汉大学, 2012.

[35] 车玉萍, 翟锦. 中国科学: 化学. 2015, 45 (3): 262.

[36] Li J C, Xue Z Q, Li X L, et al. Appl. Phy. Lett., 2000, 76 (18): 2532.

[37] Yuan W, Sun L, Tang H, et al. Adv. Mater, 2005, 17 (2): 156.

[38] Itkis M E, Chi X, Coedes A W, et al. Science, 2002, 296 (5572): 1443.

[39] Cozzoli P D, Pellegrino T, Manna L. Chem. Soc. Rev., 2006, 35 (11): 1195.

[40] Rim Y S, Bae S, Chen H, et al. Adv.

Mater, 2016, 28（22）: 4415.

[41] Tian B, Kempa T J, Lieber C M. Chem. Soc. Rev. , 2009, 38（1）: 16.

[42] Zhao Y, Yao J, Xu L. Nano Lett. , 2016, 16（4）: 2644.

[43] Dai X, Hong G, Gao T. Accounts Chem. Res. , 2018, 51（2）: 309.

[44] Choi J, Wang H, Oh S J. Science, 2016, 352（6282）: 205.

[45] Cheng Y J, Yang S H, Hsu C S. Chem. Rev. , 2009, 109（11）: 5868.

[46] Cheng Y J, Wang C L, Wu J S, et al. chem. , 2015, 145: 360.

[47] Park S H, Roy A, Beaupré S, et al. Nat. Photonics, 2009, 3（5）: 297.

[48] And M D H, Schlegel H B. Chem. Mater, 2001, 13（8）: 2632.

[49] Huai-Kun L I, Zhang F H, Cheng J, et al. Chin. J. Lumin, 2016, 37（1）: 38.

[50] Beaujuge P M, Reynolds J R. Chem. Rev. , 2010, 110（1）: 268.

[51] Wang D, Niu L, Qiao Z Y, et al. ACS Nano. 2018, 12（4）: 3796.

[52] Wang J, Zhong Y, Wang L, et al. Nano Lett. , 2016, 16（10）: 6523.

[53] Zhang N, Wang L, Wang H, et al. Nano Lett. , 2018, 18（1）: 560.

[54] Li L L. Adv. Mater. 2016, 28（2）: 254.

[55] Briseno A L, Mannsfeld S C B, Ling M M, et al. Nature, 2006, 444（7121）: 913.

[56] Michael G. J. Photoch. Photobio. A, 2004, 168（3）: 235.

[57] 李贺军, 张守阳. 新型工业化. 2016, 6（1）: 15.

[58] 成会明. 材料导报. 1998, 12（1）: 5.

[59] Kroto H W, Heath J R, Brien S C, et al. Nature, 1985, 318（6042）: 162.

[60] Novoselov K S, Geim A K, Morozov S V, et al. Science, 2004, 306（5696）: 666.

[61] Yan Q L, Gozin M, Zhao F Q, et al.

Nanoscale, 2016, 8（9）: 4799.

[62] Krätschmer W, Lamb L D, Fostiropoulos K, et al. Nature., 1990, 347（6291）: 354.

[63] Zhang J, Bowles F L, Bearden D W, et al. Nature Chem. , 2013, 5（10）: 880.

[64] Montellano A, Ros T D, Bianco A, et al. Nanoscale, 2011, 3（10）: 4035.

[65] Hofmann S, Sharma R, Ducati C, et al. Nano Lett. , 2007, 7（3）: 602.

[66] Zhang R, Zhang Y, Zhang Q, et al. ACS Nano, 2013, 7（7）: 6156.

[67] Novoselov K S, Fal'ko V I, Colombo L, et al. Nature, 2012, 490（7419）: 192.

[68] Mendes R G, Bachmatiuk A, Büchner B, et al. J. Mater. Chem. B, 2013, 1（4）: 401.

[69] Xiang L, Zhang H, Hu Y, et al. J. Mater. Chem. C, 2018, 6（29）: 7714.

[70] Han T H, Kim H, Kwon S J, et al. Mater. Sci. Eng. R, 2017, 118: 1.

[71] 姚斌, 程朝歌, 李敏, 吴琪琳. 材料导报A. 2016, 30（10）: 77.

[72] Kong L, Wang C, Yin X, et al. J. Mater. Chem. C, 2017, 5（30）: 7479.

[73] 李健, 官亦标, 傅凯, 苏岳峰, 包丽颖, 吴锋. 化学进展. 2014, 26（7）: 1233.

[74] Liu Y, Zhou G, Liu K, et al. Acc. Chem. Res. , 2017, 50（12）: 2895.

[75] 邱秋梅, 郑姣姣, 白冰, 张加涛. 稀有金属. 2017, 5: 475.

[76] Reiss P, Protière M, Li L. Small, 2010, 5（2）: 154.

[77] Zhang W, Lou Q, Ji W, et al. Chem. Mater, 2014, 26（2）: 1204.

[78] Norris D J, Efros A L, Erwin S C. Science, 2008, 319（5871）: 1776.

[79] Zhang J T, Di Q, Liu J, et al. J. Phys. Chem. L, 2017, 8（19）: 4943.

[80] Pradhan N, Goorskey D, Thessing J, et

al. J. Am. Chem. Soc., 2005, 127 (50): 17586.

[81] Liu J, Zhao Q, Liu J L, et al. Adv. Mater, 2015, 27 (17): 2753.

[82] 高利芳, 宋忠乾, 孙中辉. 应用化学. 2018, 35 (3): 247.

[83] Tan C, Wu X, He X J, et al. Chem. Rev., 2017, 117 (9): 6225.

[84] 刘闯, 张力, 李平. 材料工程. 2016, 44 (3): 122.

[85] Voiry D, Mohite A, Chhowalla M. Chem. Soc. Rev., 2015, 44 (9): 2702.

[86] Naguib M, Mochalin V N, Barsoum M W, et al. Adv. Mater, 2014, 26 (7): 992.

[87] Dou L, Wong A B, Yu Y, et al. Science, 2015, 349 (6255): 1518.

[88] 孟竞佳, 张峰, 任艳东. 应用化学. 2018, 35 (3): 342.

[89] 杨涛, 崔亚男, 陈怀银. 化学学报. 2017, 75 (4): 339.

[90] Jaramillo T F, Jørgensen K P, Bonde J, et al. Science, 2007, 317 (5834): 100.

[91] Zhu Y, Peng L, Fang Z, et al. Adv. Mater, 2018, 30 (15): 1706347.

[92] Wang H, Zhang X, Xie Y. Mater. Sci. Eng. R, 2018, 130: 1.

[93] Tao W, Ji X, Xu X, et al. Angew. Chem. Int. Ed., 2017, 56 (39): 11896.

[94] Cheng L, Yuan C, Shen S, et al. ACS Nano, 2015, 9 (11): 11090.

[95] Gui J, Ji M W, Liu J, et al. Angew. Chem. Int. Ed, 2015, 54 (12): 3683.

[96] Pinchetti V, Di Q M, Lorenzon M, et al. Nat. Nanotech, 2018, 13 (2): 145.

[97] Bai B, Xu M, Li N, et al. Angew. Chem. Int. Ed, 2019, 58 (15): 4852.

[98] Liu J, Zhao Y H, Liu J L, et al. Science China Material, 2015, 58 (9): 693.

[99] Shang H S, Di Q M, Ji M W, et al. Eur. J. Chem., 2018, 24 (51): 13676.

[100] Zheng J J, Dai B S, Liu J, et al. ACS Appl. Mater. Interfaces, 2017, 8 (51): 35426.

[101] Dai B S, Zhao Q, Gui J, et al. Cryst. Eng. Comm, 2014, 16 (40): 9441.

[102] Ji M W, Xu M, Zhang J T, et al. Chem. Comm., 2016, 52 (16): 3426.

[103] Liu J, Feng J W, Gui J, et al. Nano Energy, 2018, 48 (48): 44.

[104] Zhao Q, Ji M W, Qian H M, et al. Adv. Mater, 2014, 26 (9): 1387.

[105] Ji M W, Xu M, Zhang W, et al. Adv. Mater, 2016, 28 (16): 3094.

[106] Ji M W, Li X Y, Wang H Z et al. Nano Res., 2017, 10 (9): 2977.

[107] Feng J W, Liu J, Cheng X Y, et al. Adv. Sci., 2017, 5 (1): 1700376.

[108] Cheng X Y, Liu J, Feng J W, et al. J. Mater. Chem. A, 2018, 6 (25): 11898.

[109] Chen T, Xu M, Ji M W, et al. Cryst. Eng. Comm., 2016, 18 (29): 5418.

[110] Wang L N, Liu J J, Xu M, et al. Part. Part. Syst. Charact., 2016, 33 (8): 512.

[111] Ji M W, Liu J J, Xu M, et al. Adv. Catal. Mater, InTech Europe, ISBN: 978-953-51-4596-7, 2015.

[112] Liu Y, Weiss N O, Duan X D, et al. Nat. Rev. Mater. 2016, 1 (9): 16042.

[113] 刘佳, 潘容容, 张二欢. 应用化学. 2018, 35 (8): 890.

[114] 李欣远, 纪穆为, 王虹智. 中国光学. 2017, 10 (5): 541.

[115] Qian H M, Xu M, Li X Y, et al. Nano Res., 2016, 9 (3): 876.

[116] Yu S, Zhang J T, Tang Y, et al. Nano Lett., 2015, 15 (9): 6282.

[117] Qian H M, Zhao Q, Dai B S, et al.

NPG Asia Mater, 2015, 7: e152.

[118] Huang L, Zheng J J, Huang L L, et al. Chem. Mater, 2017, 29 (5): 2355.

[119] Huang L, Wan X D, Rong H P, et al. Small, 2018, 14 (1703501): 1.

[120] Zheng J, Xu M, Liu J, et al. Eur. J. Chem. , 2018, 24 (12): 2999.

[121] Huang W Y, Liu J J, Bai B, et al. Nanotechnology, 2018, 29 (12): 125606.

[122] Wei Q L, Zhao Y H, Di Q M, et al. J. Phys. Chem. C, 2017, 121 (11): 6152.

[123] Wang L N, Di Q M, Sun M M, et al. J. Materiomics, 2017, 3 (1): 63.

[124] Zhao Q, Zhang J T, Zhu H S. Prog. Nat. Sci-Mater, 2013, 23 (6): 588.

[125] Wang Y, Fedin I, Zhang H. Science, 2017, 357 (6349): 385.

[126] Kagan C R, Lifshitz E, Sargent E H. Science, 2016, 353 (6302): 885.

第4章

纳米能源材料

4.1 纳米材料在能源领域的应用与优势

二维纳米材料具有原子级厚度和高度各向异性，这种独特的维度受限结构表现出的量子限域效应和表面效应使得二维材料呈现出与体相材料截然不同的电学性能、光学性能、磁学性能，进一步丰富了纳米固体化学，为探索新型电化学能源存储材料带来了新希望。例如，石墨烯作为经典的二维纳米材料之一，自2004年被英国科学家首次用微机械剥离法单独合成之后取得了长足高效的发展。相比块材料来说，二维纳米片结构具有原子级别的厚度、清晰的二维原子结构和表面独特的缺陷构造。二维纳米材料超高的比表面积和易于被修饰的表面结构，使得其电子结构更容易被调控，从而对其物理化学性能产生不可忽略的影响。人们利用二维纳米材料独特的表面微观结构在不同领域中获得了性能的巨大优化，并且对不同二维纳米材料的表面缺陷的种类和构造进行了深入的了解，从而期望纳米材料在更多领域得到实际应用。

近年来，由于人类社会的快速发展带来了传统能源危机和环境污染，因此清洁能源的转化和储存问题亟须解决。得益于纳米材料巨大的结构优势，使其在能源存储领域受到了人们广泛的关注。大量研究表明，纳米材料体系不仅表现出了优异的性能，也为解释材料化学储能性能与微观结构、本征性质之间的关系提供了理想的材料模型，促进了纳米材料在实际生产、生活中的应用[1~4]。

4.2 氢能源纳米材料

随着石油资源的日渐匮乏和生态环境的不断恶化，寻找和发展新型能源为全世界所瞩目。氢能被公认为人类未来的理想能源，主要有四个方面的原因：一是燃烧产物是水，无毒，不污染环境，而且是自然循环，不破坏资源，是一种清洁的燃料；二是氢能具有较高的热值，燃烧 1kg 氢气可产生 1.25×10^6 kJ 的热量，相当于 3kg 汽油或 4.5kg 焦炭完全燃烧所产生的热量；三是氢资源丰富，氢可以通过分解水制得。化工与炼油等领域副产大量氢气尚未得到充分利用。因此，氢是一种高能量密度的绿色新能源。

在利用氢能的过程中，氢能的开发和利用涉及氢气的制备、储存、运输和应用四大关键技术。氢的储存是氢能应用的难题和关键技术之一。目前储氢技术分为两大类，即物理法和化学法。前者主要包括液化储氢、压缩储氢、碳质材料吸附、玻璃微球储氢等；后者主要包括金属氢化物储氢、无机物储氢、有机液态氢化物储氢等。传统的高压气瓶或以液态、固态储氢，既不经济也不安全，而使用储氢材料储氢能很好地解决这些问题。目前所用的储氢材料主要有活性炭储氢材料、合金储氢材料、配位氢化物储氢材料及有机液体氢化物储氢材料等。

4.2.1　活性炭储氢材料

超级活性炭储氢始于 20 世纪 70 年代末，是在中低温（77～273K）、中高压（1～10MPa）下利用超高比表面积的活性炭作吸附剂的吸附储氢技术。活性炭作为特种功能吸附材料，具有原料丰富、比表面积高、微孔孔容大、吸/脱附速度快、循环使用寿命长、容易实现规模化生产等优点，可显著促进低成本、规模化储氢技术的发展，对未来的能源、交通、环保而言具有非常重要的意义。

对吸附储氢的基本要求，除储氢密度高之外，还必须做到吸放氢条件温和。目前大部分研究人员认为，氢气在活性炭上的吸附是一种物理吸附过程，而基于物理吸附的活性炭储氢，可以做到吸放条件温和，氢气的吸附与脱附只取决于压力的变化。此外，吸附最重要的性质是表面吸附势能的分布特征和比表面积的大小，表面官能团的种类及其分布和表面曲率的大小决定活性炭的表面势能。活性炭上有很多羟基、羧基等官能团，它们构成剩余电荷中心，即所谓的"活性点"，使氢气容易产生诱导偶极而优先吸附在表面位阱最深的"活性点"上；而比表面积越大其表面曲率越小，从而使相对表面的吸附势场产生叠加作用，使得氢气的吸附能力进一步增强；在活性炭表面上只能有一层吸附分子，这意味着饱和吸附量是温度的函数（由于气体分子的动能随温度降低而呈指数规律下降，造成饱和吸附量呈指数规律地上升）。因此在吸附储氢中普遍采用低温吸附。

活性炭是具有发达的孔隙结构、巨大的比表面积和优良的吸附性能的多孔碳材料，已在溶剂回收、空气净化器、除臭、气体分离、净水、焦糖脱色、电容器和催化剂载体等领域获得广泛的应用。储存氢开辟了活性炭新的用途，其主要的制备途径包括化学-物理联合活化法（将化学活化与物理活化结合起来所采用的活化方法，通常都是先进行化学活化后再进行物理活化）和活性炭表面改性法（负载过渡金属有助于提高超高比表面积活性炭的吸氢性能，并能使其吸氢能力分别提高 2～4 倍）。

4.2.2　合金储氢材料

金属氢化物是氢和金属的化合物。氢原子进入金属价键结构形成金属氢化物。金属氢化物在较低的压力（1×10^6 Pa）下具有较高的储氢能力，可达到 $100 \mathrm{kg/m^3}$ 以上；但由于金属密度很大，导致氢的质量分数很低，只有 2%～7%。金属氢化物的生成和氢的释放过程可以用下式来描述：

$$M(s) + n/2 H_2(g) \longleftrightarrow MH_n(MH_x + MH_y)(s) + \Delta H^\theta$$

式中，MH_x 表示氢在金属间隙中形成的固溶体相；MH_y 表示氢在 α 相中的溶解度达到饱和后生成的金属氢化物（$y \geqslant x$）；ΔH^θ 表示生成焓或反应热。一般对于工程应用的可逆储氢金属，吸氢过程总是放热过程：即 $\Delta H^\theta < 0$；而其放氢过程则是吸热反应，即 $\Delta H^\theta > 0$。用作金属氢化物的金属和金属化合物的热性能都比较稳定，能够进行频繁的充放循环，并且不易被二氧化碳、二氧化硫和水蒸气腐蚀。此外，对氢的充放过程还要尽可能快。符合这些条件的金属和金属化合物主要有 Mg、Ti、Ti_2Ni、Mg_2Ni、MgN_2、NaAl 等。

（1）稀土系储氢合金

以镧（La）镍（Ni）合金系中的 $LaNi_5$ 为典型代表，具有储氢密度高、吸放氢的温度和压力适当、不易脆化和便于应用等特点。但它在吸氢后会发生晶格膨胀，合金易粉碎。在 25℃ 和 0.2MPa 压力下，$LaNi_5$ 储氢质量分数约为 1.4%。采用混合稀土 Mm（La、Ce、Nd、Pr 等）取代 $LaNi_5$ 中的 La，可降低稀土合金的成本，但使 $MmNi_5$ 合金的氢分解压增大。为此，在 $MmNi_5$ 基础上又开发出大量的多元合金 $Mm_{1-x}C_xNi_{5-y}D_y$，其中 C 有 Al、Cu、Mn、Si、Ca、Ti、Co；D 为 Al、Cu、Mn、Si、Ca、Ti、Co、Cr、Zr、V、Fe（$x = 0.05$～0.20，$y = 0.1$～2.5）。所有取代 Ni 的元素 D 都可使合金的氢分解压降低，而置换 Mm 的元素 C 则使氢分解压增大。为进一步改善合金吸放氢的平台压力、热焓值、活化速度、吸放氢速度等热力学性能和动力学性能，近年来对稀土系储氢合金又发展了非化学计量比的储氢合金。

（2）钛系储氢合金

钛系储氢合金最大的优点是放氢温度低（-30℃）、价格适中，缺点是不易活化、易中毒、滞后现象比较严重。近年来对于 Ti-V-Mn 系储氢合金的研究开发十分活跃，通过亚稳态分解形成的具有纳米结构的储氢合金吸氢质量分数可达 2% 以上。在 BCC 固溶体型 Ti 基储氢合金方面，已开发了 Ti(-10%)、V(-55.4%) Cr

合金和 Ti(-35%)、V(-37%)、Cr(-5%) Mn 合金，都能吸收质量分数约 2.6%的氢。

（3）镁系储氢合金

镁系储氢合金具有较高的储氢容量，而且吸放氢平台好、资源丰富、价格低廉，应用前景广阔。但镁系储氢合金具有吸放氢速度较慢、氢化物稳定导致释氢温度过高、表面容易形成一层致密的氧化膜等缺点，使其实用化进程受到限制。镁基储氢合金的吸放氢动力学性能取决于两方面因素：一是合金的表面特性，与合金表面氧化层的厚度、合金表面不同成分对氢分子分解为氢原子的影响程度以及氢原子穿过表面层进入合金基体的难易程度等因素有关；二是合金基体的特性，与合金中金属原子和氢原子亲和力的大小、氢原子在合金中的扩散速度，以及吸氢过程中产生微裂的难易等因素有关。

镁具有吸氢量大（MgH_2 含氢的质量分数为 7.69%）、重量轻、价格低等优点，但吸放氢温度高且吸放氢速度慢。通过合金化可改善镁氢化物的热力学特性和动力学特性，从而合成实用的镁基储氢合金。由于过渡族金属元素 Ni、Cu 等对镁氢化反应有很好的催化作用，为进一步改善镁基储氢合金的性能，人们开发了一系列多元镁基合金：$Mg_2Ni_{1-x}Cu_x$ （$x=0\sim0.25$）、A-Mg-Ni（A 为 La、Zr、Ca）、$CeMg_{11}M$（M 为 V、Ti、Cr、Mn、Fe、Co、Ni、Cu、Zn）、（$Mg_{1-x}A_x$）D_y（A 主要是 Zr、Ti、Ni、La，D 为 Fe、Co、Ni、Ru、Rh、Pd、Ir 和 Pt 等）。有研究表明，$La_5Mg_2Ni_{23}$ 合金比 $LaNi_5$ 基合金具有更佳的吸氢特性和放电特性，$La_5Mg_2Ni_{23}$ 的吸氢量要比后者多 38%，放电容量为 410mA·h/g，比 $LaNi_5$ 基合金高出 28%。目前，镁系储氢合金与其他储氢合金复合化已经成为开发镁基储氢合金的重要方向。

4.2.3 配位氢化物储氢材料

配位氢化物储氢材料是现有储氢材料中体积储氢密度和质量储氢密度最高的储氢材料。它们一般是由碱金属（如 Li、Na、K）或碱土金属（如 Mg、Ca）与第ⅢA 元素（如 B、Al）或非金属元素形成，如目前该体系研究最为充分的 $NaAlH_4$，Al 与 4 个 H 形成的是共价键，与 Na 形成的是离子键。表 4-1 列出了目前研究较多的配位氢化物的理论储氢量。

表 4-1　配位氢化物及其理论储氢量

配位氢化物	$H_2/\%$（理论）	配位氢化物	$H_2/\%$（理论）
LiH	13	$Mg(BH_4)_2$	14.9
$KAlH_4$	5.8	$Ca(AlH_4)_2$	7.9

续表

配位氢化物	$H_2/\%$（理论）	配位氢化物	$H_2/\%$（理论）
$LiAlH_4$	10.6	$NaAlH_4$	7.4
$LiBH_4$	18.5	$NaBH_4$	10.6
$Al(BH_4)_3$	16.9	$Ti(BH_4)_3$	13.1
$LiAlH_2(BH_4)_2$	15.3	$Zr(BH_4)_3$	8.9
$Mg(AlH_4)_2$	9.3	Li_2NH	10.4

配位氢化物储氢材料的缺点主要有以下几个：

a. 配位氢化物主要采用有机液相反应和机械合金化反应来合成，合成的产物一般纯度不高，最高只能达到90%～95%。

b. 放氢动力学和可逆吸放氢性能差。

c. 配位氢化物放氢一般分两步或多步进行，每步放氢条件不一样，因此实际储氢量和理论值有较大差别。

4.2.4 有机液体氢化物储氢材料

有机液体氢化物储氢技术是20世纪80年代国外开发的一种储氢技术，其原理是借助不饱和液体有机物与氢的一对可逆反应（即加氢反应和脱氢反应）实现的。加氢反应实现氢的储存（化学键合），脱氢反应实现氢的释放，不饱和有机液体化合物作为氢载体，可循环使用。从目前的研究来看，烯烃、炔烃和芳烃等不饱和有机物均可作为储氢材料，但从储氢过程的储氢量、储氢剂和物理性质以及能耗等方面考虑，以芳烃特别是单环芳烃为佳。研究表明，含有苯、甲苯的加氢脱氢过程可逆，且储氢量大，是比较理想的有机储氢材料。

4.3 电化学能源纳米材料

电化学能源（如燃料电池、二次电池和超级电容器）广泛应用于移动电器、电动车、军事乃至航空航天等领域。随着应用需求的增长，特别是作为解决能源和环境问题重要战略措施的电动车的快速增长，对电化学能源的能量密度、功率密度、运行寿命和安全性提出了越来越高的要求。开发高性能的"绿色"电化学能源器件是有效解决人类目前所面临的"能源危机"和"环境污染"两大难题的重要途径，而电化学能源器件的性能取决于电化学能源材料（如燃料电池催化剂、二次电池和超级电容器的电极材料）。因此，设计合成性能优异的电极材料将具有重要意义。

纳米材料以其特殊的物理化学性质，在电化学领域受到了人们广泛的关注和研究。纳米材料具有的一系列优异的物理化学性能，能够更好地改善电极性能，从而有效提高电化学储能的能力。以纳米材料为基础的电化学电极已成为现代电分析化学研究的主要内容之一。

4.3.1 锂离子电池材料

锂离子电池具有比能量高、自放电低、循环性能好、无记忆效应和绿色环保等优点，是目前最具发展前景的高效二次电池和发展最快的化学储能电源。近年来，锂离子电池在航空航天领域的应用逐渐加强，在火星着陆器、无人机、地球轨道飞行器、民航客机等航空航天器中，锂离子电池随处可见。随着节能环保、信息技术、新能源汽车及航空航天等战略性新兴产业的发展，科研工作者亟须在材料创新的基础上研发出具有更高能量密度、更高安全性的高效锂离子二次电池。

锂离子电池由正极、负极、隔膜和电解液构成，其正负极材料均能够使离子脱嵌。它采用一种类似摇椅式的工作原理（图 4-1），充放电过程中 Li^+ 在正负极间来回穿梭，从一边"摇"到另一边，往复循环，实现电池的充放电过程。以石墨作为负极、$LiCoO_2$ 为正极的电池为例，其充放电化学反应式为

正极反应：$LiCoO_2 \Longrightarrow Li_{1-x}CoO_2 + xLi^+ + xe^-$

负极反应：$nC + xLi^+ + xe^- \Longrightarrow Li_x C_n$

电池反应：$LiCoO_2 + nC \Longrightarrow Li_{1-x}CoO_2 + Li_x C_n$

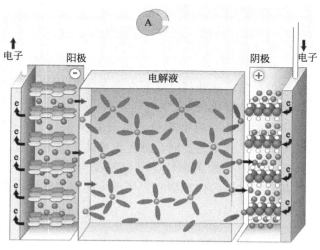

图 4-1 锂离子电池的充放电原理图

电池是化学能转化为电能的装置，其电能来源于其中所进行的化学反应。电极是化学电池的核心组成部分，是发生电化学反应的场所和电子传递的介质。电极反应从本质上决定了电池的性能参数。而电极材料的能量密度、循环寿命等性能在很大程度上受到材料表面形态、尺寸、结晶程度等条件的影响。对于锂电池通常使用的传统块体材料，短时间内反应物离子仅能在表层扩散，很难进入材料的核心部位，造成活性物质利用率低，且不利于离子的快速扩散，限制了电池的容量和高倍率放电性能。纳米材料具有更高的反应活性和较短的离子扩散路径，通过纳米技术优化现有电极材料的物理化学性能、发展新的储锂概念，是锂离子电池领域的重要研究方向。

在锂离子二次电池负极材料中，纳米过渡金属氧化物的研究非常具有代表性。2000 年 *Nature* 报道了纳米过渡金属氧化物 MO（M 为 Co、Ni、Cu、Fe）可以作为锂离子电池负极材料。这种材料的储锂过程不同于一般的锂离子嵌入/脱出或锂合金化机理，而是一个所谓的"转化反应"：$M_mO_n + 2nLi^+ + 2ne^- \rightleftharpoons nLi_2O + mM$，这种"转化反应"允许每分子活性物质储存超过 2 分子的锂离子，使理论容量大大提高。同时，这种反应表现出一定的可逆性，然而一般认为 Li_2O 是电化学非活性的，即金属氧化物被电子还原后，生成的分散在无定形 Li_2O 基质中的金属纳米颗粒具有很高的反应活性，表面活泼原子的比例增大，在电化学驱动下使 Li_2O 表现出电化学活性，从而实现了 MO 的可逆吸放锂。

纳米材料具有与体相块体材料不同的结构特征和表面特性，作为锂离子电池电极材料表现出明显的优势，主要体现在以下几方面。

a. 纳米材料相对于块体材料表面和界面原子所占比例大，反应活性高，使很多从传统观点看来不能实现的反应得以发生。

b. 材料粒度微小，锂离子在其中的嵌入深度浅、扩散路径短，有利于锂离子在其中的脱嵌，电极过程具有良好的动力学性质。

c. 比表面积大，材料的 1％～5％ 由各向异性的界面组成，电极在嵌、脱锂时的界面反应位置多，在相同的外部电流下有利于降低真实电流密度，从而有助于减少电极电化学过程中的极化现象。

d. 纳米材料的高孔隙率为有机溶剂分子的迁移提供了自由空间，同时也给锂离子的嵌入和脱出提供了大量的空间，进一步提高了嵌锂容量及能量密度。

e. 纳米材料具有更强的结构柔韧性，可以经受电化学过程导致的形变和应力，有效缓解非碳基负极材料的体积膨胀，使反应的可逆性得以改善，提高了电极的循环性能。

4.3.2　超级电容器材料

超级电容器（也称电化学电容器）是一种介于传统电容器和电池之间的新型

储能器件，具有传统电容器的高功率、长寿命、无污染等优点。按照储能机理的不同，超级电容器又可分为双电层电容器和法拉第电容器（也称赝电容器）。双电层电容器利用电极材料和电解质界面形成的电荷分离储存电荷，充电时，外电源使电容器正负极分别带正电和负电，而电解液中的正负离子分别移动到电极表面附近形成双电层；放电时，电极上的电荷通过负载从负极移至正极，正负离子迁移到溶液中成电中性，这便是双电层电容器的充放电原理。这类材料主要包括活性炭、石墨烯、碳纳米管、碳气凝胶等。而法拉第电容器利用电化学活性物质表面或体相中的二维或准二维空间发生的吸脱附或电化学氧化还原反应来储存电荷。对于实际的法拉第电容器，其储存电荷的过程不仅包括电解液中离子在电极活性物质中发生氧化还原反应将电荷储存于电极中，还包括在电极材料表面与电解质之间双电层上的电荷储存。充电时，电解液中的离子（一般为 H^+ 或 OH^-）在外加电场的作用下由溶液中扩散到电极/溶液界面，而后通过界面电化学反应进入到电极表面活性氧化物的体相中；放电时，进入到氧化物中的离子重新返回到电解液中，同时所储存的电荷通过外电路而释放出来，这就是法拉第电容器的反应机理。这类材料主要包括过渡金属氧化物、氮化物、硫化物及导电聚合物等。正是因为两者储能机理的差异，通常法拉第电容器要比双电层电容器的性能优越。

电极材料是决定超级电容器性能的关键性因素。纳米尺寸的电极材料依靠其独特的表面效应、小尺寸效应以及量子尺寸效应产生强大的电荷储存能力，可显著提高电化学反应的效率及活性材料的利用率，进而提高其能量密度和功率密度，因此受到了人们广泛的关注。实现电极材料的形貌、尺寸、结构、组成的设计（尤其是尺寸和结构的有效设计和可控合成）是提高超级电容器储能性能的关键因素。目前纳米电极材料的设计集中在两个方面：单一物质纳米材料电极和复合物纳米材料电极。

（1）单一物质纳米材料电极

① 金属氧化物/氢氧化物纳米材料　由于金属（氢）氧化物不仅依靠双电层来储存电荷，而且它们能在电极/溶液界面发生可逆的氧化还原反应，因此它们产生的电容远大于碳材料的双电层电容。目前，科学家研究的重点主要集中在过渡金属氧化物，包括氧化钌/铱、氧化锰、（氢）氧化镍/钴、氧化铁、氧化钼、氧化钒等。

② 导电聚合物　导电聚合物于 1976 年被发现，具有高的理论比电容、良好的导电性、易合成且价格低廉等优点，如今已成为超级电容器电极材料的重要类型。常见的导电聚合物主要包括聚苯胺（1284F/g）、聚吡咯（480F/g）、聚乙烯二氧噻吩（210F/g）及其衍生物，它们通常是在溶液中通过化学或者电化学的方法氧化制得的。

③ 金属氮化物纳米材料　金属氮化物主要包括ⅥB～ⅦB族过渡金属氮化

物。在它们的晶体结构中，氮原子占据立方或六方密堆积金属晶格的间隙，倾向于形成可在一定范围内变动的非计量间隙化合物。研究表明，过渡金属氮化物 M_xN_y（M 为 Mo、Ti、V、Ni 或 Cr）具有法拉第准电容特性，在水溶液中不易分解且廉价易得。此外，金属氮化物良好的化学稳定性和导电性使之成为超级电容器发展的另一个重要方向。

（2）复合物纳米材料电极

复合物纳米材料是由两种或两种以上物理性质和化学性质不同的材料在纳米尺寸上复合杂化而成的。虽然材料中的各个组分保持其相对独立性，但是复合物纳米材料的性质却不是各个组分性能的简单叠加，而是在保持各个组分材料某些特点的基础上，具有组分间协同作用所产生的综合性能。由于复合物纳米材料各组分间"取长补短"，充分弥补了单一物质纳米材料的缺点，产生了单一物质纳米材料所不具备的新性能，开创了功能纳米材料在能源应用领域的新天地。复合物纳米材料在电化学能量储存方面具有更加明显的优势，在纳米尺寸对具有储电能力的活性材料与高导电性材料进行复合，以获得高电容量、高能量密度和高功率密度的储能材料，是目前人们研究的热点方向。

碳元素是自然界中最常见、最丰富的元素之一，碳材料更是电极材料的重要成员。在商业化的超级电容器电极中，80%以上的电极材料都是碳基材料。尤其是石墨烯的发现更是引发了新一轮的研究热潮。碳基材料主要包括活性炭、碳纳米管、碳纤维、石墨烯等。由于具有资源丰富、种类繁多、比表面积大、导电性高等优点，碳基材料在能量储存方面展现出巨大的应用前景。但碳材料本身的电容性能较低，因此难以满足商业化高能量密度的要求。而金属化合物主要包括金属氧化物、氢氧化物、金属氮化物、金属硫化物，它们主要用于法拉第电容器电极材料，一般具有资源丰富、价格便宜、理论比电容高等优点，但是它们往往具有自身难以克服的缺点。其中，导电性差是这类材料的通病，严重制约了其在超级电容器领域的广泛使用和商业化生产。因此，利用高导电性的碳材料、金属单质、导电高分子等与高比电容的金属化合物进行复合，由此开发出的新型复合纳米材料（如碳/MnO_2、ZnO/MnO_2、TiO_2/PPy 等）在超级电容器应用方面具有显著的优势。

4.4　太阳能电池纳米材料

太阳能是所有可再生能源的基本，可以说所有能源都来自太阳光，太阳每年投射到地面上的辐射能高达 1.05×10^{18} kW·h（3.78×10^{24} J），相当于 1.29×10^6

亿吨标准煤。据估计，按目前太阳的消耗速度，太阳能可维持 $6×10^{10}$ 年，可以说太阳能是"取之不尽，用之不竭"的能源。1839 年，法国科学家 Becquerel 在实验中无意间首次发现了光电效应，自此人类对光伏的研究经过了 100 多年的发展。尤其是 20 世纪 50 年代以来，太阳能电池的研究和应用进入了高速发展阶段。然而，太阳能电池的效率低下始终阻碍着人类利用这种"清洁能源"。研究提高太阳能电池效率的方法，成为各国发展太阳能电池的重中之重。

太阳能电池是指在太阳光的照射下，直接由光能转化为电能的半导体材料器件。太阳能电池的主要工作原理是利用半导体 P-N 结的光伏效应：在一块 N 型（或 P 型）半导体上再制一层 P 型（或 N 型）半导体，在 P 型半导体和 N 型半导体的界面形成一个 P-N 异质结。由于 P 型半导体的空穴浓度高、电子浓度低（是空穴导电），而 N 型半导体的电子浓度高、空穴浓度低（是电子导电），所以界面两侧的载流子浓度不同。当一个光子照射在 P-N 结上时，如果光子的能量大于 P-N 结的带隙，则在 P-N 结处产生一个电子-空穴对。由于半导体存在内建电场，产生的电子-空穴对将向两端漂移，产生光生电势（即电子-空穴对分离），破坏了原来的电平衡。如果在电池两端接上负载，负载中就将产生"光生电流"，这就是光伏电池的基本发电原理。如果把成千上万个单太阳能电池片串并联组成大型的太阳能电池组件，经过太阳光照射，便可实现大规模的光伏发电，并网提供给千家万户[5,6]。

4.4.1 纳米减反射薄膜

因为有着成熟的制造技术和相对高的电池效率，目前市场上的太阳能电池主要被晶体硅电池占据。但硅的高折射率意味着超过 40% 的入射光将被反射回大气中，从而大大降低了光电器件的转换效率。因此，降低硅片表面的光反射已成为提高晶体硅太阳能电池效率的一个重要方面。另外，太阳能电池封装所用玻璃的两侧表面共有大约 8% 的光被反射掉，这进一步降低了太阳能电池的效率。所以，提高太阳能电池封装玻璃盖板的光透过率成为提高太阳能电池效率的另一个方面。目前，用于降低硅片反射的技术有两种：减反射薄膜和表面钝化结构。减反射薄膜可减少或消除光在两个不同折射率组成的界面上所产生的反射，从而增强光的透过率，如液晶显示器、相机镜头表面均镀有单层或多层减反射薄膜，以消除不必要的反射光和眩光，提高图像的清晰度。太阳能电池表面的减反射薄膜可以提高光能转化率，因此减反射薄膜在光学和材料领域均有重要的应用价值和发展前景。

常用的石英、玻璃和一些透明性聚合物基材的折射率为 1.45～1.53。根据光的干涉原理，减反射薄膜的折射率应在 1.23 左右，而一些具有渐变折射率的宽波段减反射薄膜的折射率往往要达到 1.10，常用作膜材料的物质中氟化镁的折射率（1.38）最小，不能达到零反射的目标。近年来，具有空心结构的纳米粒子开始被应用于制备减反射薄膜材料。由于空心结构的存在可以降低膜材料的折射率，当纳米粒子的空心结构小于入射光波长时不会引起光的散射，通过调整纳米空心粒子的粒径和空腔体积分数，可以精确调控减反射薄膜的厚度和折射率，在特定波长内可消除或有效降低光反射。因此，中空纳米粒子不仅可以用来制备折射率单一的单层减反射薄膜，也可以制备具有渐变折射率的宽波段多层减反射薄膜。此外，由于金属纳米粒子表面具有离子体共振属性，当有光照射激发时，金属纳米粒子之间由于强烈的相互作用产生电子共振。表面等离子体共振频率可以通过调节金属纳米粒子的大小、形状、结构、聚集形态、表面化学和周围介质的折射率来改变，为增加太阳能电池对光的吸收率提供了新方法[7,8]。

4.4.2　纳米硅薄膜太阳能电池材料

硅基光电材料一直是整个半导体器件制造行业的支柱和基础。太阳能发电技术的革新就是光伏材料的革新，太阳能电池的发展过程中先后经历了三代技术。

第一代太阳能电池是晶硅太阳能电池。传统的晶硅太阳能电池材料包括单晶硅和多晶硅，其应用和技术是目前最为成熟的。但是，材料的制造过程会带来大量的副产物和高耗能。于材料本身来说，由于晶体硅的间接带隙属性、材料生产过程中消耗大量能源，使得晶体硅材料的发展遇到瓶颈[9~13]。

第二代太阳能电池是薄膜电池。随着技术的发展，薄膜电池有取代传统晶硅太阳能电池的趋势。由于转化效率偏低，相对晶硅太阳能电池没有绝对优势，目前还处于研发阶段。薄膜电池由于具有制造成本低廉、兼容性好、易于大面积光伏一体化等呈现多样化发展的特点，目前已经形成包括非晶硅（a-Si）、碲化镉（CdTe）、铜铟镓硒（CuInGaSe）等在内的多种形式薄膜电池。但由于薄膜电池本身存在效率较低且寿命较短、材料稳定性差等缺点，制约着薄膜电池的大规模商业化生产。

第三代太阳能电池是纳米薄膜电池。这种电池采用日趋成熟的纳米调控技术，制造成本低廉、工艺简单，结合了晶体硅材料的稳定性和有序性，从而克服了薄膜电池光致衰减的问题。综合来看，纳米硅薄膜电池性能优于第二代薄膜电池。

纳米硅材料中纳米尺寸的单晶硅量子点使得材料存在特殊的量子尺寸限制效应，这种效应可以容许电子在晶硅量子点之间发生隧穿，提高电子的迁移率；另外，这种量子尺度的量子点尺寸的变化可以调控材料的光学带隙，从而实现对材料不同波段光谱响应的调控，以获得更高的光吸收率。研究表明，氢化纳米硅薄膜的非均一性结构特征能够在能带中形成局域态。缺陷和边界在载流子的输运中提供了重要的通道，而这种性能对于提高薄膜太阳能电池和薄膜晶体管等光电子器件的性能极其重要。此外，当氢化纳米硅薄膜用作太阳能电池的窗口层或者隧道结时，材料中并入的氧杂质能够降低光学吸收。氢化纳米硅材料比氢化非晶硅材料对氧杂质更加敏感，因为氧杂质在材料中能够形成弱给体，它能够将能带中的费米能级移向导带。制造高度集成化器件中的难题之一就是薄膜材料表面形成的氧化层。

本章小结

伴随纳米材料与纳米技术的进步，纳米材料在能源领域有广阔的应用前景。本章详细阐述了氢能源纳米材料、电化学能源纳米材料和太阳能电池纳米材料的应用和制备技术，对活性炭储氢材料、合金储氢材料、氰化物储氢材料、锂离子电池材料、超级电容器材料、太阳能电池表面的纳米减反射薄膜、纳米硅薄膜太阳能电池材料的功能、特性以及最新的研究和应用情况进行了深入介绍。

参考文献

［1］ 蒋渊华. 科技信息. 2007, 33: 62.

［2］ 朱世东, 徐自强, 白真权等. 热处理技术与装备. 2010, 31（4）: 1.

［3］ 闫金定. 航空学报. 2014, 35（10）: 2767.

［4］ 牛浩, 吴文果. 生物工程学报. 2016, 32（3）: 271.

［5］ 叶枫. 纳米硅薄膜太阳能电池的制备和性能研究[学位论文]. 江苏: 常州大学, 2011.

［6］ 卢雪峰, 李奇, 冯锦先等. 中国科学: 化学. 2014, 44（8）: 1255.

［7］ 吴宇平 Rahm Elke, Holze Rudolf. 电池, 2002, 32（6）: 350.

［8］ 徐浩. 氢化纳米硅薄膜缺陷结构及材料后氧化机制研究[学位论文]. 上海: 上海交通大学, 2013.

［9］ 付淑英, 柳碧清, 李荣. 新余高专学报。2009, 14（3）: 92.

［10］ 周建伟. 化学教育. 2008, 1: 5.

［11］ 邓安强, 樊静池, 赵瑞红等. 化工新型材料. 2009, 37（12）: 8.

［12］ 孙志娟, 陈雪莲, 蒋春跃. 无机材料学报. 2014, 29（9）: 947.

［13］ 陈雪莲. 中空二氧化硅纳米粒子制备减反射薄膜的研究[学位论文]. 浙江: 浙江工业大学, 2014.

第5章

纳米能源器件

5.1 纳米能源器件概述

为应对全球范围的温室效应、环境污染、能源危机等问题，新兴能源材料和纳米技术的研究开发日新月异，逐步呈现全球化、多元化、多尺度、多学科的特点。纳米能源材料以其新奇的纳米效应与动力学优势，在能源的转化与储存、绿色减排、安全利用等领域有良好的应用前景，为发展高效能量转换与储存材料及器件提供了新的机遇。

在更小的尺度范围，植入式生物传感器、超灵敏的化学和生物分子传感器、纳米机器人、微机电系统、远程移动环境传感器乃至便携式或可穿戴个人电子设备等供能器件的独立、持久、长时间免维护连续运行等都对能源技术提出了非常迫切的需求。例如，纳米机器人将是一种可以感知环境、适应环境、操纵物体、采取行动并且完成一些复杂功能的智能机器，但是其中一项关键的挑战是如何找到一种电源，在不增加太多重量的前提下驱动纳米机器人。又如，植入式无线生物传感器所需要的电源是可以通过直接或间接地向电池充电来提供的。通常来说，电池的尺寸远大于纳米器件自身的尺寸，它决定了整个系统的大小，未来的研究将集中于如何把多功能纳米器件集成为一个纳米系统，使其像生物一样具有感知、控制、通信以及激励、响应功能。这种纳米系统不仅由纳米器件组成，还包括纳米电源（或纳米电池）。但是纳米电池小的尺寸极大地限制了其使用寿命。无需电池的自驱动技术对于无线器件来说是非常值得期待的技术，对于植入式生物医学系统来说甚至是必需的技术，它不仅可以极大地提高器件的适应性，而且可以大幅度地减小系统的尺寸和重量。因此，开发一种可以从周围环境中收集能量来驱动纳米器件的自驱动纳米技术成为当务之急。自驱动纳米技术的目标是建立一个自驱动的纳米系统，它具有超小的尺寸、超高的灵敏度、卓越的多功能性以及极低的功耗，因而从周围环境中收集的能量足以为这一系统提供电源所需的能量。自驱动传感器系统及其潜在应用如图 5-1 所示[1~5]。

因此，纳米能源（作为一个全新的研究领域）是指利用新技术和微纳米材料来高效收集和储存环境中的能量，实现微纳系统的可持续运转。在过去的 10 多年里，王中林团队研发了纳米发电机，并用其构建自驱动系统和主动式传感器。2006 年他们首先提出了自驱动纳米技术，并且为自驱动系统先后研发了压电纳米发电机、摩擦纳米发电机，构建了自充电能源包等。

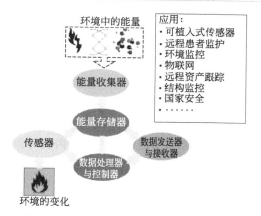

图 5-1　自驱动传感器系统及其潜在应用

　　纳米系统是多功能纳米器件的集成系统，像生物一样具有感知、控制、通信以及激励、响应等功能。一个完整的纳米能源系统包括能量收集器件、能量储存器件、传感器以及相关的能源管理电路和信号发送与接收器。纳米系统的低功耗决定了可以从外界环境中收集能量来驱动纳米系统。对于那些独立的、可持续工作、无需维护的植入式生物传感器、远程移动环境传感器、纳米机器人、微机电系统乃至便携式、可穿戴个人电子器件来说，通常需要微瓦量级的功耗。各种纳米能源器件如图 5-2 所示[6~10]。

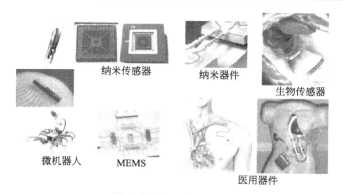

图 5-2　纳米能源器件

5.2　纳米发电机

　　纳米发电机的发明可以被视为从科学现象到实际应用发展过程中的一个重大里程碑，可取代传统的蓄电池技术作为多种便携电子器件和微纳器件的自驱动电源设备。比起目前的蓄电池技术，纳米发电机有以下多项优点。

　　a.纳米发电机不需要使用重金属，它非常环保，不易造成环境污染。

　　b.纳米发电机可以由与生物体兼容的材料制备而成，嵌入到人体内不会对人体健康造成伤害，可作为未来纳米生物器件的组成部分。

　　c.纳米发电机加工能耗非常低，预计在三五年内就可以将纳米发电机真正应用在保健设备、个人电子产品以及环境监测设备方面，进而应用于生活的各个方面[11]。

　　因为重要科技意义及实用价值，自问世以来，纳米发电机技术一直获得人们的广泛关注和高度评价。纳米发电机的发明，曾被中国科学院评为 2006 年度世界十大科技进展之一；2008 年，基于纤维的纳米发电机被英国"Physics world"评选为物理领域重大进展之一；英国"New Scientist"期刊把纳米发电机评为在未来十到三十年可以和移动电话发明具有同等重要性和影响力的十大重要技术之一；2009 年，纳米压电电子学被"MIT Technology Review"评选为十大创新技术之一；2011 年，纳米发电机被欧盟委员会评为六大未来新兴技术在下一个 10年里进行资助。

5.2.1　纳米发电机简介

　　2006 年，当王中林团队在开展 ZnO 纳米线的杨氏模量的研究时，发现导电AFM 针尖划过 ZnO 纳米线顶端时，除了有一个形貌峰，还会出现一个滞后于形貌峰的电信号脉冲峰。通过深入研究表明，是 ZnO 纳米线将机械能转化为电能。从此开创了压电纳米发电机的研究，发展了自驱动系统的概念。

　　2012 年，王中林团队又发明了摩擦纳米发电机（TENG），其目的是利用摩擦起电效应和静电感应效应的耦合将微小的机械能转换为电能。这是一种颠覆性的技术，并具有史无前例的输出性能和优点。它既不用磁铁也不用线圈，在制作中用到的是质轻、低密度并且价廉的高分子材料。摩擦纳米发电机的发明是机械能发电和自驱动系统领域的一个里程碑式的发现，这为有效收集机械能提供了一个全新的模式。重要的是，与经典电磁发电机相比，摩擦纳米发电机在低频下（<5~10Hz）的高效能是同类技术无法比拟的。摩擦纳米发电机可以用来收集

生活中原本浪费掉的各种形式的机械能，同时还可以用作自驱动传感器来检测机械信号。这种机械传感器在触屏和电子皮肤等领域具有潜在应用。另外，如果把多个摩擦纳米发电机单元集成到网络结构中，可以用来收集海洋中的水能，可以为大尺度的"蓝色能源"提供一种全新的技术方案，这有可能为整个世界的能源可持续发展做出重大贡献。

5.2.2 压电纳米发电机

2006 年，王中林团队首先在原子力显微镜下研制出将机械能转化为电能的纳米发电机。氧化锌具有纤锌矿结构，其中 Zn^{2+} 与 O^{2-} 形成四面体配位。中心对称性的丧失导致了压电效应，利用这个效应可以实现机械应力-应变与电压之间的相互转化，而这是由晶体中阴离子和阳离子间的相对位移所导致的。极化面上的电荷是离子电荷，是不能传输且不可移动的，电荷间相互作用能依赖于电荷分布。因此，晶体结构中这种离子电荷的排布形式是一种静电能最低的形式。这是极化面所决定的纳米结构生长的主要驱动力（图 5-3）。

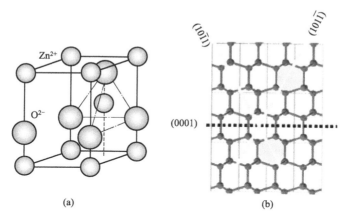

图 5-3 （a）氧化锌纤锌矿结构模型（具有非中心对称性和压电效应）；（b）氧化锌纳米结构的三种晶面

作为一种重要的半导体材料，氧化锌在光学、光电子学、传感器、执行器、能源、生物医学以及自旋电子学等领域有着广泛的应用。氧化锌纳米线的合成方法很多，有水热法、气-液-固和气-固-固生长法来合成一致取向排列的纳米线阵列。作为压电纳米发电机的基础，这里作简单介绍。首次成功地在大范围内完美垂直生长一致取向氧化锌纳米线是在单晶氧化铝（蓝宝石）基底的 a 面实现的。实验中，催化剂是金纳米颗粒［图 5-4（a）］，它激发并引导了纳米线的生长。同时，氧化锌和氧化铝之间的晶格外延关系使得纳米线取向生长［图 5-4(b)］。在这一包含催化剂的气-液-固生长过程中，催化剂的存在决定了纳米线的生长点。如果使用均匀的一薄层金，则得到的纳米线随机分布。如果利用图案化的金层作为催化层，就可以在基底上原位生长垂直取向的纳米线。这些纳米线表现出与金层相同的蜂窝状分布。从图 5-4(c)中可以看出，生长的所有纳米线都与基底表面垂直，而每根纳米线顶端的暗点是催化剂金。

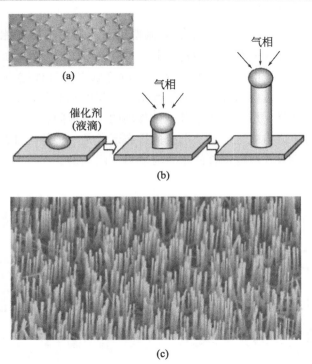

图 5-4　（a）利用一薄层金作为催化剂，在蓝宝石基底上生长的一致取向氧化锌纳米线 SEM 图像；（b）利用聚苯乙烯球形成的单层膜作为掩膜制备的金催化剂图案的 SEM 图像；（c）利用蜂窝状图案生长的一致取向氧化锌纳米棒 SEM 图像

　　水热法是常见的氧化锌纳米线及其图案化阵列的制备方法，最常用的化学试剂是六水硝酸锌和六亚甲基四胺。六水硝酸锌提供氧化锌纳米线生长所需的二价锌离子，溶液中的水分子提供二价氧离子。六亚甲基四胺在纳米线生长中起到类似弱碱的作用，在水溶液中缓慢水解并逐渐释放氢氧根离子。使用化学方法在图案化的基底上直接生长氧化锌纳米线，生长的位置由图案限定，纳米线的生长方向则取决于纳米线和氮化镓基底的外延关系。基于微加工图形化曝光技术和低温水热法，王中林团队在低于 100℃并且无催化剂的情况下，在包括硅、c 面氮化

镓在内的各种无机基底上制备出高度取向的图案化氧化锌纳米线（图5-5）。

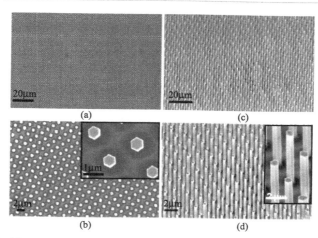

图5-5 通过 LIL 方法在氮化镓基底上生长垂直、一致取向氧化锌纳米线阵列：
（a）、（b）是不同放大倍数下氮化镓基底上生长的垂直、一致取向大规模均匀
氧化锌纳米线阵列的顶视图；（c）、（d）是在不同放大倍数下氮化镓基底上
生长的垂直、一致取向大规模均匀氧化锌纳米线阵列的 45° 倾角 SEM 图像

2005 年，在用原子力显微镜（AFM）测量 ZnO 纳米线的压电性质时，第一次提出了纳米发电机的概念。在这一工作中，利用垂直生长的氧化锌纳米线的压电效应，将 AFM 输入的机械能转化为电能，同时利用 AFM 的导电探针向外界输电，完美地实现了纳米尺度的发电功能。研究中，当 AFM 探针扫过一致取向的纳米线阵列时 [图5-6(a)、(b)]，可以同时记录拓扑图（扫描器的反馈信号）和相应的负载两端输出电压图 [图5-6(c)]。通过检查单根纳米线的拓扑图及其相应的输出电压，可以观测到电压输出信号存在延迟 [图5-6(d)]。单根 ZnO 纳米线每次能够发出电压为大约 7mV、几皮安的电流。

图5-7 描述了单根 ZnO 纳米线中电荷的产生、分离、积累和释放过程。对于一根垂直的 ZnO 纳米线 [图5-7(a)] 来说，原子力显微镜探针引起的这根纳米线的偏移产生了一个应变场，使外表面拉伸而内表面压缩 [图5-7(b)]。结果产生一个横跨这根纳米线截面的压电势，如果这根纳米线底部电极接地，这根纳米线的拉伸面具有正电势，而压缩面具有负电势 [图5-7(c)]。在具有压电效应的纤锌矿结构晶体中，电势是由于 Zn^{2+} 与 O^{2-} 相对位移而产生的，因此在不释放应变的情况下这些离子电荷既不能自由移动，也不能复合 [图5-7(d)]。在纳米线掺杂浓度很低的情况下，只要形变还存在，并且没有外部电荷（例如来自金属接触）的注入，电势差就有可能保持住，这是电荷的产生和分离过程。

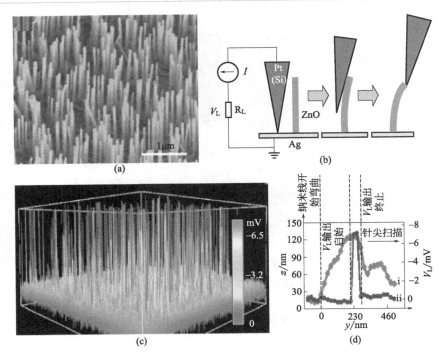

图 5-6 （a）GaN/蓝宝石基底上生长的排列整齐 ZnO 纳米线的 SEM 图像；
（b）实验装置和用 AFM 导电探针弯曲压电纳米线产生电能的过程，AFM 在
接触模型下扫过纳米线阵列；（c）当 AFM 探针扫描纳米线阵列时的输出压电
图；（d）只扫描单根纳米线时 AFM 的拓扑图像（ⅱ）及相应的输出电压图
（ⅰ）的叠加图（电信号输出延迟很明显）

现在考虑电荷的积累与释放过程，第一步是电荷的积累过程，它发生在产生
形变的原子力显微镜导电探针与具有正电势 V_T 纳米线拉伸面接触时［图 5-7（c）
和（d）］，金属探针的电势几乎为零，即 $V_m=0$。因此金属探针-氧化锌界面处于反
向偏置，这是因为 $\Delta V=V_m-V_T<0$。考虑到所合成 ZnO 纳米线的 N 型特性，在
这种情况下 Pt 金属探针-ZnO 半导体界面是一个反向偏置的肖特基二极管［图 5-7
（d）］，并且会有小电流流过界面。第二步是电荷的释放过程，当原子力显微镜探针
与这根纳米线的压缩面接触时［图 5-7（e）］，金属探针-半导体界面处于正向偏置，
这是因为 $\Delta V=V_L=V_m-V_C>0$。在这种情况下金属探针-半导体界面是一个正向
偏置的肖特基二极管，它产生一个突然增加的输出电流（电流是 ΔV 驱动电子从半
导体 ZnO 纳米线流向金属探针的结果）。通过纳米线在回路中流动达到探针的自由
电子会中和纳米线中分布的离子电荷，并因此降低 V_C 和 V_T 的幅值。这意味着当

探针刚接触到这根纳米线时没有电能输出，当探针快要和这根纳米线分离时产生了一个尖锐的电压峰，这个延迟是电能输出过程的一个重要特征。

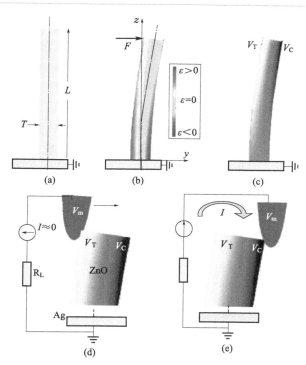

图 5-7 压电 ZnO 纳米线/带发电过程的工作原理

其后，在 ZnO 纳米线、ZnO 纳米纤维、N 型 ZnO 纳米线材料、P 型 ZnO 纳米线材料、GaN 纳米材料、InN 纳米材料、CdS 纳米材料等多个体系里都观察到了这一结果。由于纳米发电机的各向异性、小的输出信号以及测量系统和周围环境的影响，对纳米发电机输出信号真实性的判定至关重要。王中林团队还给出了"正反接""电流并联叠加""电压串联叠加"等 3 类判据共 11 项判断准则，以检验所得信号的真伪。这些判据准则适用于所有类型的纳米发电机，可以作为判断发电机输出信号真假的标准。

虽然上述工作开创了纳米能源领域的研究，但是单根压电纳米线的输出功率非常小，为了通过规模化方法来大幅度地提高输出功率，需要开发新方法。在此基础上，2007 年王中林团队首次成功研发出基于垂直纳米线阵列的、由超声波驱动的、可独立工作的、能连续不断输出直流电的纳米发电机[2]，为技术转化和应用奠定了原理性的基础，并迈出了关键性的一步。

首先，王中林团队根据单根 ZnO 纳米线纳米发电机的工作原理，引入锯齿形电极，取代原来单个 AFM 针尖头，来收集数百万根纳米线产生的电能。锯齿形电极的作用就像一系列相互平行的 AFM 针尖一样，电极被放置在纳米线阵列上方一定距离处，弯曲或振动引起的纳米线与电极之间的相对弯曲，位移有望产生连续不断的电能输出。输出电流是所有起作用的纳米线输出电流之和，而由于所有的纳米线是并联的，因此纳米发电机的输出电压只由单根纳米线的输出电压决定。其后，将该法制备的阵列型 ZnO 纳米发电机封装好置于水中，以 50Hz 的超声波进行驱动。图 5-8 给出了超声波被打开和关闭时的短路电流，测量结果清楚地表明，输出电流来源于超声波激发下的纳米发电机，因为电流输出与超声波的工作周期完全一致。类似的情况在开路电压的测量中也可以观察到［图 5-8 (f)］。这种类型的纳米发电机表现出约 500nA 的高电流输出和约 10mV 的高电压输出，考虑到纳米发电机的有效区域为 $6mm^2$，这相当于输出的电流密度约为 $8.3\mu A/cm^2$，功率密度约为 $83nW/cm^2$。

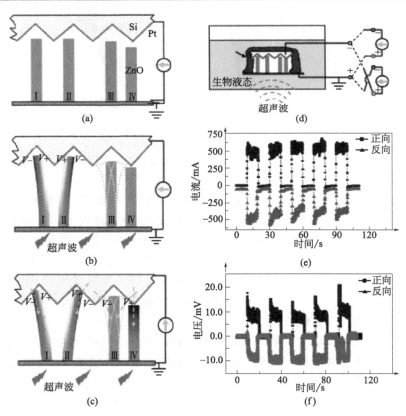

图 5-8　超声波驱动纳米发电机的工作原理

如前所述，锯齿形电极可以作为集成化的平行针尖阵列，从所有有效的纳米线同时产生、收集并输出电能。然而，在这一设计中，纳米线的不均匀高度以及在基底上的随机分布可能会使得很大一部分纳米线对能量转换不起作用，另外，由于这种锯齿形电极制备过程中涉及微加工等工艺，过程复杂、成本较高。其后王中林团队提出一个新的纳米发电机制备方法，它由集成化的成对纳米刷组成，而这些纳米刷是由覆盖金属镀层的锥形 ZnO 纳米线阵列和六方柱状 ZnO 纳米线阵列构成。它们可以在低于 100℃ 的条件下利用水热化学方法分别在普通基底的两面生长，把一片这种结构的基底紧密地放置在另外一片上形成一层一层的刷状结构，就可以在超声波的激发下产生直流电，集成四层构成的纳米发电机（图 5-9）可以输出电压为 62mV、功率密度为 110mW/cm^2 的直流电。

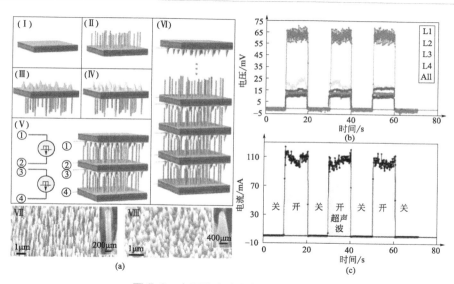

图 5-9　多层纳米发电机的工作原理

2008 年，因为 ZnO 材料可以在任意基底（如聚合物、半导体、金属）上进行水热生长，所以王中林团队以织物纤维取代上述工作中的硬基底，制备出纤维状纳米发电机。利用水热法，ZnO 纳米线沿径向生长在 Kevlar 129 纤维的表面，然后利用正硅酸乙酯使得纳米线之间、纳米线与纤维之间相互化学键合。把一根表面生长 ZnO 纳米线的纤维和另一根表面先生长纳米线再镀金的纤维相互缠绕在一起，就组装出一个双纤维纳米发电机。固定一根纤维的两端，让另一根纤维来回运动，由于压电、半导体耦合作用，两根纤维之间的相对擦拭运动就导致输出电流的产生。在这一设计中，镀金的 ZnO 纳米线像一排扫描的金属针尖一样弯曲植根于另一根纤维上的 ZnO 纳米线，ZnO 耦合的压电性能和半导体性能导致了电荷的产生、积累和释放过程。通过测试表明，所有镀金的纤维是可运动的（图 5-10）。在运动频率为 80r/min 时，可以获得平均大小约为 0.2nA 的电流、1mV 左右的开路电压。进一步研发出可以利用衣料纤维来实现发电的"发电衣"的原型发电机，真正实现了"只要能动，就能发电"的愿望。该研究为将来开发柔软、可折叠的电源系统打下基础。

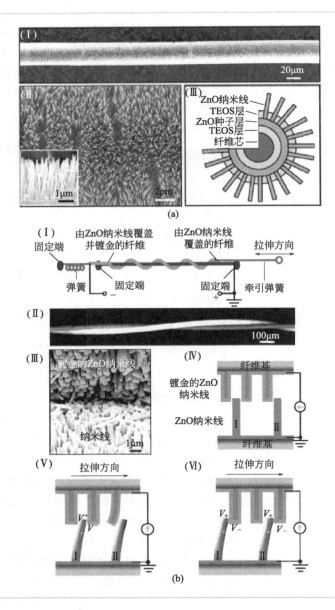

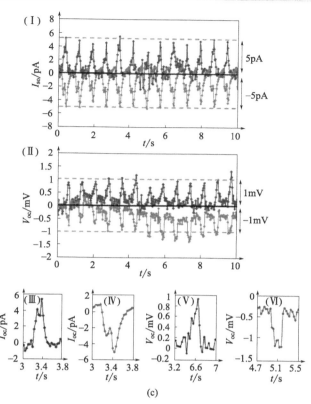

图 5-10　氧化锌纳米线包裹的 Kevlar 纤维和由低频、外界
振动/摩擦/拉动力驱动基于纤维的纳米发电机的设计原理

　　C 轴取向的 ZnO 纳米线除了弯曲时其内部会产生压电势，单轴拉伸时也会产生压电势。基于这一原理，王中林教授团队制备出一种基于对压电细线做周期性拉伸-释放的交流发电机。压电细线牢牢地和两端的金属电极接触，横向黏结并且被封装在一个弹性基底上。当压电细线被弯曲的基底拉伸时，沿着压电细线会产生一个压电电势降。至少在压电细线的一端做成一个肖特基势垒，以此作为阻挡外电路电子流过压电细线的"门"，因此压电势可得以保存。当压电细线分别被拉伸和释放时，这个压电细线可作为一个"电容器"和"电荷泵"，用来驱动外电路中电子的来回流动而形成一个充放电过程。在 0.05%～0.1% 范围的形变下重复地拉伸和释放单根压电细线，可以产生一个达 50mV 的交流输出电压，压电细线的能量转换效率可以达到 6.8%。

　　柔性基底上压电细线发电机的设计原理如图 5-11 所示。其中图 5-11(a) 为压电细线放在 Kapton 膜基底上，它的两端与基底和连接导线紧密相连。为了封装，把整个压电细线和接口覆盖一层绝缘柔性聚合物或者石蜡。图 5-11(b) 中基底的机械形变产生拉伸应变，并且在压电细线产生相应的压电势，以此驱动外部负载中电子的流动。

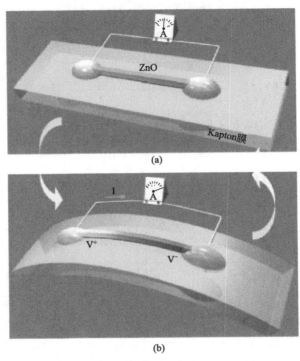

图 5-11　柔性基底上压电细线发电机的设计原理

　　然而，基于单根纳米线的纳米发电机输出功率相当有限。在实际应用中，必须对交流纳米发电机进行规模化的设计，将上百万根纳米线的输出集成起来，从而提高输出功率。2009 年，王中林团队通过种子层设计和定向生长，得到 C 轴一致的 ZnO 纳米线阵列。极性一致取向的纳米线可以产生宏观的压电势。基于这一平行的 ZnO 纳米线阵列，制备出大面积横向集成纳米发电机（LING）阵列。对于提高横向集成纳米发电机的输出电压和输出电流来说，集成更多的 ZnO 纳米线、改进电极与 ZnO 纳米线的接触、增加应变以及应变速率都是非常重要的。图 5-12 给出了横向集成纳米发电机的输出电压和输出电流，在应变速率为 2.13%/s、应变为 0.19% 的情况下，该横向集成纳米发电机可以输出约 1.2V 的平均电压。这个横向集成纳米发电机由 700 行纳米线构成，每行含有约 20000 根纳米线，当 Kapton 膜机械变形时，可以测得 1.2V 的正向电压脉冲和

26nA 的脉冲电流。这一输出接近并达到传统电池的输出电压，这一突破为纳米发电机在传统电子元件中的应用提供了可行性方案[4]，将极大地推动纳米发电机在便携式电子产品中的实际应用。

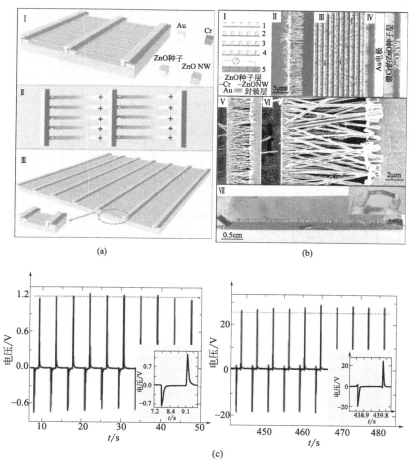

图 5-12　横向集成纳米发电机（LING）阵列的设计原理

利用上述方法得到了大面积集成的纳米线发电机阵列，但是其制备工艺较为复杂。2010 年，王中林团队利用可扩展的刮扫式印刷方法制备出柔性高输出纳米发电机（HONG），如图 5-13 和图 5-14 所示。该发电机可以有效地收集机械能来驱动一个小型商用电子元件。在该工作中，纳米发电机的输出通过集成成百上千根水平一致取向的纳米线而与纳米线数量成比例的提高，这种集成是利用一种简单、廉价而且高效的刮扫式印刷方法实现的。

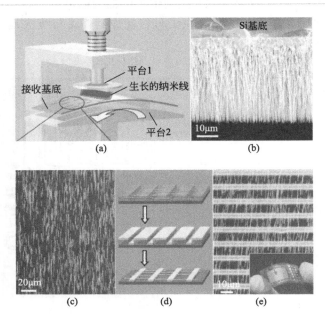

图 5-13 HONG 的制备过程和结构表征

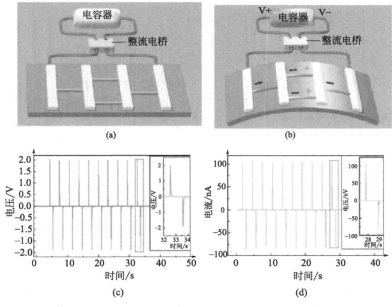

图 5-14 HONG 的工作原理和输出测量

对于纳米发电机的实际应用来说，存储其所发电量和驱动功能器件是至关重要的步骤。在该工作中，通过使用一个充电-放电电路，经过连续的两步实现了这些目标（图 5-15）。开关的状态决定了电路的功能［图 5-15(a)］。开关打在位置 A 时，通过向电容器充电来存储电量。充电完成后开关打在位置 B，通过释放电量驱动一个功能器件，如发光二极管。

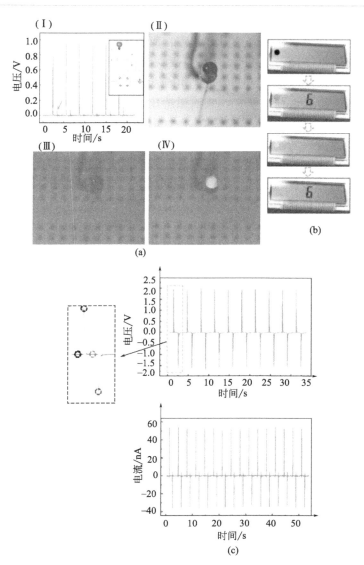

图 5-15　应用 HONG 产生的电能驱动商用发光二极管

5.2.3　摩擦纳米发电机

5.2.3.1　摩擦起电的起源

摩擦起电（接触起电）发现于古希腊时代，虽然距今已有 2600 多年历史，但是有关摩擦起电的原理仍存有很多争论。多数教科书中认为：当两种不同的材料接触摩擦时，在接触位置会形成化学键[3]。于是电荷会从其中的一种材料被吸附到另一种材料表面使两者的电势相等；而当这两种不同的材料分离时，其中一种材料会吸收电子而带负电荷，而另一种材料则损失电子而带正电荷，这样两者碰触的界面就形成摩擦电荷。摩擦起电现象在多数不导电的材料上比较常见，同时因摩擦而产生的电荷也能在其表面保持比较长的时间。但是最核心、最重要的问题是，在起电过程中，电荷转移是通过电子转移还是离子转移来实现的。金属与金属之间或金属与半导体之间的摩擦起电，通常认为是电子转移，并可以通过功函或接触电势的不同来解释。而通过引入表面态的概念，电子转移理论可以在一定程度上解释金属与绝缘体之间的摩擦起电。但是，离子转移也可以用来解释摩擦起电，并且更适用于含有聚合物的起电体系，例如其中的离子或官能团主导了起电现象的产生。迄今为止，仍未有一种令人信服的理论能够用来揭示摩擦起电的主导机制究竟源于电子转移还是离子转移。

2012 年，王中林团队利用摩擦起电和静电感应的原理，成功研制出柔性摩擦纳米发电机（TENG）。该技术可以精确地表征不同温度下的表面电荷密度，为解决摩擦起电中的难题提供了一种新思路。通过设计可以工作在高温下的 TENG，实现了表面电荷密度/电荷量的实时与定量测量，从而揭示了摩擦起电过程中的电荷特性与根本机制，发现了两种不同固体材料间的摩擦起电主要源于电子转移。此外，该研究还揭示了不同材料的表面有着不同的势垒高度，正是由于该势垒的存在，使得摩擦起电产生的电荷能够储存于表面而不致逃逸。基于上述的电子转移主导的摩擦起电机制，该研究进一步提出了一种普适的电子云-势阱模型，首次实现了任何两种传统材料间摩擦起电原理的统一解释（图 5-16）。

5.2.3.2　摩擦纳米发电机的起源

2012 年，王中林团队利用摩擦起电和静电感应的原理，成功研制出柔性摩擦电发电机以及基于该原理的透明摩擦电发电机兼高性能压力传感器[8]。整个摩擦电发电机依靠摩擦电电势的充电泵效应，将两种镀有金属电极的高分子聚合物薄膜——聚酰亚胺（Kapton）膜和聚对苯二甲酸乙二醇酯（PET）膜贴合在一起组成器件。在施加压力的过程中，两种薄膜接触起电，分别在两个薄膜表面聚集正电荷和负电荷，薄膜紧密接触时不产生电势差；当撤去压力后两个薄膜缓慢分离，正电荷聚集的薄膜上电势为正，负电荷聚集的薄膜上电势为负，从而两个薄膜之间形成电势差，驱动外电路中电子在薄膜的电极之间流动，进而产生一个电流脉冲，转移的电荷平衡了之前的电势差；再次施加压力时薄膜紧密接触，电子流回并产生一个反方向的电流脉冲。整个过程将摩擦纳米发电机的机械能转化为电能。对于仅 $3cm^2$ 大小的单层摩擦纳米发电机，其输出电压可以高达 $200 \sim 1000V$，输出电流为 $100mA$，可以瞬时带动几百个 LED 灯、无线探测和传感系统、手机电池充电等[9~14]。与之前提出的压电纳米发电机相比，摩擦纳米发电机的输出功率更高，而且器件制备简单、原材料价格低廉（图 5-17）。

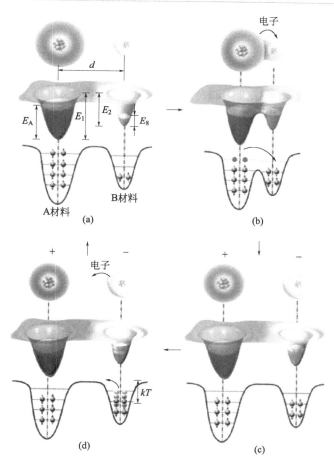

图 5-16 （a）~（c）两种不同材料的原子的电子云和势阱
（三维和二维图）在接触起电前、起电时和起电后的状态；
（d）在较高温度下的放电状态

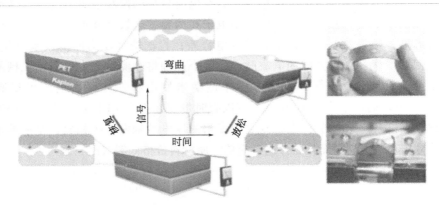

图 5-17　摩擦纳米发电机的提出

5.2.3.3　摩擦纳米发电机的四种工作模式

　　自 2012 年 1 月"摩擦纳米发电机"的概念提出之后,在短短的 3 年时间内制作出各式各样的纳米发电机,其输出功率密度增长了数倍,且仍在增长,如图 5-18 所示。

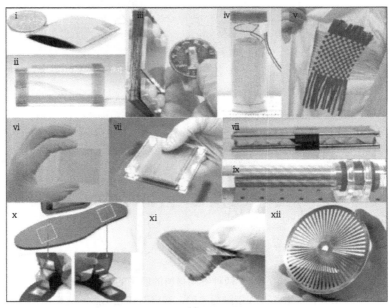

(a)

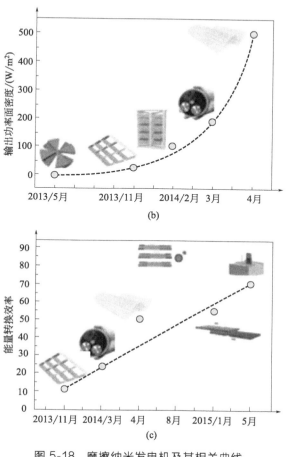

图 5-18　摩擦纳米发电机及其相关曲线

　　摩擦纳米发电机的工作模式可分为四种：接触式摩擦纳米发电机、滑动式摩擦
纳米发电机、单电极式摩擦纳米发电机和自由运动式摩擦纳米发电机（图 5-19）。不
同的模式，可以用于收集不同形式的机械能，从而使摩擦纳米发电机能够更加广
泛地应用于生活和生产中。下面详细介绍各个工作模式中器件的结构和工作原
理。在每个工作模式中都有两种材料形式可以选择：绝缘-绝缘材料形式、绝缘-
导体材料形式。在接触-分离模式中，将分别对这两种材料形式进行详细介绍；
其余工作模式中，只介绍典型的绝缘-绝缘材料形式，绝缘-导体材料形式不再
赘述。

　　（1）接触式（接触-分离模式）摩擦纳米发电机

　　接触-分离模式是指摩擦纳米发电机在工作过程中，两个薄膜不断地以接触-

分离的方式进行工作。在该模式中，两种材料依靠接触起电，使得摩擦材料的表面带电。一次接触-分离过程为器件的一个工作周期。该模式有两种材料选择形式：绝缘-绝缘材料形式和绝缘-导体材料形式，下面详细介绍两种材料形式的器件结构和工作原理。

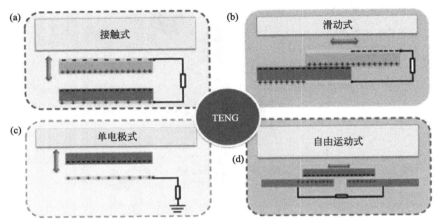

图 5-19　摩擦纳米发电机四种工作模式

① 绝缘-绝缘材料形式　该形式的摩擦纳米发电机于 2012 年 1 月由王中林团队提出（图 5-20）[15]，其核心结构是外侧镀有电极的 A、B 两片绝缘材质薄膜。设定 A 薄膜材料比 B 薄膜材料更容易得到电子，则在发生接触起电的过程中，电子由 B 薄膜表面转移到 A 薄膜表面。以 A、B 薄膜紧密接触的状态为起始状态。当 A、B 薄膜接触时，内电路中电子由 B 薄膜表面转移至 A 薄膜表面；在 A、B 薄膜分离的过程中，B 薄膜表面的正电荷导致 B 薄膜具有较高的电势，该电势差驱动电子从外电路中由 A 薄膜的电极流向 B 薄膜的电极，从而平衡该电势差；直到该电势差全部被屏蔽，此时 A、B 薄膜分别处于平衡状态；同理，当 A、B 薄膜反方向运动接触时，距离的接近再次打破 A、B 薄膜的平衡状态，使得 A 薄膜具有较高的电势，该电势差驱动电子从外电路中由 B 薄膜的电极流回 A 薄膜的电极，直到 A、B 薄膜再次紧密接触，恢复平衡状态；至此完成摩擦纳米发电机的一个发电周期。在一个发电周期中，电子在 A、B 薄膜的电极之间往复运动一次，产生两个方向相反的电流脉冲。

王中林团队范凤如、朱光等于 2012 年设计出绝缘-绝缘材料形式垂直直接接触的摩擦纳米发电机。通过刻蚀方法将 Kapton 膜表面修饰有纳米线阵列，然后通过 Kapton 膜与 PMMA（聚甲基丙烯酸甲酯）进行摩擦。因为在两个高分子膜中间加入了一个绝缘层框架，保证了两者的接触后顺利地分离，从而产生 110V

的开路电压。该工作详细地解释了这种垂直接触式摩擦纳米发电机的发电原理，为后续发电机的性能提升和改善奠定了重要的基础（图 5-21）[16]。

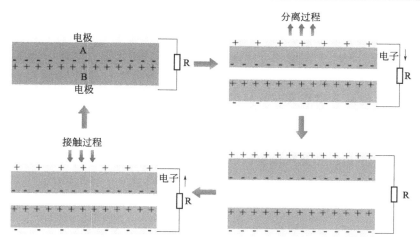

图 5-20　绝缘-绝缘材料形式的摩擦纳米发电机
在接触-分离模式下的工作原理

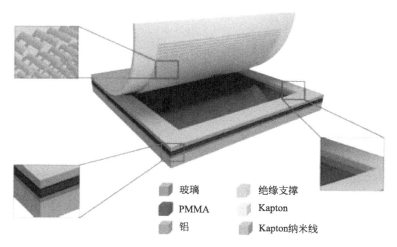

图 5-21　朱光等设计的接触式摩擦纳米发电机示意图

② 绝缘-导体材料形式　　该形式的摩擦纳米发电机于 2012 年 9 月提出（图 5-22）[17]，其核心结构是外侧镀有电极的 A 绝缘材质薄膜和金属薄膜。与绝缘-绝缘材料形式的主要区别是，在该模式中，金属薄膜同时担任摩擦材料和电极的角色。金属材料容易失去电子，故一般选定容易得电子的绝缘材料为 A 薄

膜，在发生接触起电时，电子由金属薄膜表面转移到 A 薄膜表面。同样以 A 薄膜和金属薄膜紧密接触的状态为起始状态。当 A 薄膜和金属薄膜接触时，内电路中电子由金属薄膜表面转移至 A 薄膜表面；在 A 薄膜和金属薄膜分离的过程中，金属薄膜表面的正电荷导致金属薄膜具有较高的电势，该电势差驱动电子从外电路中由 A 薄膜的电极流向金属薄膜的电极，从而平衡该电势差；直到电势差全部被屏蔽，此时 A 薄膜和金属薄膜分别处于平衡状态；同理，当 A 薄膜和金属薄膜反方向运动处于接触过程时，距离的接近再次打破 A 薄膜和金属薄膜的平衡状态，使得 A 薄膜具有较高的电势，该电势差驱动电子从外电路中由金属薄膜的电极流回 A 薄膜的电极，直到金属薄膜和 A 薄膜再次紧密接触，恢复平衡状态；至此完成摩擦纳米发电机的一个发电周期。同样在一个发电周期中，电子在 A 薄膜的电极和金属薄膜的电极之间往复运动一次，产生两个方向相反的电流脉冲。

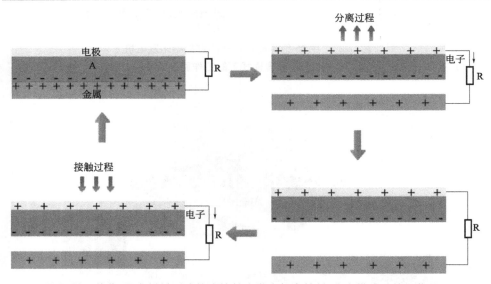

图 5-22　绝缘-导电材料形式的摩擦纳米发电机在接触-分离模式下的工作原理

　　王中林团队也于 2012 年设计出以绝缘-导体材料形式为拱形结构的接触式摩擦纳米发电机，如图 5-23 所示。该团队将 PDMS 和铝两个摩擦材料的表面都进行纳米结构修饰，从而提升其输出性能。该拱形结构的接触式摩擦纳米发电机的开路电压能够达到 230V，短路电流为 0.13mA，且其能够有效地向手机充电。

　　这种接触式摩擦纳米发电机能够有效地将环境中振动、拍打和冲击等形式的机械能直接转化成电能，因此具有很大的应用前景。

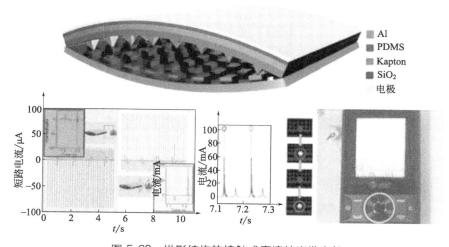

图 5-23　拱形结构的接触式摩擦纳米发电机

(2) 滑动式摩擦纳米发电机

摩擦纳米发电机在水平滑动模式下的工作原理如图 5-24 所示，以绝缘-绝缘材料形式为例，其核心结构与接触-分离模式相同，是外侧镀有电极的 A、B 两片绝缘材质薄膜。同样设定 A 薄膜材料比 B 薄膜材料更容易得到电子。以 A、B 薄膜完全重合的状态为起始状态。当 A、B 薄膜相对滑动时，内电路中电子由 B 薄膜表面转移至 A 薄膜表面；外电路中，A、B 薄膜接触的部分电势仍然平衡，而已经分离的部分 A 薄膜的电势因负电荷而降低、B 薄膜的电势因正电荷而升高，该电势差驱动电子从外电路中由 A 薄膜的电极流向 B 薄膜的电极，从而平衡该电势差；直到相对滑动的过程结束，该电势差全部被屏蔽，电子转移停止，A、B 薄膜分别处于平衡状态；同理，当 A、B 薄膜反方向滑动的过程中，A、B 薄膜的重合再次打破 A、B 薄膜的平衡状态，分离部分薄膜的电势仍然平衡，而重合部分 A 薄膜的电势因多余的正电荷而升高、B 薄膜的电势因多余的负电荷而升高，使得 B 薄膜具有较高的电势，该电势差驱动电子从外电路中由 B 薄膜的电极流回 A 薄膜的电极，直到 A、B 薄膜完全重合，恢复平衡状态；至此完成摩擦纳米发电机的一个发电周期。在一个发电周期中，电子在 A、B 薄膜之间往复运动一次，产生两个方向相反的电流脉冲。

滑动模式与接触-分离模式的主要区别是：接触-分离模式中两种材料通过接触起电的方式使材料表面带电，而滑动模式中材料通过摩擦起电的方式使材料表面带电；接触-分离模式在接触和分离的瞬间驱动电子流动，电子转移发生的过程非常短；而滑动模式的电子转移过程发生在整个滑动过程中。

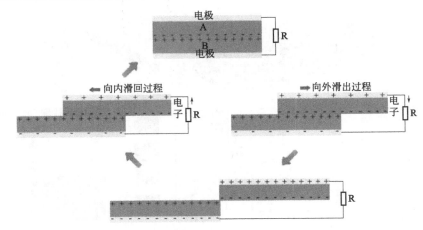

图 5-24   摩擦纳米发电机在水平滑动模式下的工作原理

王中林团队于 2013 年设计出滑动式摩擦纳米发电机。他们通过刻蚀方法将 PTFE 膜（聚四氟乙烯）表面进行纳米线阵列修饰，然后将表面修饰后的 PTFE 膜与尼龙高分子膜进行摩擦而分别带有不同的电荷，如图 5-25 所示。当两个高分子薄膜因滑动而分离时，其背后的电极因为电势差的原因，会驱动电子在外电路流动而产生电流。该器件能够产生大约 1300V 的高压，并且其输出功率密度可达到 5.3W/m²。

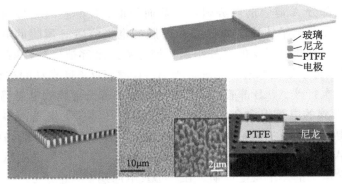

图 5-25   滑动式摩擦纳米发电机的工作原理[15, 16]

（3）单电极式摩擦纳米发电机

摩擦纳米发电机在单电极模式下的工作原理如图 5-26 所示，以绝缘-绝缘材料形式为例，其核心结构是 A、B 两片绝缘材质薄膜，一般选定容易得电子的绝缘材料为 A 薄膜，B 薄膜外侧镀有电极并使电极接地。单电极模式的运动方式可以选择接触-分离模式，也可以选择滑动模式。这里以滑动模式为例，同样设定 A 薄膜材料相比 B 薄膜材料更容易得到电子，以 A、B 薄膜紧密接触的状态为起始状态。当 A、B 薄膜相对滑动时，内电路中电子由 B 薄膜表面转移至 A 薄膜表面；外电路中，A、B 薄膜接触的部分电势仍然平衡，而已经分离的部分 B 薄膜的电势因正电荷而升高，与大地之间的电势差驱动电子从外电路中由大地流向 B 薄膜的电极，从而平衡该电势差；直到相对滑动的过程结束，该电势差全部被屏蔽，电子转移停止，B 薄膜处于平衡状态；同理，当 A、B 薄膜反方向滑动的过程中，A、B 薄膜的重合再次打破 B 薄膜的平衡状态，分离部分薄膜的电势仍然平衡，而重合部分 B 薄膜的电势因多余负电荷而升高，使得 B 薄膜具有较高的电势，与大地之间的电势差驱动电子从外电路中由 B 薄膜的电极流回大地；直到 A、B 薄膜完全重合，恢复平衡状态；至此完成摩擦纳米发电机的一个发电周期。在一个发电周期中，电子在 A 薄膜和 B 薄膜之间往复运动一次，产生两个方向相反的电流脉冲。

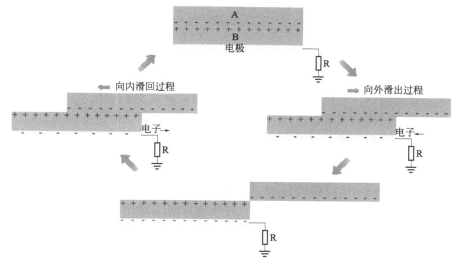

图 5-26　摩擦纳米发电机在单电极模式下的工作原理

王中林团队的 Yang Ya 等于 2014 年设计出单电极式摩擦纳米发电机，其工作原理如图 5-27 所示。实验时只需在 PDMS 高分子膜背面镀上一层电极，然后将整个器件接地。当其他物体与 PDMS 高分子膜相接触时，因为两种材料电负性的差异，其他物体与 PDMS 膜表面都会带上相反的等量电荷。于是当其他物体离开 PDMS 膜时，因为 PDMS 膜背面的电极与地电极之间存在电势差，于是驱动电子流经外电路而产生电流；同理，当两种材料再次碰触时，PDMS 膜背面的电极与地电极之间电势差又趋于相等，于是驱动电子经外电路流回原来的电极，即产生了一个反方向的电流。

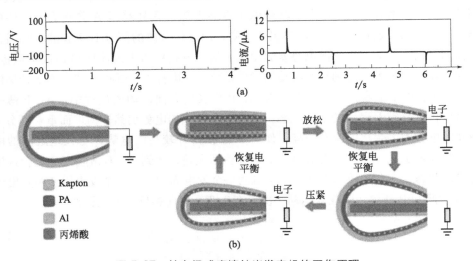

图 5-27　单电极式摩擦纳米发电机的工作原理

对比接触式和滑动式的器件都设计有两个电极，这种单电极式的器件只需要一个电极就能发电，可以理解为该模式的摩擦纳米发电机因为把地当作一个电极，所以设计器件时只需要设计一个电极即可。这种模式的器件因为设计简单、易于制备，所以极大地丰富了摩擦纳米发电机的类型，也促进了其在实际生活中的应用。

(4) 自由运动式（独立模式）摩擦纳米发电机

摩擦纳米发电机在独立模式下的工作原理如图 5-28 所示，以绝缘-绝缘材料形式为例，其核心结构与单电极模式的结构类似，主要区别是具有电极的一侧，其电极是不连续的，外电路连接在这些分立的电极之间。独立模式的运动方式为滑动模式，设定 A 薄膜材料相比 B 薄膜材料更容易得到电子，以 A 薄膜与 B 薄膜右侧电极对齐的状态为起始状态。A 薄膜沿水平方向从右向左滑动过程中，内电路中电子由 B 薄膜表面转移至 A 薄膜表面，使得整个 B 薄膜表面带电；同时由于 A 薄膜处于 B 薄膜的左侧，使得 B 薄膜的右侧电势高于左侧电势，从而驱动电子从外电路由左侧电极流向右侧电极，直至 B 薄膜上的电势差被完全屏蔽。A 薄膜沿水平方向从左向右滑动时，滑动的过程打破 B 薄膜两端的平衡状态，使得 B 薄膜左侧具有较高的摩擦电势，该电势驱动电子从外电路由右侧电极流回左侧电极，直至 B 薄膜上的摩擦电势差被完全屏蔽。A 薄膜沿水平方向再次从右向左滑动时，使得 B 薄膜的右侧电势高于左侧电势，从而驱动电子从外电路由左侧电极流向右侧电极，电子在 B 薄膜的两个电极内往复运动[18]。

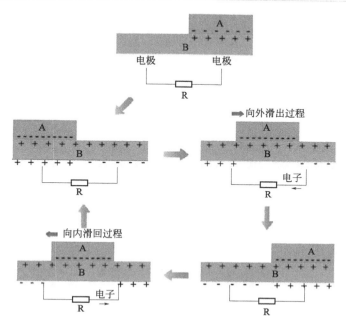

图 5-28　摩擦纳米发电机在独立模式下的工作原理

王中林团队 Wang Sihong 等于 2012 年设计出自由运动式摩擦纳米发电机，如图 5-29 所示。这种自由运动式的发电机是由一个可以自由运动的绝缘体（通常用绝缘体薄膜）和两个电极组成的。然后通过绝缘体与两个电极之间的摩擦，使绝缘体和电极均带上摩擦电荷。因为两个电极之间的电势是随着上端的绝缘体的往返运动不断改变的，所以就形成方向不断改变的电流，该器件就是通过这种方式将其他能量转换成电能的。

自由运动式摩擦纳米发电机具有独特的优势：当自由运动的绝缘体因摩擦而带上电荷后，其之后与两个电极之间的摩擦是允许存在一定间隙的。即只要一开始因摩擦而带上电荷，之后的摩擦过程中该绝缘体没有必要和两个电极进行紧密接触。由此带来的技术优势主要有以下几点。

a. 因为可以不用紧密接触摩擦，所以绝缘体表面修饰的纳米线阵列的寿命可以比之前提升好几倍。

b. 因为可以不用紧密摩擦，所以在摩擦过程中该绝缘体受到的摩擦力大大降低，而输出的电流、电压等信号仅仅比紧密摩擦下的电流、电压等信号稍微有所降低，这意味着其能量的转换效率大大提升。

　　c.该运动的绝缘体不需要导线连接，而连着两个导线的电极都是固定不动的，这样就能脱离导线和绝缘体带来的范围限制，同时大大增加了该模式的摩擦纳米发电机的实用性和便利性。因为脱离了绝缘体带来的限制，只需要固定两个电极即可，所以摩擦的物体可以扩展为人体、汽车等。

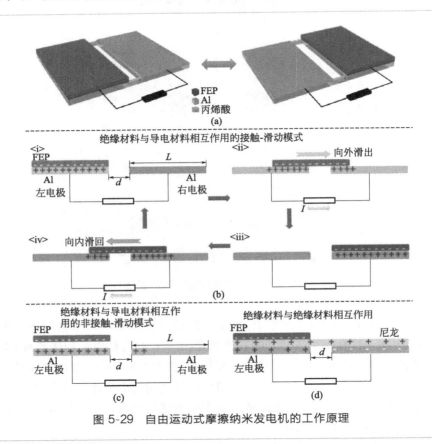

图 5-29　自由运动式摩擦纳米发电机的工作原理

5.3　纳米储能器件

5.3.1　纳米储能器件简介

　　作为纳米能源系统中一个重要的环节，能量储存是一个非常关键的部分。当纳米发电机把环境中的振动能转化成电能后，就可以驱动各种用电电器。但是在实际工作中，各种传感器并非连续工作，而是间歇工作，隔几秒、几分钟甚至几小时采集一个数据，然后通过无线信号发送出去。这就要求纳米能源系统内存在一个纳米储能装置，将平时收集到的能量储存起来。常见的储能器件有锂离子电池、超级电容器等，下面主要介绍锂离子纳米材料电池与超级电容器两类器件。

5.3.2　纳米材料电池

锂离子纳米材料电池是一种二次电池（充电电池），它主要依靠锂离子在正负极之间移动而工作。锂离子电池是以锂离子嵌入化合物为正极材料的电池总称。锂离子电池的充放电过程，就是锂离子的嵌入和脱嵌过程。在锂离子的嵌入和脱嵌过程中，同时伴随着与锂离子等当量电子的嵌入和脱嵌（习惯上正极用嵌入或脱嵌表示，而负极用插入或脱插表示）。在充放电过程中，锂离子在正负极之间往返嵌入/脱嵌和插入/脱插，被形象地称为"摇椅电池"。

如图 5-30 所示，当对电池进行充电时，电池的正极上有锂离子生成，生成的锂离子经过电解液运动到负极。而作为负极的碳呈层状结构（有很多微孔），达到负极的锂离子就嵌入到碳层的微孔中，嵌入的锂离子越多，充电容量越高。同样，当对电池进行放电时（即人们使用电池的过程），嵌在负极碳层中的锂离子脱出，又运动回正极。回正极的锂离子越多，放电容量越高。随着纳米材料的研究和应用，锂离子电池取得了长足的进展。

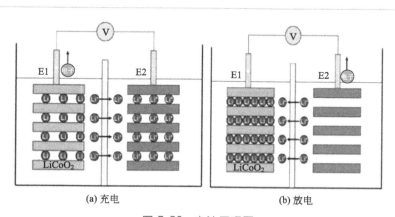

（a）充电　　　　　　　　　　（b）放电

图 5-30　电池原理图

（1）高容量硅碳负极

作为锂离子电池的重要组成部分，负极材料直接影响着电池的能量密度、循环寿命和安全性能等关键指标。硅是目前已知比容量（4200mA·h/g）最高的锂离子电池负极材料；但由于其超过300％的体积效应，硅电极材料在充放电过程中会粉化而从集流体上剥落，使得活性物质与活性物质、活性物质与集流体之间失去电接触，同时不断形成新的固相电解质层（SEI），最终导致电化学性能的恶化。为了解决这一问题，研究人员进行了大量探索与尝试，其中硅碳复合材料就是很有应用前景的材料。

碳材料作为锂离子电池负极材料，在充放电过程中体积变化较小，具有良好的循环稳定性和优异的导电性，因此常被用来与硅进行复合。在碳硅复合负极材料中，根据碳材料的种类可以将其分为两类：硅与传统碳材料和硅与新型碳纳米材料的复合。其中传统碳材料主要包括石墨、中间相微球、炭黑和无定形碳；新型碳材料主要包括碳纳米管、碳纳米线、碳凝胶和石墨烯等。采用硅碳复合时，利用碳材料的多孔作用，约束和缓冲硅活性中心的体积膨胀，阻止粒子的团聚、阻止电解液向中心的渗透，保持界面和SEI膜的稳定性。

现在很多企业已经开始致力于这种新型负极材料的研发。

（2）锂硫电池

锂硫电池是以硫元素作为电池正极、金属锂作为负极的一种锂电池。与一般锂离子电池最大的不同是，锂硫电池的反应机理是电化学反应，而不是锂离子脱嵌。锂硫电池的工作原理是基于复杂的电化学反应，到目前为止，对硫电极在充放电过程中形成的中间产物还未能进行突破性的表征。一般认为：放电时负极反应为锂失去电子变为锂离子，正极反应为硫与锂离子及电子反应生成硫化物，正负极反应的电势差即为锂硫电池所提供的放电电压。在外加电压作用下，锂硫电池的正负极反应逆向进行，即为充电过程。

锂硫电池最大的优势在于其理论比容量（1672mA·h/g）和比能量（2600W·h/kg）远高于目前市场上广泛使用的其他锂离子电池；而且由于单质硫储量丰富，这种电池价格低廉且环境友好。然而，锂硫电池也有以下缺点：单质硫的电子导电性和离子导电性差；锂硫电池的中间放电产物会溶解到有机电解液中，多硫离子能在正负极之间迁移，导致活性物质损失；金属锂负极在充放电过程中会发生体积变化，并容易形成枝晶；硫正极在充放电过程中有高达79％的体积膨胀、收缩。

解决上述问题一般从电解液和正极材料两个方面入手：电解液方面，主要用醚类的电解液作为电池的电解液，电解液中加入一些添加剂，可以非常有效地缓解锂多硫化合物的溶解问题；正极材料方面，主要是把硫和碳材料复合或者把硫和有机物复合，可以解决硫的不导电和体积膨胀问题。

（3）锂空气电池

锂空气电池是一种新型的大容量锂离子电池，由日本产业技术综合研究所与日本学术振兴会共同研制开发。电池以金属锂作为负极，空气中的氧气作为正极，两电极之间由固态电解质隔开；负极采用有机电解液，正极则使用水性电解液。

在放电时负极以锂离子形式溶于有机电解液，然后穿过固体电解质迁移到正极的水性电解液中；电子通过导线传输到正极，空气中的氧气和水在微细化碳表面发生反应后生成氢氧根离子，在正极的水性电解液中与锂离子结合生成水溶性的氢氧化锂。在充电时电子通过导线传输到负极，锂离子由正极的水性电解液穿过固体电解质到达负极表面，在负极表面发生反应生成金属锂；正极的氢氧根离子失去电子生成氧气。

锂空气电池通过更换正极电解液和负极锂可以无需充电，放电容量高达50000mA·h/g；能量密度高，理论上30kg金属锂与40L汽油释放的能量相同；产物氢氧化锂容易回收，环境友好。但是循环稳定性、转换效率和倍率性能是其不足之处。

2015年，剑桥大学格雷开发出高能量密度的锂空气电池，其充电次数超过2000次，能源使用效率在理论上超过90％，使锂空气电池的实用化又向前迈进了一步。

5.3.3 超级电容器

超级电容器也称为电化学电容器，基于其高功率密度（5~30kW/kg，高出锂离子电池10~100倍）、极短的充电时间（几分钟甚至几十秒）和超长的循环寿命（10^4~10^6 次），在能源储存领域受到了人们广泛的关注。

（1）超级电容器的分类

按照器件结构及储能机制，超级电容器整体可以分为三类：双电层电容器（EDLCs，Electric Double Layer Capacitors）、赝电容器（Pseudocapacitors，又称法拉第电容器）和非对称超级电容器（Asymmetric Supercapacitors）。非对称超级电容器涵盖较广，包括电容型非对称超级电容器（Capacitive Asymmetric Supercapacitors）和混合电容器（Hybrid Capacitors）。混合电容器的能量密度与其他超级电容器相比有明显提升，同时保留较高的功率密度和循环稳定性。

（2）超级电容器的能量储存机制

超级电容器的能量储存机制在整体上可以分为双电层电容器与赝电容器两类。在电化学体系内，双电层电容器是依赖于电解液内的带电离子在电极表面的净电荷吸附产生的双电层实现电荷存储的。这是一个纯净电荷吸附/脱附的过程，没有氧化还原过程参与，没有电荷穿过双电层。随着近些年先进表征技术和模拟计算的应用，人们对溶剂化带电离子在微孔结构内或碳材料表面形成双电层的过程有了更深入的认知和理解，离子排斥和离子交换同样也参与到电极材料表面净电荷形成的过程。

赝电容根据反应过程的不同分成以下三类：

① 低电势沉积电容　在较低外加电压下，质子（H^+）和铅离子（Pb^{2+}）吸附在贵金属（Ag、Au）表面。由于贵金属成本较高以及电压视窗较窄，低电势沉积很少应用到能量存储中。

② 氧化还原赝电容器　它是最常见的一种赝电容形式。它基于过渡金属氧化物（MnO_2、RuO_2 等）和导电高分子（PANi、PPy 等）表面及近表面的氧化还原反应过程，进行电荷的存储和释放。

③ 离子嵌入型赝电容　它的反应过程与嵌入型金属离子电池的过程十分类似，只不过基于电极材料晶格尺寸或纳米级的颗粒尺寸，离子嵌入型赝电容主要发生在电极材料的近表面。因此与嵌入型金属离子电池过程相比，其倍率性能和循环稳定性都有很大程度的提升。

（3）超级电容器展望

近年来，随着众多化学家、材料学家、物理学家和表征专家的不懈努力，电池和超级电容器得到了迅猛的发展。随着理论研究的不断深入、计算模拟手段的发展以及先进表征技术（特别是原位表征技术）的应用，使人们对电化学能量储存器件有了更深入的了解。与此同时，超级电容器领域的发展也迎来了以下全新的机遇和挑战。

a. 超级电容器的能量储存机制，双电层电容器及赝电容器需要进一步的深入研究。

b. 需要探索和开发新的电极材料，来辅助研究能量储存机制以及提升器件性能。

c. 电解液需要进一步的优化，来拓宽超级电容器的工作电压及能量密度。

d. 探索更多种类的低成本金属离子电容器，比如钠离子电容器、铝离子电容器等。

e. 更多先进的原位表征技术需要用于研究双电层电容器碳材料的结构、能量储存过程中离子动力学过程以及赝电容器能量储存、释放过程中材料结构的变化，以便于理解超级电容器的能量储存机制。

f. 限域孔隙内的能量储存过程很难被原位观察，因此需要借助于先进的计算手段来拟合材料结构，以及分析施加电压下的动力学过程。

g. 基于其高功率密度以及高循环稳定性和安全性，超级电容器与太阳能电池等能量获取器件及电子器件的集成可以实现柔性可穿戴器件的自供电和多功能化等特性。

h.严重的自放电是限制超级电容器广泛应用的重要原因之一。在未来超级电容器的研究中，减缓自放电过程将受到越来越多的重视。

5.4 纳米能源器件集成与应用

5.4.1 纳米能源储存与管理系统

除了独立作为能源收集装置以外，摩擦纳米发电机还可以与储能元件构成能源包[19~28]。2013年9月报道了一种将摩擦纳米发电机和锂离子电池相结合的柔性能源包，如图5-31所示。摩擦纳米发电机将施加的动能转化为电能，储存于锂离子电池中，使得锂离子电池可以源源不断地向外电路输出一个恒定的电压。

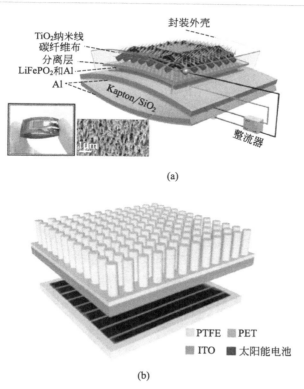

(a)

(b)

图 5-31 摩擦纳米发电机与锂离子电池[28] 和太阳能电池的结合[29]

5.4.2 摩擦纳米发电机在自驱动系统中的应用

摩擦纳米发电机从概念提出到目前为止，已经在多个传感领域得到广泛应用，如化学成分传感、压力/触觉传感、湿度传感、速度传感等。

（1）自驱动人机交互系统

2013 年 12 月提出的自驱动触觉成像系统如图 5-32(a) 所示，系统由摩擦纳米发电机阵列和发光二极管（LED）阵列组成。当触摸基板时，摩擦纳米发电机将压动的能量转化为电能点亮对应位置的 LED，实现触动位置的成像和运动轨迹的成像。

（2）自驱动振动和生物医学传感

2014 年 5 月提出的自驱动心脏起搏器如图 5-32(b) 所示。该系统包括可植入式摩擦纳米发电机和能量转换储存装置两部分。利用可植入式摩擦纳米发电机，收集呼吸运动部位产生的能量并储存起来，用于驱动商用心脏起搏器工作，产生与医用心脏起搏器一样的电脉冲。根据理论计算，老鼠每呼吸 5 次，通过可植入式摩擦纳米发电机收集的能量可成功驱动心脏起搏器工作 1 次。如果应用到人体，仅通过呼吸就能够连续驱动心脏起搏器正常工作。

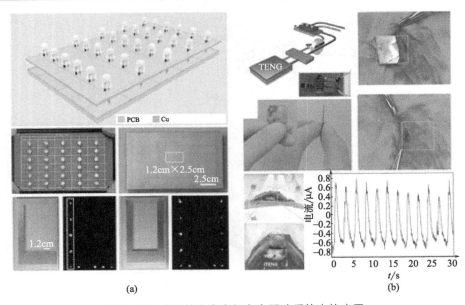

图 5-32 摩擦纳米发电机在自驱动系统中的应用

（3）移动物体自驱动传感

除了作为能源收集装置以外，摩擦纳米发电机还可以应用于主动式传感器领域，利用运动过程中产生的电信号，探测器件的受力、位移和速度。在摩擦纳米发电机的摩擦材料表面修饰合适的分子或基团后，还可以探测环境中的有害物质或危险物质。

摩擦纳米发电机被制备成球形在主动式加速度传感器中的应用如图5-33(a)所示，依据器件的输出电压实现主动式加速度传感器的功能，其灵敏度可达15.56V/g。将单电极式摩擦纳米发电机制备成叉指状阵列，可用作主动式的位置和运动轨迹探测［图5-33(b)］，实现主动式位置传感器的功能（采用编织金属丝的方式），其最小的分辨率可达到200μm。另外，在摩擦纳米发电机的表面修饰微纳结构后，可用于超灵敏的主动式应力传感器［图5-33(c)］，其灵敏度可达3.6Pa左右。

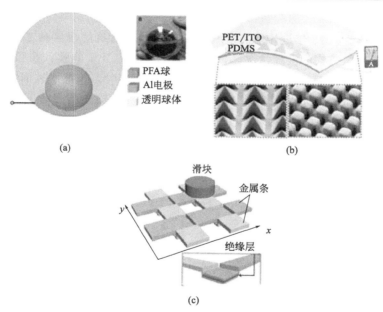

图 5-33　摩擦纳米发电机在主动式加速度传感器中的应用[30, 31]

（4）自驱动化学/环境传感

王中林团队于2013年设计出基于摩擦纳米发电机的化学成分传感器（图5-34），用于探测汞离子浓度。该工作主要利用金纳米颗粒和PDMS薄膜为摩擦材料。当液体中存在汞离子时，它会吸附在金纳米颗粒上，从而使金纳米颗粒的失电子能力增强，这样发电机的输出信号（电流和电压）也会增强。当溶液中汞离子浓度介于 100nmol/L～5μmol/L 之间时，其设计的摩擦纳米发电机都可有效地探测到。

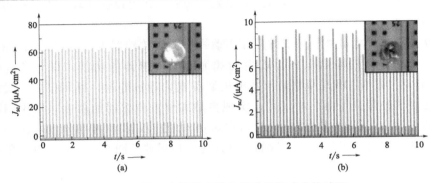

图 5-34　基于摩擦纳米发电机的化学成分传感器

Zhang 等于 2013 年设计出一个基于摩擦纳米发电机的湿度传感器，能够用于探测周围环境空气的湿度情况。该工作主要利用 PTFE 薄膜、铜和铝等材料。因为空气中的湿度不同（或者空气中乙醇含量不同）时，摩擦层表面的吸附状况也是不同的，所以不同湿度条件下摩擦纳米发电机的输出信号也是不同的。如图 5-35 所示，当空气湿度在 40％RH～80％RH 或乙醇浓度在 0％～100％范围改变时，该传感器的信号输出也是不断改变的。

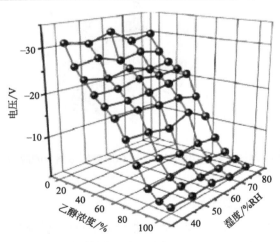

图 5-35　基于摩擦纳米发电机的湿度传感器

Lin 等于 2014 年设计出基于摩擦纳米发电机的紫外传感器，能够用来探测紫外线。该传感器主要由透明的 ITO 电极、PDMS 膜、TiO_2 纳米线阵列和镍电极组成。因为 PDMS 膜电负性比 TiO_2 纳米线要高，所以摩擦时 PDMS 膜带负电，而 TiO_2 纳米线带正电。当外界有紫外线照射到 TiO_2 纳米线阵列或者紫外线的强度发生变化时，TiO_2 纳米线阵列的电阻就会产生改变，从而摩擦纳米发电机的输出信号也会相应改变。如图 5-36 所示，该紫外传感器的输出电流、电压与紫外光的强度基本呈线性关系。当紫外光的强度从 $20\mu W/cm^2$ 增至 $7mW/cm^2$ 时，该紫外探测器可很灵敏地探测到。

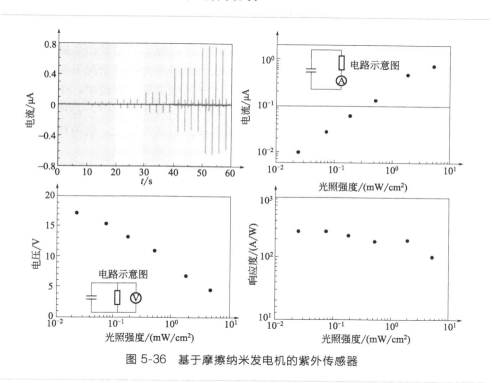

图 5-36　基于摩擦纳米发电机的紫外传感器

5.4.3　摩擦纳米发电机与蓝色能源

地球 70% 多的表面被海洋所覆盖，海洋能源取之不尽、用之不竭，人们称之为"蓝色能源"。与海底蕴藏的石油、煤炭、天然气等化石能源不同，也与海水中溶解的铀、锂、镁和重水等化学能源不同，海洋能源包括了多种不同形态的能量，如势能（潮汐能）、动能（波浪能、洋流能）、热能（海水温差能）及物理化学能（盐差能）等。它是一种新型的、绿色的、可再生的能源，既不容易枯竭，也不会造成污染。

　　人类自古就能利用海洋中的蓝色能源，在几百年前就出现了利用潮汐能的磨坊。中国是一个海洋能源丰富的国家，仅利用潮汐能发电就达上亿千瓦时，尤其浙江的舟山群岛及钱塘江等地区蓝色能源极为丰厚，而且比较容易开发和利用。

　　虽然海洋中蕴含了丰富的能量，但是由于受技术和条件所限，人们还无法高效地对其充分收集和利用。虽然人们很早就利用潮汐能来发电，但是并不是每一个地方都适合建造大坝等设施。而且更重要的还是现今的发电技术不够成熟，并不能非常有效地收集海洋中的蓝色能源。因为当今的发电技术还是基于又大又重的电磁发电机，其由缠绕的金属线圈、磁铁和螺旋桨等结构构成，如图5-37所示，该涡轮发电机高18m，固定在2500t重的基座上。其发电原理是基于法拉第电磁感应定律，当波浪或者潮汐推动螺旋桨转动时，螺旋桨会带动金属线圈在磁场中切割磁力线转动而产生电流。但是海水或者波浪在大部分情况下都是缓慢流动的，而且其推动螺旋桨转动的频率要远远低于其正常的工作频率，于是在此情况下电磁发电机收集能量的效率极其低下。此外，在海洋环境中，必须在海底建造平台来支撑庞大笨重的电磁发电机，或者直接固定在海床上。这两种固定电磁发电机的方式在技术上都存在一定的挑战，而且施工成本昂贵。

图 5-37　收集潮汐能的涡轮机

　　不同于现有的电磁发电收集海洋能的技术，可通过摩擦纳米发电机来高效地直接从海洋中收集能量。这种摩擦纳米发电机轻便、简单且成本低廉，能够有效地收集海洋中低频率的波浪等能量。

2013 年 8 月王中林团队首次将摩擦纳米发电机应用于波浪发电，如图 5-38(a) 所示，其结构采用封闭式的接触-分离模式，把波浪起伏的能量转化为电能；2013 年 12 月，一种类似于涡轮机的摩擦纳米发电机被提出［图 5-38(b)］，其结构类似于碟片形式的旋转式摩擦纳米发电机，在水流流下的过程中，水流带动一侧扇叶状碟片旋转，与另一侧扇叶不断地分离-重合，从而将水流的重力势能转化为电能；2014 年 3 月，独立模式再次被应用于海浪发电［图 5-38(c)］，其创新之处在于以水为一种摩擦材料，将具有分立电极的有机薄膜垂直插入水中，水波起伏的过程导致水面与有机薄膜之间的接触面积发生变化，从而驱动电子通过外电路在分立电极之间流动，将水面波动的能量转化为电能［图 5-38(d)］。这种模式除了用于海浪发电以外，还可以用于雨水发电。以上几种摩擦纳米发电机极大地拓展了水力发电的应用场合。

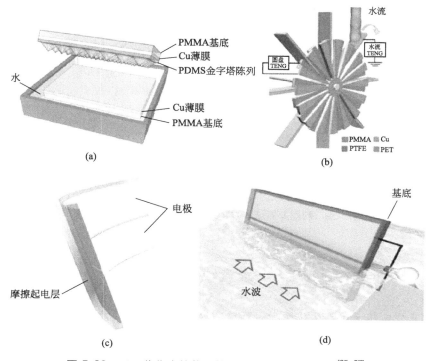

图 5-38　用于收集水的能量的三种摩擦纳米发电机[25~27]

其后，王中林团队又开发了一种"球中球"的结构，利用两种不同材质的小球在内部相对滑动收集海水波动能，如图 5-39 所示。采用这种结构不用担心海洋生物在外壳上附着，也不会对海洋造成污染。据预测，通过将一个个纳米发电小球三维网状连接，大约相当于山东省面积的海面能够发出满足全中国使用的能量。

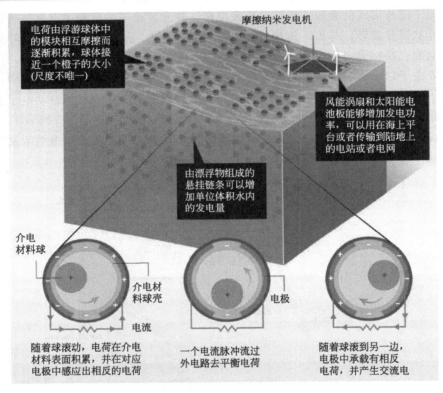

图 5-39　利用摩擦纳米发电机阵列收集海洋能源示意图

本章小结

纳米发电机无论在生物医学、环境监测、无线通信、无线传感甚至到个人携带式电子产品等方面都将有广泛的应用。这一发明有可能收集机械能（例如人体运动、肌肉收缩、血液流动等所产生的能量）、震动能（例如声波和超声波所产生的能量）、流体能量（例如体液流动、血液流动和动脉收缩所产生的能量），并将这些能量转化为电能提供给纳米器件，从而使纳米器件或纳米机器人实现能量自供，并能持久地运转。从大的方面看，纳米发电机所奠定的利用纳米结构实现机械能转换的科学原理甚至有可能应用于大范围的能量收集，例如风能和海浪能等。

参考文献

[1]　J. P. Holdren. Science. 2007, 315: 717.

[2]　Wang Z L, Scientific American , 2008, 1: 82.

[3]　Top 10 future technologies by New Scientist: http: //www. newscientist. com/article/me20126921. 800-ten-scifi-devices-that-could-soon-be-in-vour-hands. html? full = true.

[4]　MIT Technology Review: Top 10 emerging technology in 2009: http: //www. technologyreview, com/video/? vid = 257 = .

[5]　Digital Agenda: commission selects six future and emerging technologies (FET) projects to compete for research funding: http: //europa eu/rapid/press-ReleasesAction do? reference = IP/11/530&format = HTML&aged = 0&language = en&guilangu-age = en.

[6]　Winners of the 2018 Eni Awards announced: httpos: //www. eni. com/en-IT/media/press-release/2018/07/winners-of-the-2018-eni-a wards-announced. html.

[7]　Wang, Zhong Lin, and Jinhui Song. Piezoelectric nanogenerators based on zinc oxide nanowire arrays. Science, 2006, 312: 242-246.

[8]　Wang Z L. Catch wave power in floating nets. Nature, 2017, 542 (7640): 159-160.

[9]　Jagadish and S. J. Pearton (ed). Elsevier. 2006.

[10]　M. H. Huang, S. Mao, H. Feick, et al. Science, 2001, 292: 1897.

[11]　Wei, Yaguang, et al. Wafer-scale high-throughput ordered growth of vertically aligned ZnO nanowire arrays. Nano Letters, 2010, 10 (9) 2010: 3414-3419.

[12]　X. D. Wang, J. H. Song and Z. L. Wang. J. Materials Chemistry, 2007, 17: 711.

[13]　Z, L. Wang, J. H. Song. Science, 2006, 312: 242

[14]　X. D. Wang, J. H. Song, J. Liu, et al. Science, 2007, 316: 102.

[15]　S. Xu, Y. G. Wei, J. Liu, et al. Nano Letters. , 2008, 8: 4027.

[16]　Qin, Yong, Xudong Wang, Wang Z L. Microfibre-nanowire hybrid structure for energy scavenging. Nature, 2008, 451 (7180): 809-813.

[17]　Yang, Rusen, et al. Converting biomechanical enerev into electricity by a muscle-movement-driven nanogenerator. Nano Letters, 2009, 9 (3): 1201-1205.

[18]　Xu, Sheng, et al. Self-powered nanowire devices. Nature nanotechnology, 2010, 5 (5): 366.

[19]　Zhu, Guang, et al. Flexible high-output nanogenerator based on lateral ZnO nanowire array. Nano Letters, 2010, 10 (8): 3151-3155.

[20]　Henniker. J. Triboelectricity in polymers. Nature, 1962, 196 (4853): 474-474.

[21]　Davies, D. K. Charge generation on dielectric surfaces. Journal of Physics D: Applied Physics, 1969, 2 (11): 1533.

[22] Fan, Feng-Ru, et al. Transparent triboelectric nanogenerators and self-powered pressure sensors based on micropatterned plastic films. Nano Letters, 2012, 12 (6): 3109-3114.

[23] Wang, Zhong Lin, Aurelia Chi Wang. On the origin of contact-electrification. Materials Today, 2019, 351.

[24] Fan F-R, Tian Z-Q, Wang ZL. Flexible triboelectric generator. Nano Energy, 2012, 1 (2): 328-334.

[25] Zhu G, Pan C F, Guo W X, et al. Triboelectric-generator-driven pulse electrodeposition for micropatterning. Nano Letters, 2012, 12: 4960-4965.

[26] Wang SH, Lin L, Wang ZL. Nanoscale Triboelectric-Effect-Enabled Energy Conversion for Sustainably Powering Portable Electronics. Nano Letters, 2012, 12 (12): 6339-6346.

[27] Wang S H, Lin L, Wang Z L. Nanoscale triboelectric-effect-enabled energy conversion for sustainably powering portable e-lectronics. Nano Letters, 2012, 12: 6339-6346.

[28] Wane S H, Lin L, Xie YN, et al. Sliding-triboelectric nanogenerators based on in-plane charge-separation mechanism[J]. Nano Letters, 2013, 13: 2226-2232.

[29] Zhu G, Chen J, Liu Y, et al. Linear-grating triboelectric generator based on sliding electrification. Nano Letters, 2013, 13: 2282-2289.

[30] Yang Y. Zhou Y S, Zhang H L, et al. A single-electrode based triboelectric nanogenerator as self-powered tracking system. Advanced Materials, 2013, 25: 6594-6601.

[31] Wang S H, Xie Y N, Niu S M, et al. Freestanding triboelectric-layer-based nanogenerators for harvesting energy from a moving object or human motion in contact and non-contact modes. Advanced Materials, 2014, 26: 2818-2824.

第6章

纳米生物医用材料

6.1 生物医用材料概述

随着社会和经济发展，人类健康问题被赋予了更多关注。随着科学技术的不断革新，生物医用材料在多种疾病包括心脑血管、癌症等中得以应用，有效降低了死亡率，极大地提高了人类的健康水平和生命质量。生物医用材料是当代科学技术中涉及学科最为广泛的多学科交叉领域，涉及材料、生物和医学等相关学科，是现代医学两大支柱——生物技术和生物医学工程的重要基础。

生物医用材料（Biomedical Materials），是用来对生物体进行诊断、治疗、修复或替换其病损组织、器官或增进其功能的材料。生物医用材料可以是天然的，也可以是人工合成的，或者是两者的复合。生物医用材料作为研究和发展人工器官和医疗器械的材料基础，已经发展为当代材料学科的十分重要的分支。生物医用材料已经成为国内外学者和医生竞相研究的热点，为现代医学和人类健康提供了最大可能。生物医用材料不是药物，其作用不必通过药理学、免疫学或代谢手段实现，是保障人类健康的必需品，为药物所不能替代，但可与药物结合，促进其功能的实现。

生物医用材料的研究与开发必须依托于应用目标，生物医用材料科学与工程总是与其终端应用制品（一般指医用植入体）密不可分。同一种原材料应用目标不同，那么对材料的结构和性质要求便不同，制造工艺也会千差万别。因此，通常谈及生物医用材料，既指材料自身，也指医用植入器械[1]。

6.2 生物医用材料的分类与应用

生物医用材料有多种分类方法，按照临床用途可分为骨科材料，心脑血管系统修复材料，皮肤掩膜、医用导管、组织黏合剂、血液净化及吸附等医用耗材，软组织修复及整形外科材料，牙科修复材料，植入式微电子有源器械，生物传感器、生物及细胞芯片、分子影像剂等临床诊断材料，药物控释载体及系统等；按照在生理环境中的生物化学反应水平，可分为惰性生物材料、活性生物材料、可降解和吸收生物材料等。在本章中，按材料的组成和结构，生物医用材料可分为医用高分子材料、医用金属材料、医用无机非金属材料、医用复合材料、生物衍生材料、医用 3D 打印材料、纳米生物医用材料等，如图 6-1 所示[2]。本章重点介绍纳米生物医用材料。

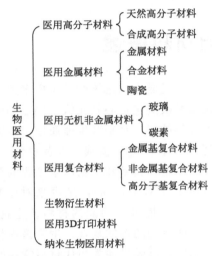

图 6-1 生物医用材料的分类（按照材料的组成和结构）

6.3 纳米生物医用材料的分类与应用

6.3.1 纳米生物医用材料的分类

纳米生物医用材料具有很好的生物相容性和力学性能，可分为生物相容性界面纳米材料、组织再生修复纳米材料、基因和药物传递纳米材料、生物诊断纳米材料等[3~6]。

6.3.2 纳米生物医用材料的应用

（1）生物相容性界面纳米材料

纳米生物医用材料的生物相容性和生物功能性是科学研究中的关键性问题。

将仿生学思想和微纳技术结合，利用对生命体微纳仿生结构的模拟，研究生物相容性行为和特定微纳结构的内在联系，这是生物相容性界面纳米材料的研究方向。

单分子自组装技术和微纳图案技术相结合可以构建各种模型表面，用来深入研究各种特定参数对细胞行为的影响。除此之外，层层组装技术是一种基于相反电荷组装体交替吸附的组装技术。通过该技术，人们不仅实现了对天然生物材料结构的模拟，也实现了血液相容性、细胞相容性、药物释放等功能的调控。另外，可以制备具有抗菌、抗凝和基因药物释放等功能的复合型生物材料，这种材料有望在组织工程薄膜支架等医用装置中得到很好的应用[7~9]。

（2）组织再生修复纳米材料

生物医用材料开始于18世纪。在20世纪80年代提出了"组织工程学"的概念，到了80年代以后，纳米生物医用材料应用于临床治疗并得到广泛认同。在生物工程中，组织工程及再生作为一个重要分支，具有巨大的应用前景。其主要目的是研究出用于临床治疗的再生组织，其研究内容包括支架材料、种子细胞、组织器官三维构建及移植应用四个方面。从纳米角度出发，开发并研制出可以用于组织工程的纳米生物医用材料将会极大地促进组织工程学的发展。下面简单介绍几种纳米生物医用材料。

① 纳米羟基磷灰石 在自然骨的骨质中，羟基磷灰石$[Ca_{10}(PO_4)_6(OH)_2$，HAP]的含量大约为69%，是一种针状结晶（长10~60nm，宽2~6nm），并且其周围规则地排列着骨胶原纤维。在硬组织修复材料研究中，研究人员尽可能地模拟天然的骨组织。目前研究最多的HAP纳米材料包括纳米HAP晶体、纳米HAP/高聚物复合材料和纳米HAP涂层材料。

纳米HAP材料的合成方法有溶胶-凝胶法、化学气相沉积法、水热法、前驱体水解法、模板法、超声波法、微乳液法和机械化学法等，图6-2为在透射电子显微镜下采用微乳液法制备棒状和球状纳米HAP的形貌图。经研究表明，纳米HAP材料具有比微米级HAP材料更好的生物活性、更强的骨融合性。当HAP的尺寸达到纳米级时会出现一系列的独特性能，包括高的降解性和吸收性。相对于传统的金属（如不锈钢、钛合金）和陶瓷（如氧化铝、氧化硅）类的骨替代材料，HAP具有抗腐蚀性强、骨诱导生成性强等优点。此外，经研究表明，超细HAP颗粒对多种癌细胞的生长有抑制作用，而对正常细胞无影响。因此，纳米HAP的应用研究引起了人们广泛关注[10,11]。

纳米HAP的应用主要集中在癌症治疗、药物载体、齿科材料和人工骨材料几方面。例如对于癌症治疗，由于纳米HAP材料表面存在大量的悬空键，提供较多的Ca^{2+}，可以通过细胞膜使癌细胞过度摄入，产生细胞毒性，抑制癌细胞的生长。四川大学用荧光免疫法和MTT法研究发现：棒状和椭球状的纳米HAP颗粒会使黑色素肿瘤细胞的细胞核收缩、破裂，进而抑制细胞的增殖。

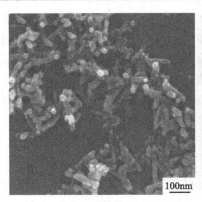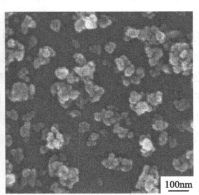

(a) 棒状　　　　　　　　　　　(b) 球状

图 6-2　采用微乳液法制备的棒状和球状纳米 HAP 的 TEM 图像

纳米 HAP 材料作为一种新型的生物医用材料，还有很多问题需要解决，例如如何能够低成本地制备大批高质量的纳米粉体。另外，由于脆性大、强度低、力学性能差等问题严重制约着纳米 HAP 材料应用于临床，因此需要开发新型纳米生物医用材料予以替代。

② 纳米 β-TCP　磷酸三钙（TCP）又称磷酸钙，化学式是 $Ca_3(PO_4)_2$，为白色晶体或无定形粉末。它存在多种晶型转变，主要分为低温 β 相（β-TCP）和高温 α 相（α-TCP），不溶于水和乙醇。它在人体中普遍存在，是一种良好的骨修复材料，在医学领域上受到广泛关注（医学领域上经常用的是 β-TCP）。

β-TCP 主要由钙、磷组成，其成分与骨基质的无机成分相似，与骨组织的结合能力好。人体细胞可以在 β-TCP 上进行生长、增殖和分化。β-TCP 具有独特的优势，包括对骨髓造血功能无不良反应、无毒性、不致癌变、无过敏反应等。β-TCP 可广泛应用在关节与脊柱融合、四肢创伤、口腔颌面外科、填补牙周的空洞等方面[12~15]。

纳米技术的出现给 β-TCP 的应用带来了新的契机。利用纳米技术制备出的纳米 β-TCP，可以作为细胞骨架，加速骨细胞的形成。

③ 纳米复合材料　纳米复合材料与单一组分的纳米结晶材料和纳米相材料不同，它是由构成复合材料的两相（或多相）微观结构中至少有一相的一维尺度达到纳米级尺寸（1~100nm）的材料。由于纳米复合材料可以模拟出与人体组织相近的细胞基质微环境，所以纳米复合材料的应用广泛。

纳米技术在 20 世纪 90 年代获得了突破性进展，纳米生物医用材料成为研究热点之一。例如壳聚糖/羟基磷灰石复合材料，羟基磷灰石和壳聚糖都是生物相容性、生物功能性良好的材料，壳聚糖能促进细胞黏附、润湿材料并包裹材料，使材料表面含大量游离氨基，具有高密度的阳离子，通过静电作用而黏附。因此该复合材料具有良好的生物相容性、生物活性、骨传导性及与自然骨矿物相组分的相似性等。然而，纳米复合材料在组织工程中的研究应用尚处于初期阶段，临床应用还有很多问题有待解决，例如，如何构建理想的细胞-纳米材料界面，如何较长时间保持培养细胞的存活率并维持其功能等。我们应制备具有特定功能的纳米"仿生"基质材料，更好地调控细胞的特异性黏附、增殖、分化等行为，使其具有良好的生物活性和生物相容性并应用于临床[16~20]。

（3）基因和药物传递纳米材料

20世纪70年代，医学领域提出了"基因治疗"这一概念。由于纳米生物医用材料具有良好的生物安全性，可以有效地实现基因靶向性，通过纳米材料的筛选、纳米粒径的控制及靶向物质的加载，可大大提高药物载体的靶向性和降低药物的毒副作用。纳米生物医用材料成为制备高效、靶向的基因治疗载体系统的良好介质。应用于纳米载药体系的材料需要具备安全无毒、生物相容性良好、可降解性等特征，而基于天然或人工合成高分子材料的有机纳米载药体系具有良好的生物相容性和可降解性，因此应用广泛[21~25]。

① 磷脂类材料　磷脂是生物体生命活动的基础物质，是一类含有磷酸的复合脂。其主要是由磷酸相邻的取代基团构成的亲水端和脂肪链构成的疏水链构成的。而目前的磷脂主要通过天然产物提取获得。为了改变磷脂的来源困难问题，近年来半合成或者全合成的方法得到了一定的发展。目前合成磷脂的主要有二棕榈酰磷脂酰胆碱（DPPC）、二棕榈酰磷脂酰乙醇胺（DPPE）、二硬脂酰磷脂酰胆碱（DSPC）以及聚乙二醇化磷脂等。其中 DPPC、DPPE、DSPC 等磷脂具有理化性质稳定、抗氧化性强、成品稳定等特点，是制备脂质体和微纳乳剂等纳米制剂的首选辅料。

② 聚合物纳米材料　由于传统的给药方式使得药物成分在体内迅速吸收，往往会引起不可接受的副作用，引起不充分的治疗效果。因此，为了避免传统常规制剂给药频繁所出现的"峰谷"现象，提高临床用药安全性与有效性，从而增加药物治疗的安全性、高效性和可靠性，一种良好的药物缓释辅料的应用在临床上具有很好的实际意义。目前作为控制释放体系的药物载体材料大多是高分子聚合物材料。而高分子聚合物材料分为天然高分子和人工合成高分子，其中，天然高分子包括多糖和多肽，如淀粉及其衍生物、纤维素衍生物、甲壳素等；人工合成高分子包括脂肪族聚酯、聚氨基酸、聚氨酯等[26~28]。

对于聚氨酯，大量动物实验和急慢性毒性实验证实，医用聚氨酯无毒、无致畸变作用，对局部无刺激性反应和过敏反应，聚氨酯在医学领域上应用具有较好的生物相容性[29]。刘育红[30] 等以木质素、改性木质素为原料代替多元醇合成聚氨酯，以硝苯地平为模型药物，利用悬浮缩聚法制备具有缓释性能的载药微球。微球药物释放性能好，且对温度湿度稳定，因此聚氨酯可以作为很好的药物释放载体材料。

（4）生物诊断纳米材料

现代生物学技术的迅速发展，对传统的检测和诊断方法提出了挑战，要求建立实时、原位、动态的检测方法。传统的光、电生物化学传感器已经不能满足需求，因此发展新型的、无创、实时、动态监测已经成为研究热点。近年来，随着纳米技术的不断发展，以纳米粒子为基础的新型传感技术不断涌现。这些新型传感技术，不仅可以帮助解决生命中的重大问题，而且可以早期诊断和治疗某种疾病。下面对某些用于诊断的纳米粒子（如半导体纳米量子点、磁性纳米粒子）作简单介绍。

① 量子点　随着纳米材料的不断突破与创新，量子点逐渐进入研究人员的研究范围。它是一种准零维的纳米材料，在发光领域内占有重要位置。自 1964 年量子点概念提出以来，人们接连合成了许多不同种类的量子点，它们由ⅡB～ⅥA族或ⅢA～ⅤA族元素组成。图 6-3 为透射电子显微镜下碳纳米点的形态。半导体纳米颗粒的性质是由其量子尺寸决定的。这一类比较特殊的荧光纳米材料的激发谱带宽、发射光谱窄而对称、光稳定性好、亮度高，因此在生物检测、活体成像及光电器件开发等领域有着广泛的应用。

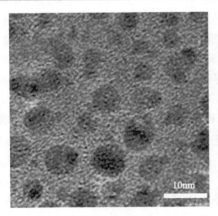
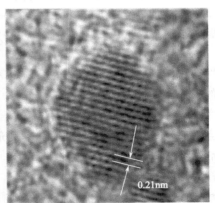

(a) TEM图像透射电镜图　　(b) TEM图像高分辨透射电镜图

图 6-3　透射电子显微镜下碳纳米点的形态

由于有机染料在长时间下不能抵抗光漂白，量子点荧光探针的优势就显现出来了。到目前为止，许多近红外量子点已被应用于成像技术，如细胞成像、组织成像和身体成像等。苏州大学等使用牛血清白蛋白（BSA）模拟 Ag_2S 顺磁量子点的矿化用于肿瘤成像。这种方法的优势是具有模拟可控性，而且纯化过程相对简单；其缺点是需要添加化学反应性前驱体。南开大学通过水热法制备了 Cu 掺杂的 CdS 量子点，用于 Hela 细胞成像。由此看来，官能化的量子点将成为一种潜在的工具用于细胞成像。此外，量子点可以应用于生物标记，例如湖南大学开发了利用阳离子共轭聚合物共掺杂近红外 CdTe/CdS 量子点荧光探针，成功用于 H_2O_2 和葡萄糖的新型酶测定。

　　② 磁性纳米材料　磁性纳米材料是一类能够被外加磁场操控的纳米材料的统称，通常由具有铁磁性的铁、钴、镍及其相应的化合物组成。其中，以铁或铁化合物组成的磁性纳米材料应用较多。图 6-4 为透射电子显微镜下涡旋磁性 Fe_3O_4 纳米环的形态。磁性纳米材料由于其磁性的特点，在生物医学领域都有着广泛的应用，其中在磁共振成像、磁热治疗、磁生物分离、靶向载药和模拟酶催化应用等方面的研究较为广泛和充分。

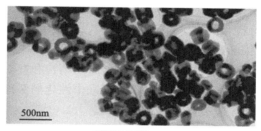

(a) SEM图像　　　　　　　　　　(b) TEM图像

图 6-4　涡旋磁性 Fe_3O_4 纳米环的 SEM 图像和 TEM 图像

　　除了受磁性纳米材料本身的影响，纳米材料表面修饰的生物靶分子也会影响磁性纳米探针的性能。目前，磁性纳米材料表面一般修饰抗上皮细胞黏附因子（EpCAM）的抗体用于循环肿瘤细胞（CTCs）的特异性识别[31]；除此之外，功能性多肽修饰的磁性纳米材料亦可用于血液中检测少量癌细胞。而采用功能纳米微球作为高性能体内显影剂用于增强活体分子影像诊断，是高性能诊断纳米材料的重要方向。我国科学家也成功开发出应用超顺磁氧化铁脂质体纳米粒进行肝癌诊断的技术，可以发现直径在 3mm 以下的肝肿瘤，还能发现更小的肝转移癌病灶。

6.4　纳米生物医用材料的发展趋势

　　随着纳米技术的迅速发展，纳米技术将渗透到生活的各个领域。纳米生物医用材料作为一种新兴的生物材料，能够很好地解决传统材料的许多弊端，在生物医用领域表现出了独特的优势，具有很好的应用前景。纳米技术的不断发展，进一步提高了纳米生物相容性和纳米生物的安全性，使得纳米技术可以精准地实现目的基因靶向、智能化传递和生物诊断等，未来应用纳米生物医用材料来检查和诊断身体的健康和疾病将变得更加广泛，相信纳米生物技术可以更好地造福人类。

本章小结

  本章按照材料的组成和结构进行分类，介绍了传统的生物医用材料（包括生物高分子、医用金属、医用无机非金属以及生物医用复合材料）。这些材料在包括作为心脑血管介入材料、牙科材料、骨科修复材料和医用导管以及生物相容性界面等方面得到了广泛应用。研发人员根据材料的结构和功能特点并结合应用领域的需求等，设计并制备出各类生物医用材料，以使材料充分发挥其作用，尤其是使这些材料更好地应用在医疗器械领域。另外，本章也介绍了生物衍生材料、3D打印材料和纳米材料等新兴材料，这些利用新兴技术得到的材料在组织再生修复、基因和药物传递、生物诊断等方面展现了极大的应用前景。总的来说，生物医用材料的发展离不开我们对材料的结构和性能以及疾病研究中认知水平的不断提升。同时，生物医用材料为未来个性化的医疗提供了坚实的物质基础，为生物体的机体修复提供了极大的便利。

参考文献

[1] 张黎，于炎冰，徐晓利. 壳聚糖材料在神经导引管桥接周围神经缺损中的应用 [J]. 生物医学工程研究，2005，24（3）：183-186.

[2] 钟婧，何卓晶，陶薇，等. 壳聚糖季铵盐作为基因递送载体的初步研究 [J]. 中国组织工程研究，2009，13（12）：2373-2377.

[3] 牛梅，戴晋明，侯文生，等. 载银壳聚糖复合物的结构及其抗菌性能研究 [J]. 材料导报，2011，25（10）：15-18.

[4] Xi M M, Zhang S Q, Wang X Y, et al. Study on the characteristics of pectin-ketoprofen for colon targeting in rats [J]. International Journal of Pharmaceutics, 2005, 298 (1): 91-97.

[5] 谢宁宁，陈小娥，方旭波，等. 柔鱼皮明胶制备工艺及性质研究 [J]. 食品科技，2010，35（5）：129-132.

[6] 郑学晶，李俊伟，刘捷，等. 双醛淀粉改性明胶膜的制备及性能研究 [J]. 中国皮革，2011，40（23）：28-31.

[7] Wang Y, Jie J, Jiang X, et al. Synthesis and antitumor activity evaluations of albuminbinding prodrugs of CC-1065 analoy

［J］. Bioorganic & Medicinal Chemistry, 2008, 16（13）: 6552-6559.

［8］ 谭英杰，梁玉蓉. 生物医用高分子材料［J］. 山西化工，2005，25（4）: 17-19.

［9］ 于振涛，周廉，王克光，等. 一种血管支架用β型钛合金［P］. 陕西: CN1490421. 2004-04-21.

［10］ 杨锐，郝玉琳. 高强度低模量医用钛合金Ti2448 的研制与应用［J］. 新材料产业，2009，6: 10-13.

［11］ 于振涛，张明华，余森，等. 中国医疗器械用钛合金材料研发、生产与应用现状分析［J］. 中国医疗器械信息，2012，18（7）: 1-8.

［12］ 余森，于振涛，韩建业，等. Ti-6Al-4V 医用钛合金表面载银涂层的制备和抗菌性能研究［J］. 生物医学工程与临床. 2013，6: 517- 522.

［13］ 王家琦，尚剑，孙晔，等. 钛合金表面抗菌涂层: 抗菌能力及生物相容性［J］. 中国组织工程研究. 2015，19（25）: 4069-4075.

［14］ 任伊宾，杨柯，张炳春，等. 一种医用植入奥氏体不锈钢材料［P］. 辽宁: CN 1519387,2004-08-11.

［15］ 史胜凤，林军，周炳，等. 医用钴基合金的组织结构及耐腐蚀性能［J］. 稀有金属材料与工程. 2007，36（1）: 37-41.

［16］ 任伊宾. 一种新型血管支架用无镍钴基合金［J］. 稀有金属材料与工程. 2014，4（S1）: 101.

［17］ 张广道. AZ31B 生物可降解镁合金植入兔下颌骨生物学行为的实验研究［D］. 沈阳: 中国医科大学，2009.

［18］ 崔福斋，郭牧遥. 生物陶瓷材料的应用及其发展前景［J］. 药物分析杂志. 2010，（7）: 1343-1347.

［19］ 李世普. 1985 年国家技术发明奖三等奖，项目名称: 纯刚玉—金属复合新型人工股骨头假体，1985.

［20］ 杨为中，周大利，尹光福，等. A-W 生物活性玻璃陶瓷的研究和发展［J］. 生物医学工程学杂志，2003，20（3）: 541-545.

［21］ 顾汉卿，徐国风. 生物医学材料学［M］. 天津: 天津科技翻译出版公司，1993: 403-418.

［22］ 黄传勇，孙淑珍，张中太. 生物陶瓷复合材料的研究［J］. 中国生物医学工程学报，2000，19（3）: 281-287.

［23］ 李瑞端，张洪彬，戴传波，等. 功能聚乳酸改性羟基磷灰石有机无机复合材料的制备［J］. 科学技术与工程，2017，17（19）: 99-102.

［24］ 刘涛. 丝素蛋白/介孔生物玻璃陶瓷骨修复复合材料的制备与性能研究[D]. 杭州: 浙江大学，2014.

［25］ Lü W D, Zhang M, Wu Z S, et al. Decellularized and photooxidatively crosslinked bovine jugular veins as potential tissue engineering scaffolds［J］. Interactive cardiovascular and thoracic surgery, 2009, 8（3）: 301-305.

［26］ 周悦婷，项舟，阳富春，等. 生物衍生材料构建组织工程肌腱体内植入的实验研究［J］. 中国修复重建外科杂志，2003，17（2）: 152-156.

［27］ 沈家骢. 纳米生物医用材料［J］. 中国医学科学院学报，2006，28（4）: 472-474.

［28］ 张胜男. 生物医用纳米复合材料的制备与性能评价[D]. 天津: 天津大学，2007.

［29］ 郭锦棠，刘冰. 热塑性聚氨酯生物材料的合成及表面改性进展［J］. 高分子通报，2005（6）: 43-50.

［30］ 刘红红，席丹. 聚氨酯缓释微球的制备及其体外释放性能的研究［J］. 功能高分子学报，2004，17（2）: 207-213.

［31］ 程世博，谢敏. 磁性纳米材料在循环肿瘤细胞检测中的研究进展［J］. 大学化学，2016，31（11）: 1-10.

第7章

纳米加工技术与纳米器件制备

7.1 纳米加工技术

7.1.1 光刻技术

光刻是一种精密的微细加工技术。它是将掩膜板上的图形转移到涂有光致抗蚀剂（或称光刻胶）的衬底上，通过一系列生产步骤将衬底表面薄膜的特定部分除去的一种图形转移技术。光刻技术是芯片制造的核心工艺，是集成电路制造的最关键步骤[1~3]。

7.1.1.1 光刻工艺流程

光刻工艺的三个主要部分就是光刻胶、掩膜板以及光刻机。光刻胶[4,5]是由光敏化合物、基体树脂和有机溶剂组成的胶状液体；受特定波长光线作用，导致化学结构变化，使其溶解特性改变。掩膜板是光刻工艺加工的基准，其质量直接影响光刻质量，从而影响集成电路的性能和成品率。在硅平面器件生产中，掩膜板制造是关键性工艺之一，掩膜板包含着预制造的集成电路特定层的图形信息，决定了组成集成电路芯片每一层图形的横向结构与尺寸。光刻工艺流程主要分为涂胶、前烘、曝光、显影、坚膜、腐蚀和去胶等七个步骤，如图 7-1 所示。

（1）气相成底膜

光刻的第一步是清洗、脱水和硅片表面成底膜（六甲基二硅胺烷，HMDS）处理，目的是增强硅片和光刻胶的黏附性（图 7-2）。

（2）旋转烘胶

不同的光刻胶要求不同的旋转涂胶条件（一般选择速度为先慢后快），一些光刻胶应用的重要指标是时间、速度、厚度、均匀性、颗粒污染以及缺陷（如针孔）。

（3）软烘

软烘即蒸发光刻胶中的溶剂。蒸发溶剂可以提高光刻胶的黏附性和均匀性。

过多的烘烤和过少的烘烤都会影响曝光效果。软烘的目的就是将硅片上覆盖的光刻胶溶剂去除以及增强光刻胶的黏附性，以便在显影时光刻胶可以很好地黏附在硅片表面。软烘的温度和时间视具体光刻胶和工艺条件而定。

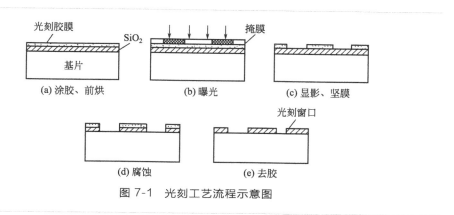

图 7-1　光刻工艺流程示意图

（4）对准和曝光

曝光技术[6] 主要分为以下三种（图 7-3）。

① 接触式曝光　光的衍射效应较小，因而分辨率高。但是易损坏掩膜图形；由于尘埃和基片表面不平等，存在曝光缝隙而影响成品率。

② 接近式曝光　硅片和掩膜板的间距有 $5\sim25\mu m$，延长了掩膜板的使用寿命，但光的衍射效应严重，分辨率为 $2\sim4\mu m$。

③ 投影式曝光　掩膜不受损伤，提高了对准精度，减弱了灰尘微粒的影响，已成为主要方法。缺点是投影系统光路复杂，对物镜成像能力要求高，主要受限于衍射效应。

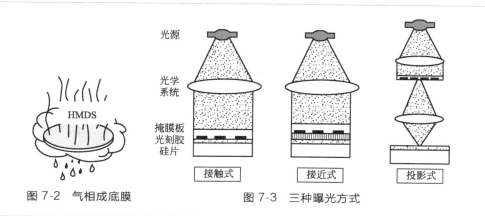

图 7-2　气相成底膜　　　　图 7-3　三种曝光方式

（5）曝光后烘焙

曝光后烘烤（PEB）可以减小驻波效应，激发化学增强光刻胶的光致产酸剂（PAG）产生的酸与光刻胶上的保护基团发生反应，并移除基团，使之能溶解于显影液。

（6）显影

通过显影液溶剂溶解掉光刻胶中软化部分，将掩膜板图形转移到光刻胶上。

（7）坚膜烘焙

显影后的热烘焙称为坚膜烘焙，目的是蒸发掉剩余的溶剂使光刻胶变硬。此处理提高了光刻胶对衬底的黏附性，并提高了光刻胶的抗刻蚀能力。坚膜也去除了剩余的显影液和水。过高的坚膜温度会造成光刻胶变软和流动，从而造成图形变形。

（8）显影检查

显影检查主要是通过光学显微镜、CD测量以及电子显微镜样片测量等手段检查出不合格硅片，以进行及时返工处理。

7.1.1.2　光刻技术的分类

（1）紫外光刻、深紫外光刻[7]

紫外光刻技术主要以汞灯或氙灯所产生的紫外光为光源，深紫外光刻技术主要以 KrF 准分子激光和 ArF 准分子激光为曝光光源。深紫外光刻的原理是在物镜的最后一个透镜与抗蚀剂和硅片之间充满高折射率液体，使数值孔径能够大于1，从而实现了提高分辨率、增大焦深的目的。

（2）极紫外光刻[8,9]

极紫外光刻技术（EUVL）作为实现 32～22nm 分辨率的优选光刻技术之一，近5年取得了很大的进展。该技术在20世纪80年代提出并验证，EUVL利用波长 13.5nm 或 11.2nm 光源、非球面反射物镜实现缩小投影曝光。近20年，业界一直认为 EUVL 是最有希望的下一代微芯片生产工艺。在1997年，Intel、AMD、摩托罗拉联合成立了一家名为"EUV Limited Liability Corporation"的公司，想在 100nm 取代深紫外光刻，后者已在 45nm 上量产，并认为能延续到22nm。著名的光刻设备开发商 ASML 表示，浸没式显影已经遇到技术瓶颈，EUVL 则是最具潜力的接棒者。若浸没式显影技术进一步突破，必须寻找其他的液体取代纯水，而聚焦镜头材料也要重新研发，这两种途径都已经出现瓶颈。

（3）电子束光刻[10,11]

电子的波长小于 0.1nm，所以衍射效应及其加在光学光刻系统上的限制对于电子束系统来说都不是问题。电子束光刻系统主要分为直写式电子束光刻系统和投影式电子束光刻系统。直写式电子束光刻（EBL）系统多用来制造掩膜板，也可用来在晶圆片上直写产生图形。大部分直写系统使用小电子束斑，相对晶圆片进行移动，一次仅对图形曝光一个像素。

（4）X 射线光刻[12]

在 X 射线光刻研究中，目前比较普遍应用的是同步辐射射线源，其造价昂贵是阻碍 X 射线光刻进入实用化的主要因素。另外，难以获得具有良好机械物理特性的掩膜衬底也是影响 X 射线光刻应用的重要因素。虽然 X 射线光刻目前还很难动摇光学光刻的地位，但是由于 X 射线的强穿透能力，可用于大深宽比的微结构的制作，因而对制作微机械、微系统和特殊的微电子器件具有广阔的应用前景。

（5）干涉光刻[13,14]

光刻图形利用激光束的干涉来生成，经过双光束、多光束一次曝光或多次曝光产生周期图形。利用的是傅立叶频谱综合法。干涉光刻的优点是能综合出大面积、高空频的微细结构；缺点是相对光强和相对位相难以控制，综合的形状只是近似的，制作任意面型的微细结构相当困难。

7.1.2 直写技术

（1）直写技术的分类

直写技术是一种不断完善的微电子加工技术，它可直接根据计算机控制来构筑结构和功能单元，而不需要复杂的中间制造步骤。直写技术大大缩短了产品的准备时间，使制作复杂的几何图形成为可能。直写技术包括墨水直写、静电纺丝直写、激光直写等，根据不同的构型需求选取适当的直写技术。

① 墨水直写　墨水直写从广义上讲，是基于油墨打印、基于挤出打印或基于油墨/挤出混合体打印，属于一组层层制造的技术，它们大部分执行以下步骤。

a. 直接利用液体原料或通过熔化固体原料，在表面沉积液体或半固态液滴。

b. 通过溶剂蒸发、相变、结晶或聚合物交联将液滴凝固。

c. 将沉积材料与现有层和先前层结合。

墨水可以一种形式或多种形式存在：胶体悬浮液、纳米粒子填充溶液、有机溶剂或无机溶剂中的溶胶。如墨水 3D 打印，利用移动油墨沉积喷嘴，创建预定义的三维模型的结构。这些油墨通过液体蒸发、凝胶化或溶剂引起的相变，在气压下挤压时固化形成三维物体。Gratson[15] 等用聚合物墨水通过一层一层地直接写入组装成类木桩结构中三维聚合物支架（图 7-4）。

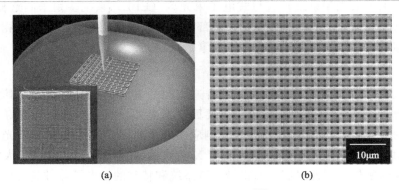

图 7-4　墨水 3D 打印[15]

② 静电纺丝直写　静电纺丝直写技术植根于传统的静电纺丝技术，可在刚性或者柔性的平面或弧形基板上大规模沉积高度对准的纳米粒子，具有非接触、实时调整和可控的特点，可用于制备直径从微米级到纳米级的纤维。近年来，在高长宽比电纺纳米粒子的精确沉积方面有了很大的改进，具有可控的取向和位置。基于微/纳米结构的大尺度微结构可以很容易地直接旋转。这种控制单个或排列的微/纳米材料的功能，使人们对其在制造柔性电子产品上的应用产生了极大的兴趣。Chen[16] 等用 In_2O_3 前驱体溶液在基底上静电纺丝直写二维阵列结构如图 7-5 所示。

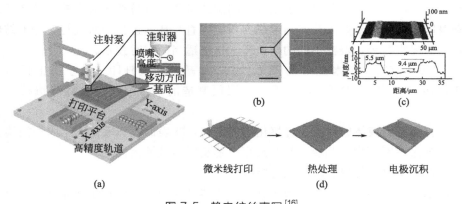

图 7-5　静电纺丝直写[16]

③ 激光直写　激光直写是将激光作用于材料的成型方法。基于聚焦激光对基体上的其他材料进行聚合、还原、熔融、烧结等反应，这种微图形化方法已经发展起来，并应用于各种电子设备的制造。激光直写可将气态、液态、固态前驱

体材料沉积成为三维结构，也可通过激光高能聚焦作用对原有材料改性。根据作用方式不同，激光直写可分为激光直接切割、激光诱导传送、多光子聚合等。与其他方法相比，这些激光直写技术的优点是：低温、反应时间短、环保、节能、绝缘基片上无催化剂生长、生产率高、重现性好、可扩展性好、对实验参数的控制良好。Gao[17] 等利用激光直写可在氧化石墨烯薄膜上合成还原石墨烯，并制作还原石墨烯图案（图7-6）。

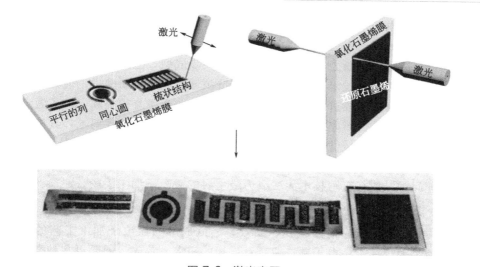

图 7-6 激光直写

（2）直写技术的应用

① 墨水直写　墨水直写作为一种新兴的微电子器件加工方法，已被广泛应用于微电子领域。和传统的微电子器件制造技术相比，墨水直写制作过程更加温和便捷。墨水直写一般可制备微电子电极和导电连接组件、其他功能元件，也可制备一体化微电子器件。墨水3D直写经过最近几年的发展已不再是简单层层堆叠制作三维支架的概念，其材料和方式不断多元化，且最小构型尺寸降低至几微米，已广泛应用在微电子、光伏、能源、组织工程等领域。

② 静电纺丝直写　静电纺丝直写在可控沉积和单个或排列的微/纳米粒子的集成方面具有独特优势。静电纺丝直写的优势也来自于它直接制造精细的微/纳米结构的潜力，例如用于制作光探、气敏传感器件、薄膜晶体管等，可以应用在可弯曲的柔性基底上，这对于传统的制造工艺来说是相当困难的。这种优势使静电纺丝直写技术可应用于制造各种传感器件以及电子元件。

③ 激光直写　激光直写技术可在氧化石墨烯或聚合物前驱体上激光写入，

产生所需的导电模板，使电路和电极的制作能够一步完成。因此，这种激光辅助改性是一种方便的方法，可以实现快速、大规模化制作石墨烯器件，并且优化的激光处理可以产生高质量的单层石墨烯图案。激光直写辅助器件的发展对微型超级电容器、气体传感器、光伏电池等都具有重要的应用价值。

（3）直写技术存在的问题

直写技术为微电子加工工艺提供了一个更好的方法，能够更加方便快捷地制造具有特定功能的结构。这种技术简化了微电子加工工艺，大大缩短了加工时间，是未来微电子加工的发展方向。直写技术具有很强的结构设计性，但是墨水直写技术和静电纺丝直写技术完成之后一般还需要额外的加工步骤（如干燥、煅烧）进行后续处理。激光直写虽然能够实现一步成型，但加工效率相对较低。由此可看出，虽然直写技术在微电子器件制造领域的应用不断推进，但是仍然存在许多问题有待解决和改进。首先，直写的精度和分辨率有待提高，除了激光直写以外的直写技术的分辨率的精度不能达到很多加工工艺的精度要求，其中墨水直写受限于墨水的流动特性，静电纺丝直写受限于前驱体溶液的流动性，并且对基底有一定的要求限制了其应用；其次，直写技术还存在加工成本比较高、技术不够成熟等问题，使得直写技术无法成为最主要的微电子加工手段。

（4）直写技术的发展趋势

直写技术在未来应向多样化、高效率、低成本的微电子加工工艺的方向发展，以满足大规模柔性电子制造业日益增长的需求。首先，需要更多种类的材料（如低成本材料、复合材料）应用于直写技术的研究开发，这样才能更好地适应电子技术的发展。其次，要使直写技术适应多样化的基体，如静电纺丝直写进一步扩展到非平面不规则平台上打印 2D/3D 微电子器件。最后，提高直写效率，如激光直写用更短时间制作出精度高的微电子器件。近年来，随着材料化学、激光技术、热流体建模和控制系统等方面的重大进步，直写技术在微米和纳米尺度上获得了更高的分辨率，成为微电子制造的一种可行技术。尽管还处于初级阶段，但是微型直写制造技术在成本、时间和培训方面大大降低了门槛，从而能制造大规模、形状更复杂的微电子零件。直写技术的出现为微电子制造加工提供了更多选择，为微电子器件的发展开启了一扇新的大门。直写技术和微电子器件的结合将有助于提升人类生活品质，促进科技的进步。

7.1.3　纳米压印技术

纳米压印是一种通用的纳米结构制造技术。在这种技术中，通过冲压过程复制母模，通过物理接触将液体材料塑造成印模的逆形状，使材料凝固，并除去印模。从 1995 年普林斯顿大学 Stephen Y. Chou 教授首次演示热压印开始，这项技术已经得到了迅速的发展[18]。各种创新的纳米压印工艺的研究陆续开展，其实验结果越来越令人满意，目前大概可以归纳出三种代表技术：热压印技术、紫外固化压印技术、微接触压印技术。纳米压印技术为纳米制造提供了新的机遇，被誉为十大可改变世界的科技之一[19]。

　　热压印技术作为一种微成型技术，可追溯到 20 世纪 70 年代[20]。其工作原理如图 7-7 所示，首先利用电子束直写技术制作一个具有纳米图案的模板，然后将基板上的热塑性材料（如 PMMA、PVDF 等）加热到玻璃转换温度以上，利用机械力将模板压入高温软化的热塑性材料层内，并且维持高温、高压一段时间，使热塑性高分子光刻胶填充到模板的纳米结构内。待冷却成型之后撤去压力，将模板与基板脱离，即可以复制出与模板等比例的图案。

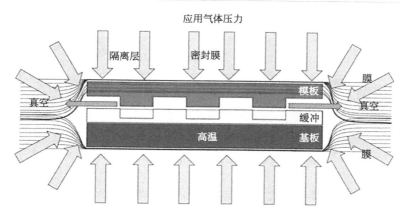

图 7-7　热压印示意图

　　然而，应用于热压印技术的热塑性高分子材料必须经过高温、高压、冷却的相变化过程，在脱模之后压印的图案经常会产生变形现象，因此使用热压印技术不易进行多次或三维结构的压印，且热压印大大限制了转印图案的尺度。为了解决此问题，有人开始研发可以在室温、低压下使用的紫外压印技术[21]。后来提出一种在室温、低压环境下利用紫外光硬化高分子的压印光刻技术，其前处理与热压印类似：首先准备一个具有纳米图案的模板，而紫外硬化压印光刻技术的模板材料必须使用可让紫外线穿透的透明材料（如石英），并且在硅基板涂布一层低黏度、对紫外感光的液态高分子光刻胶，将模板和基板对准完成后将模板压入光刻胶层并且照射紫外光，使光刻胶发生聚合反应硬化成型；然后脱模并刻蚀基板上残留的光刻胶便完成整个转移流程，如图 7-8 所示。紫外压印相对于热压印来说，不需要高温、高压的条件，在纳米尺度得到高分辨率的图形，可用于发展纳米器件。这种压印技术工艺和工具成本较低，而且在其他方面〔如工具寿命、模具寿命（不用掩膜板）、模具成本、产量和尺寸重现精度等〕也和光刻技术一样好或更好。但其缺点是需要在洁净环境下进行操作。

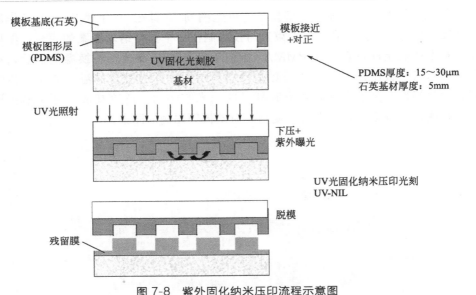

图 7-8　紫外固化纳米压印流程示意图

为了进一步优化紫外固化压印技术，出现了微接触压印技术[22,23]。这项技术是从纳米压印技术派生出来的另一种技术，因该技术使用的模具是软模，故又称为软印模技术。其工作原理与上面提到的两种压印技术有共同之处，但稍有改变，首先需要通过光学或电子束光刻得到模板。模具材料的化学前驱体在模板中固化、聚合成型后从模板中脱离，便得到了进行微接触印刷所要求的模具。接着PDMS模具浸在含硫醇的试剂中，然后将浸过试剂的模具压到镀金衬底上，衬底可以为玻璃、硅、聚合物等多种形式。另外，在衬底上可以先镀上一薄层钛层再镀金，以增加粘连。硫醇与金发生反应，形成自组装单分子层SAM。印刷后有两种工艺对其处理。一种工艺是采用湿法刻蚀，如在氰化物溶液中，氰化物离子促使未被单分子层覆盖的金溶解，而由于单分子层能有效地阻挡氰化物离子，被单分子层覆盖的金被保留，从而将单分子层覆盖的图案转移到金上。还可以进一步以金为掩膜，对未被金覆盖的地方进行刻蚀，再次实现图案转移。另一种工艺是在金膜上通过自组装单层的硫醇分子来连接某些有机分子实现自组装，如可以用此方法加工生物传感器的表面。微接触纳米压印技术相比较于其他压印技术的最大优势在于模具尺寸大、生产效率高，其使用 PDMS 作为压印模能够有效地解决压印模具和硅片之间的平行度误差以及两者表面的平面度误差。但是正因为 PDMS 模具良好的弹性，在将涂于模具表面的硫醇转移到抗蚀剂表面时会发生模具和抗蚀剂之间的相对滑动，导致被转移图形变形和缺损。该方面缺点是在亚微米尺度印刷时硫醇分子的扩散将影响对比度，并使印出的图形变宽。通过优化浸液方式、浸液时间，尤其是控制好模具上试剂量及分布，可以使扩散效应下降。

武汉大学刘泽报道了一种利用超塑性纳米压印（SPNI）技术在熔融温度以下制备晶态金属纳米线阵列作为强 SERS 活性基底，其纳米线长径比约为 2000[24]。SPNI 技术可促进金属纳米线阵列在生物传感、数字成像、食品工业、催化和环境保护等方面的应用。此外，研究人员利用 SPNI 技术可制备出金属基底多级纳米结构，显著提高了 SERS 活性。该技术可使金属直接接触变形，可重现性好，设备和操作步骤简单，可有效降低成本。上述优势使得该技术可应用于催化、纳米电子器件、传感器等领域。王国祯课题组采用 FPC 聚合物纳米压印在几乎透明的薄膜上，由可再利用的纳米压印模板制成可见水显色、变形显色和光致显色的防伪产品。纳米压印聚合物表面的独特显色原理非常难以复制，并且具有低成本实现的优点[25]。

7.1.4 喷墨打印技术

7.1.4.1 喷墨打印的原理

喷墨打印技术又被称为数字书写技术，其工作原理是由数字装置控制的流体滴以一定速度从一个小孔径喷嘴喷射到预先指定的承印物上，最终在承印物上呈现出稳定的图文信息的过程。利用其无掩膜和添加剂的沉积特点，加之该技术具有低成本、可制备大面积构件、柔性可控等优势，喷墨打印被认为是一种很有前途的在室温下直接书写可溶解加工材料的方法，或者可直接将材料书写成电子、生物和聚合物器件。近年来，喷墨打印广泛应用于材料制备、传感器、显示器、可再生能源和微电子等领域。

7.1.4.2 喷墨打印技术的分类

喷墨打印设备通常包括储液器、驱动系统和产生墨滴的打印喷头。按照喷墨方式分为两类：一种是连续喷墨打印技术，即喷嘴喷出连续的墨滴，然后通过偏转系统直接滴到基底表面或者流入废墨捕集器，这通常是一个循环系过程；另一种是按需喷墨打印技术，即为了在基底上形成一定的图案，墨滴只有在需要时才会喷射。常见的按需喷墨打印机有热喷墨打印机、压电式打印机、静电式打印机、声波打印机和阀喷墨打印机。两种喷墨打印过程如图 7-9 所示[26]。

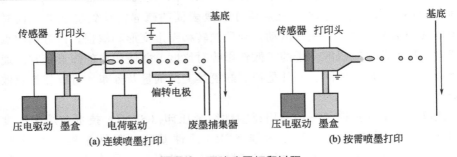

图 7-9 两种喷墨打印过程

7.1.4.3 喷墨打印技术的应用

目前微电子技术发展使电子器件朝着体积小、重量轻、功能强大、使用稳定的方向转变，另外基于电子器件的材料的尺度结构都会影响其形貌（如表面粗糙度、晶粒尺寸）、附着力、机械完整性、溶解度和环境稳定性等属性，这些属性反过来又会影响电子器件的性能，这带动了纳米微加工技术的发展，使其具有极为广阔的应用前景，并促使印刷电子技术向高密度、低成本、短周期、高自动化、无污染方向发展。其中，喷墨打印技术具有有机/无机材料的可打印性、低温加工、实时调整、成本低、可大面积高通量加工等优点，在纳米材料加工与微型电子器件制备等方面都有独特的优势。下面介绍喷墨打印技术在材料加工、微型电子器件制备方面的应用。

（1）无机材料

目前可打印的无机纳米材料包括金属和非金属材料，如导电的碳纳米管、过渡半导体金属氧化物、金属颗粒等。例如，Fan 团队以碳纳米管油墨为基础打印导电薄膜，结果表明，印刷一层后并不能形成良好的导电网络，但随着印刷层数的增加，碳纳米管连续导电网络逐渐形成，电阻呈指数下降。当薄膜打印至 3～4 层时网络紧密连续，碳纳米管几乎可以覆盖基底上所有的孔洞和空隙（图 7-10）。之后随着印刷次数的增加，薄膜的电阻几乎不会降低[2]。

（2）有机材料

有机材料为物理、化学和材料的基础研究提供了丰富的结构主题。通过对各种碳基结构的设计和操作，有机聚合物材料能够充当电子导体、半导体和绝缘体，同时显示有机聚合物的物理化学性质和金属的电学特性。有机薄膜晶体管在有机电路中是一个重要的有源元件，一个有机薄膜晶体管是有两层电极材料（源极、漏极和栅极）、两层电解质活性有机材料的四层器件。而采用高分辨率喷墨打印技术可制备全聚合物薄膜晶体管，如图 7-11 所示[27]。

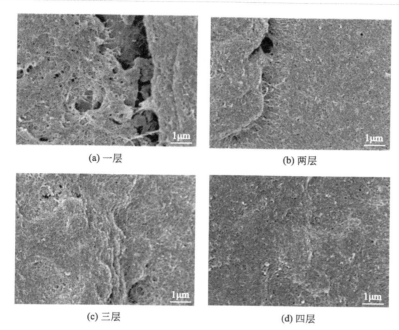

(a) 一层　　　　　　　　　　　　(b) 两层

(c) 三层　　　　　　　　　　　　(d) 四层

图 7-10　碳纳米管扫描电镜图像

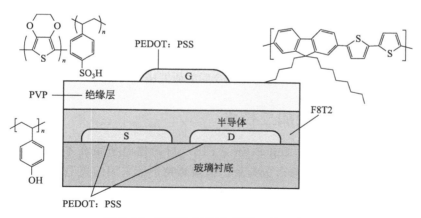

图 7-11　顶栅喷墨打印 TFT 配置示意图

PVP—聚乙烯吡咯烷酮；PEDOT：PSS—聚（3,4-亚乙基二氧噻吩）：聚对苯乙烯磺酸

（3）无机/有机复合材料

聚合物和碳纳米管复合材料，因其力学性能、热学性能、光学性能和电学性

能的显著提高，在纳米尺度器件的应用中一直得到广泛的关注。基于复合材料的巨大潜力，Jeong 团队制备出基于有机硅氧烷的有机-无机混合溶胶凝胶功能性油墨，并用于介质薄膜的喷墨打印。印刷出的介质薄膜表面光滑，表面粗糙度为 0.3nm。在施加 90V 偏置电压之前，通过印刷介质的泄漏电流小于 $10^{-6} A/cm^2$，印刷介质的介电常数为 4.9，证实了喷墨印刷介电层的电性能[27]。

（4）柔性电子

柔性电子被称为可打印的有机电子，可概括为将有机/无机材料电子器件制作在柔性/可延性塑料或薄金属基板上来构建电子电路的技术，有其独特的柔性/延展性。柔性电子产品加工的理想条件有非接触式图形、材料可打印性、可大面积加工等。喷墨打印技术都可以满足上述条件，而且制备的材料不需要烧结或者较低温度烧结就可使图案导电，这就为在柔性基底上制备材料提供了可行性。

另外，喷墨打印技术在金属电路、有机发光二极管、光电器件（如太阳能电池）等制造领域显示出巨大的应用潜力，带动了印刷电子材料甚至整个印刷电子产业的发展[28]。

7.1.4.4　喷墨打印技术的发展趋势

随着喷墨打印技术的逐渐发展，喷墨打印不再是简单的材料打印工具，渐渐成为材料制备与器件的成型工具，因此喷墨打印技术在电子产品制造中极具潜力。其研究主要集中在材料和打印过程两个方面，通过选择适当的材料、图案和打印过程实现制造一体化。高性能微电子器件将是其主要发展趋势。喷墨打印凭借程序可控，在层状微电子器件领域的应用要远多于其他直写技术。尽管如此，喷墨打印也有其不足之处，例如墨水与喷头的相适应性不足；液滴为成型单元，很难应用于复杂三维微电子元件制备等，因此需要在今后的研究中进行改进和提高。

7.1.5　聚焦离子束加工技术

聚焦离子束（Focused Ion Beam，FIB）与聚焦电子束在本质上是相同的，是带电粒子经过电磁场聚焦形成细束。但聚焦离子束采用的离子质量远大于聚焦电子束，聚焦离子束采用的最轻的离子为氢离子，也是电子质量的 1840 倍。聚焦离子束不但可以像电子束那样用来曝光，而且重质量的离子也可以直接将固体表面的原子溅射剥离，因此聚焦离子束加工技术已经更广泛地成为一种直接微纳加工工具。除此之外，聚焦离子束加工技术还具有沉积、辐照和层析成像等各种功能，具有定点曝光、无掩膜工艺、良好再现性和高精度的优点，是一种非常方便的微加工技术。已经证明离子束辐照引起的自支撑纳米结构的弯曲可以用于三维纳米间隙电极的生产[29]，但该过程需要精细操作（耗时长）。除了辐射之外，已经证明聚焦离子束研磨和聚焦离子束诱导的沉积都用于制造纳米间隙，并且已经显示出良好的精度。

7.1.5.1 聚焦离子束加工技术的分类

根据作用功能不同，常用的聚焦离子束加工技术可以分为离子束曝光技术、离子束铣削技术以及离子束诱导沉积技术。

7.1.5.2 聚焦离子束加工技术的应用

（1）聚焦离子束铣削技术

2003 年，Nagase 等报道了通过聚焦离子束（FIB）加工技术可用于制造可重复的间隙为 5～8nm 的纳米间隙电极 [图 7-12(a)]，他们在制造过程中使用了多层 Ti-Au-Pt 结构[30]。他们使用 FIB 直接在 Ti 层上产生纳米间隙形成 Ti 条纹，然后通过干法刻蚀将 Ti 纳米间隙的图案转移到下面的 Au-Pt 并获得 Au-Pt 的纳米间隙电极。2005 年，同一小组报告了使用 FIB 铣削制造 3nm 间隙电极 [图 7-12(b)][31]，其中可以通过监测馈送到薄膜的电流来精确控制铣削过程。这种方法可以使纳米间隙的尺寸小于所用光束的直径。然而，在离子束铣削过程中进行离子注入和再沉积溅射材料的污染会引起额外的电流路径，这对于区分单个分子的信号是不利的[32~34]。2006 年，Gazzadi 等报道了应用 I_2 辅助的 FIB 来减少离子注入过程产生的污染，使得这个问题得到了显著的改善[32]，然而最小间隙尺寸从 8nm 增加到 16nm。2013 年，Carl Zeiss 公司报道了使用 He 离子束在悬浮的 Au 薄膜上制造出 4nm 的纳米间隙 [图 7-12(c)][35]，这显示了制造中的高精度。然而，该设备非常昂贵，成本比传统的 Ga 离子束高得多。除金属外，FIB 还可用于切割纳米线产生纳米间隙。2005 年，Horiuchi 等使用聚焦 Ga 离子束切割多壁碳纳米管（MWCNTs），并在碳纳米管上产生了约 50nm 的间隙宽度[36]。但是，获得的纳米间隙具有相对大的尺寸，并且不适合连接大多数有机分子。2014 年，在新开发的具有更小光束尺寸的氦 FIB 的帮助下，成功地在碳纳米管上制造纳米间隙，并且在金属 SWCNT 上制造出 2.8nm±0.6nm 的纳米间隙[37]。

2015 年，Cui 等使用传统的 Ga 离子束铣削工艺开发了一种新的方法[38]。在他们的方法中（图 7-13），使用在 SiO_2/Si 衬底上的图案化 Au 结构，通过湿法刻蚀工艺，在 Au 纳米线下刻蚀 SiO_2，获得了悬浮的 Au 纳米线。通过精细铣削 Au 纳米线，可以获得单晶界连接。通过 FIB 铣削或热退火，可以破坏单晶界结，然后产生间隙低至 1～2nm 的纳米间隙。由于悬浮特性结构，在 Si 衬底上进行 Ga 离子注入和再沉积溅射材料不会影响两个电极之间的电气特性。它们不仅显示出优于传统FIB 技术在制造精度方面的优势，也在纳米间隙电极的清洁度方面有着巨大的进步。以 Si 衬底作为栅极，这种纳米间隙电极可用于制造单分子晶体管，它们之间的间隙为介电层。虽然在两个电极之间没有污染，但是在电极的表面注入 Ga 离子有可能改变分子结的输运性质。这种技术允许在一个芯片上制造多个纳米间隙电极，因此它们在集成电路结构方面有着巨大的应用潜力。

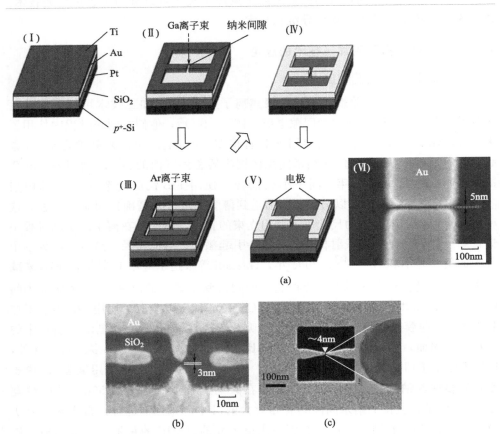

图 7-12　（a）用于制造纳米间隙电极的 FIB 光刻工艺的示意图：（Ⅰ）样品的结构；（Ⅱ）通过 FIB 刻蚀制造掩膜；（Ⅲ）通过 Ar 离子束刻蚀进行图案转移；（Ⅳ）通过湿法刻蚀去除掩膜；（Ⅴ）通过光刻法制造焊盘电极；（Ⅵ）制造纳米间隙电极的 SEM 图像[30]。（b）借助于电流监测系统，通过 FIB 铣削制造 3nm 的纳米间隙的 SEM 图像。（c）使用 He 离子束在 100nm 厚的金中加工，产生 4nm 间隙[35]

（2）聚焦离子束诱导沉积技术

除了铣削功能外，FIB 诱导沉积也可以用于纳米间隙电极。但是，因为通过二次电子产生诱导沉积，FIB 诱导沉积与 FIB 铣削相比，制造精度大大降低[39]。这是因为二次电子的范围大于入射离子束的直径。在沉积结构周围的晕圈沉积将在沉积电极周围引入新的电流路径，这将使得沉积电极的尺寸超过 50nm[40,41]，这对它在分子电子学方面的应用是有害的。在 2006 年，Shigeto 等通过采用悬浮基板形成复合钨纳米间隙电极，通过切开悬浮的氮化硅膜，使得电极间隙小于 2nm（图 7-14）[42]。因为在电极附近没有地方进行前驱体的吸收，沉积结构周围的晕圈沉积在这种悬浮的基质中减少了。通过 FIB 沉积的 W 比纯 W 表现出了更高的超导转温变化[43]，因此一个超导体-金属-富勒烯-超导体分子结被构建出来，以此用来研究金属富勒烯的邻近效应。

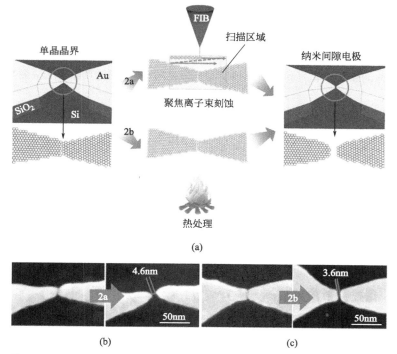

图 7-13　纳米间隙电极的单晶界连接点：（a）通过 FIB 铣削或热退火，破坏单晶界面获得纳米间隙电极；（b）制造的单晶界面的 SEM 图像和通过 FIB 铣削获得纳米间隙的 SEM 图像[38]；（c）制造的单晶界面的 SEM 图像和通过热处理获得纳米间隙的 SEM 图像

　　类似于电子束诱导沉积，沉积材料的杂质污染是一个不可避免的问题，这主要是因为前驱体的不完全分解分子导致 Ga 离子和腔室气体的残余，从而产生了污染[44]。虽然 FIB 诱导沉积比电子束诱导沉积在使用相同的前驱体时表现出更

高的电导[45]，但是随着沉积材料出现的新特性，在将其广泛应用于单分子晶体管的构造之前，仍需要开发新技术，以提高沉积材料的纯度。

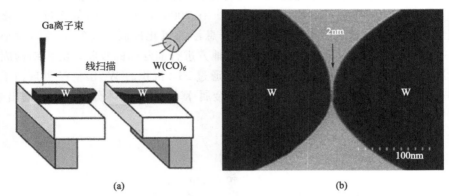

图 7-14　FIB 诱导沉积产生的纳米间隙电极：（a）通过 FIB 诱导沉积制造纳米间隙的过程；（b）具有纳米尺寸间隙的悬浮钨电极的顶部 STEM 图像

除了上述几种方法，扫描探针等加工技术在纳米材料研究中也发挥了重要作用[46~55]。

7.2　纳米器件制备工艺

7.2.1　磁控溅射

7.2.1.1　磁控溅射的原理

磁控溅射是物理气相沉积（Physical Vapor Deposition，PVD）的一种，其工作原理是电子在电场作用下加速飞向基片，运动过程中受磁场洛伦兹力作用，被束缚于靠近靶面的等离子体区域内做圆周运动（图 7-15）。在运动过程中与氩原子发生碰撞，电离产生大量氩离子和新电子。新电子飞向基底过程中不断与氩原子发生碰撞，进而产生更多氩离子和电子。而氩离子在电场作用下加速撞击阴极靶，使靶材发生溅射，中性靶原子或分子沉积在基底上形成薄膜。相比于普通的溅射以及蒸发沉积，磁控溅射中电子运动路径变长，与 Ar^+ 碰撞概率更高，蒸发速率更高[56~64]。此外，电子只有在能量耗尽时才会落到基底上，传递给基底的能量很小，致使基片温度上升慢，因此适于给各种不耐高温材料镀膜。

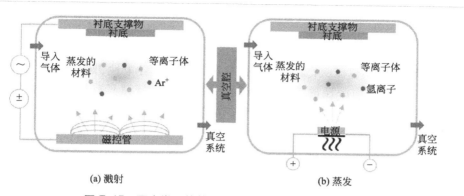

图 7-15　两个常见的使用氩等离子体 PVD 镀膜过程

　　磁控溅射按照电源类型可分为射频（RF）溅射、直流（DC）溅射、中频（MF）溅射，如表 7-1 所示。其中射频磁控溅射具有电流大、溅射速率高、产量大的特点；但装置较为复杂，且大功率射频电源价格较高，不适用于工业生产。相比于射频磁控溅射，直流磁控溅射不需要外部复杂的网络匹配装置和昂贵的射频电源装置，适合溅射导体材料或者半导体材料，现已在工业上大量使用。中频交流磁控溅射可用在单个阴极靶系统中，而工业中一般使用孪生靶磁控溅射系统。

表 7-1　磁控溅射的分类

溅射类型	射频(RF)溅射	直流(DC)溅射	中频(MF)溅射
可镀膜材料	非导电材料	导电材料	非导电材料
靶材形状	平面单靶	平面单靶	孪生靶
频率/Hz	13M	0	24k
电源价格	昂贵	便宜	中等
抵御靶中毒能力	强	弱	强
应用	工业上不采用此工艺	金属	无限制

7.2.1.2　磁控溅射的应用范围

　　通过选择合适的溅射工艺、靶材料和环境气体可以在聚酯、棉、亚麻、丝绸、羊毛、聚酰胺、聚乳酸等多种基材表面沉积金属薄膜或非金属薄膜[65,66]。可使用的溅射靶材料有 Cu、Ti、Ag、Al、W、Ni、Sn、Pt 等金属或 Si、石墨等非金属以及 TiO_2、Fe_2O_3、WO_3、ZnO 等金属氧化物和 SiO_2 非金属氧化物等；另外，它还可以沉积陶瓷材料，以及单层或多层由聚酰亚胺、聚四氟乙烯等聚合物形成的复合纳米薄膜。它不仅赋予织物单一或复合功能（如电磁屏蔽、防紫外线、抗静电、抗菌、导电或防水等），还可以通过纳米薄膜的干涉和衍射特征获得结构颜色[67]。

（1）纳米 Cu 薄膜

纳米 Cu 薄膜包覆织物具有优异的电磁屏蔽性、导电性、抗紫外线性和抗菌性[68,69]。磁控溅射涂覆的纳米 Cu 薄膜织物对大肠杆菌具有良好的抗菌性能。在相同的溅射条件下，通过高功率脉冲溅射沉积的纳米 Cu 膜对大肠杆菌的抑菌率比通过直流磁控溅射沉积的高三倍以上，另外 Cu 的抗菌性能超过了 Ag 的抗菌性能。

（2）纳米 Ti 薄膜

金属 Ti 具有重量轻、强度高、生物相容性好的特点等。例如，Esen 等将金属 Ti 薄膜沉积在聚酰胺/棉织物上（纺织品是由棉和聚酰胺按不同比例配制而成的），开发出一种电磁吸波织物，可用于无线电通信和雷达方面[70]。此外，金属 Ti 不会使人体皮肤产生任何过敏反应（图 7-16）。

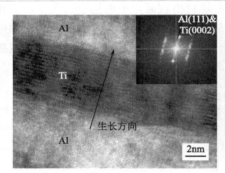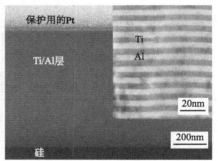

(a) 高分辨TEM图像　　　　　　　　(b) SEM图像，插图为明场TEM图像[66]

图 7-16　单个厚度为 10nm 的 Ti/Al 多层膜横截面图

（3）ZnO 薄膜

在织物上溅射 ZnO 薄膜时，涂层织物可以获得良好的抗紫外线性、导电性等；此外，通过提高光催化活性，涂层织物可以获得优异的抗菌性。据研究表明，在聚酯无纺布表面溅射纳米 ZnO 薄膜发现，随着溅射时间和功率的增加，纳米 ZnO 颗粒变大，薄膜变得均匀，涂层织物具有良好的抗紫外线性能[71]。而 Boroujeni 等在碳纤维复合材料表面溅射纳米 ZnO 薄膜发现，抗拉强度提高 18%，具有一定的抗紫外线性能。

（4）聚合物纳米薄膜

通过磁控溅射制备纳米聚合物薄膜可以使织物获得多种功能。最普遍的溅射聚合物是聚四氟乙烯（PTFE），可赋予织物抗紫外线、防水等性能。PTFE 具有完美的疏水性能，在丝绸织物表面上沉积 PTFE 薄膜可使其变得疏水。随着溅射压力的增加，接触角从 68° 增加到 138°，接触角的滞后现象变得不明显。W 等以同样方式在棉织物上沉积 PTFE 薄膜，其接触角达到 134.2°[72,73]。此外，用 PTFE 溅射的 PET 织物也可以抗紫外线。

7.2.2 真空蒸镀

7.2.2.1 真空蒸镀的原理

真空蒸发镀膜（真空蒸镀）简称蒸镀，是一种简单的物理气相沉积（PVD）技术。其工作原理是在真空环境中通过加热蒸镀材料，使其最终沉积在基底表面。图 7-17 是一个简单的电阻加热式金属真空蒸发镀膜装置[10]，镀膜室的真空度需要满足使蒸镀材料的气态粒子平均自由程大于蒸发源和基板之间的距离，通常蒸镀时镀膜室的压强在 10～4Pa。此时通过加热靶材使其蒸发或升华为气态粒子，从而可以顺利地到达基底表面形成薄膜。

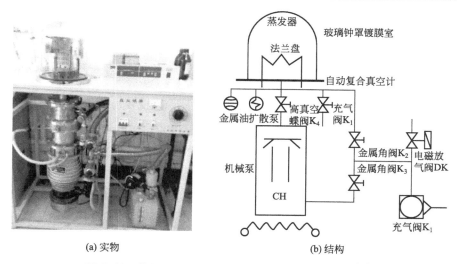

(a) 实物　　　　　　　　　　(b) 结构

图 7-17　简单的电阻加热式金属真空蒸发镀膜装置[10]

真空蒸发镀膜与其他镀膜方式相比，蒸膜设备简单且容易操作，实验人员能够便捷地维护仪器；可供选择蒸镀材料较多，能实现蒸镀不同材料的需求；蒸镀过程不需要过高温度，成膜速率快，效率高；在镀膜过程中，不会产生大量的有害气体或液体，对环境的保护较为友好[74]。

7.2.2.2　真空蒸镀的加热方式

为了使固态的蒸镀材料能够变为气态粒子，可加热蒸镀材料使其达到蒸发或升华的温度。在蒸镀设备中对材料加热的装置称为蒸镀源，不同的加热方式所使用的蒸镀源也有所不同。常见的加热方式主要有电阻加热、电子束加热、高频感应加热等。

（1）电阻加热

电阻加热是一种最简单的加热方式，通过给电阻丝或箔等蒸镀源输入大电流来实现加热。这种加热方式常用的蒸镀源如图 7-18 所示。丝状的蒸发源通常由钨丝制成，钨丝可以是 V 形、锥形、篮子等形状[75]。调节丝状蒸镀源的加热功率，从而调节蒸镀材料的蒸镀速率。加热时应缓慢升高温度，以防止蒸镀材料的滴落。箔状和舟状蒸镀源更加实用，尤其是当只有少量蒸镀材料时。由于这种蒸镀源易于制作和电源设备价格便宜，所以电阻加热方式得到大量使用。

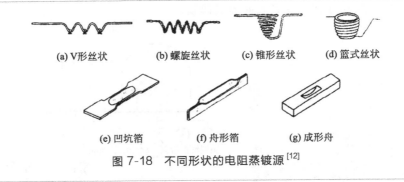

(a) V形丝状　　(b) 螺旋丝状　　(c) 锥形丝状　　(d) 篮式丝状

(e) 凹坑箔　　(f) 舟形箔　　(g) 成形舟

图 7-18　不同形状的电阻蒸镀源[12]

（2）电子束加热

由于电阻加热方式中的材料与蒸镀源材料直接接触，两者容易互混，无法满足一些镀膜要求，这时电子束加热方式更适用于此条件。如图 7-19 所示，通过电子枪发射出的电子束直接撞击到蒸镀材料，从而产生热量使材料蒸发[76]。由于电子束可以通过磁场加速而获得高能量，因此不能用电阻蒸镀源蒸镀的高熔点材料可使用电子束加热方式。目前，电子束加热方式常用于制备高质量的金属薄膜、硅化物、光学薄膜[13]、ITO 导电薄膜[77] 等薄膜材料。

（3）高频感应加热

高频感应加热指的是在高频感应线圈中通以高频电流，从而对放入氧化铝或石墨坩埚内的蒸镀材料产生高频感应加热。此种方法蒸发速率大，温度控制均匀且稳定，适用于大量物料的蒸发镀膜。图 7-20 所示为高频感应加热原理图。

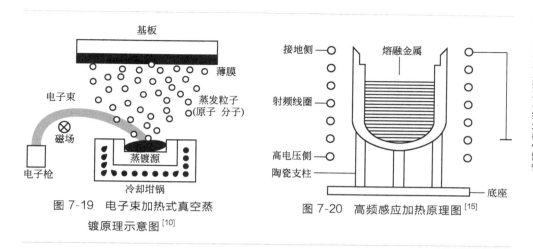

图 7-19　电子束加热式真空蒸
镀原理示意图[10]

图 7-20　高频感应加热原理图[15]

（4）激光加热

激光加热是利用激光光源产生的能量加热材料，从而使材料吸收热量气化蒸发[78]。图 7-21 所示为激光加热蒸发镀膜设备的工作原理示意图。

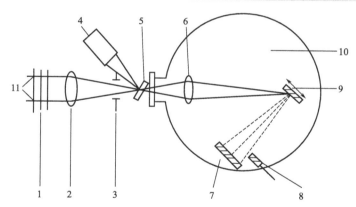

图 7-21　激光加热蒸发镀膜设备的工作原理示意图
1—玻璃衰减器；2, 6—透镜；3—光圈；4—光电池；5—分光器；
7—基片；8—探头；9—靶；10—真空室；11—激光器

7.2.2.3　真空蒸镀的材料

真空蒸发镀膜常用的材料包括较低熔点的金属单质（如 Au、Al、Pb、Sn、Mo、W 等）、合金和部分化合物（如 SiO_2、TiO_2、ZrO_2、MgF_2 等）。表 7-2 所示为常用蒸镀材料的熔化温度和蒸发温度。

表 7-2 常用蒸镀材料的熔化温度与蒸发温度（蒸气压 1Pa）[79]

蒸镀材料	熔化温度/℃	蒸发温度/℃	蒸镀材料	熔化温度/℃	蒸发温度/℃
铝	660	1272	锡	323	1189
铁	1535	1477	银	961	1027
金	1063	1397	铬	1900	1397
铟	157	957	锌	420	408
镉	321	271	镍	1452	1527
硅	1410	1343	钯	1550	1462
钨	3373	3227	SiO_2	1710	1760
铜	1084	1084	B_2O_3	450	1187
钛	1667	1727	Al_2O_3	2050	1781

　　由于在加热过程中蒸镀材料一般处于熔融状态，因此在加热区内释放出一定的蒸气压并产生一定的沉积速率。通过实验可以确定不同的材料在每个温度下所能达到的蒸气压，如图 7-22 所示。一般来说，蒸镀膜材料需要达到 1Pa 以上的蒸气压才开始气化为气体粒子，再通过调节加热温度才足以获得较为合理的沉积速率。

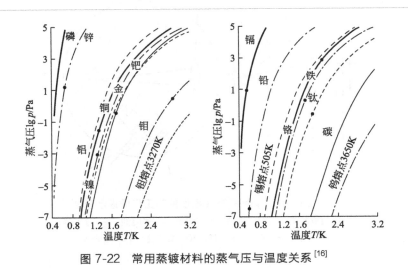

图 7-22 常用蒸镀材料的蒸气压与温度关系[16]

7.2.2.4 真空蒸镀的应用

　　从 20 世纪兴起的真空镀膜法，到如今已经历 80 多年的探索与发展。真空蒸镀作为真空镀膜的重要成员，无论在实验室还是在工厂都有着广泛的应用。在器件制备中，金属材料的蒸镀可以作为器件的电极；在光学元件中，制备光学器件的膜层，如增透膜、反光膜、分光膜等[80]；在太阳能器件中，蒸镀具有光电性能的功能层材料[81]；在镀膜基材中，可以使塑料基底具备电磁屏蔽的功能。总之，真空蒸镀简单、便捷的优点使之在 21 世纪获得广泛的关注，不同类型的蒸镀设备也应用到各行各业。

7.2.3 微纳刻蚀

7.2.3.1 刻蚀简介

刻蚀技术是按照掩膜图形或设计要求对半导体衬底表面或表面覆盖薄膜进行选择性腐蚀或剥离的技术。刻蚀技术不仅是半导体器件和集成电路的基本制造工艺，而且还应用于薄膜电路、印刷电路和其他微细图形的加工。

普通的刻蚀过程大致如下：首先在表面涂敷一层光致抗蚀剂，然后透过掩膜对抗蚀剂层进行选择性曝光。由于抗蚀剂层的已曝光部分和未曝光部分在显影液中溶解速度不同，经过显影后在衬底表面留下了抗蚀剂图形，以此为掩膜就可对衬底表面进行选择性腐蚀。如果衬底表面存在介质或金属层，则选择腐蚀以后，图形就转移到介质或金属层上，如图 7-23 所示。

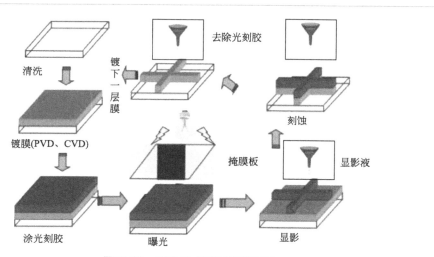

图 7-23 刻蚀技术的工艺流程图

由于曝光束不同，刻蚀技术可以分为光刻蚀（简称光刻）、X 射线刻蚀、电子束刻蚀和离子束刻蚀。其中离子束刻蚀具有分辨率高和感光速度快的优点，是正在开发中的新型技术。

7.2.3.2 **刻蚀的分类**

刻蚀最简单、最常用的分类是干法刻蚀和湿法刻蚀。显而易见，它们的区别就在于湿法使用溶剂或溶液来进行刻蚀。

（1）干法刻蚀

干法刻蚀是用等离子体进行薄膜刻蚀的技术。当气体以等离子体形式存在时，它具备两个特点：一是等离子体中气体的化学活性比常态下时要强很多，根据被刻蚀材料的不同选择合适的气体，就可以更快地与材料进行反应，实现刻蚀去除的目的；二是利用电场对等离子体进行引导和加速，使其具备一定能量，当其轰击被刻蚀材料表面时，会将被刻蚀材料的原子击出，从而达到利用物理上的能量转移来实现刻蚀的目的。因此，干法刻蚀是晶圆片表面物理和化学两种过程平衡的结果。这种方法由于在低压下操作，等离子体可以控制尺寸，在微电子技术中以微米或更小的尺寸对特征进行图案化，在大规模加工时具有高度均匀、高度各向异性，并且相对于掩膜和底层材料具有高度选择性。

在半导体加工技术领域[82~84]中使用反应等离子体的干法刻蚀可以分为三种：物理溅射、化学刻蚀和离子增强化学刻蚀。

① 物理溅射　当表面受到离子轰击时，原子和分子可以喷射出来，这种现象称为物理溅射。其溅射机理如图 7-24[84]所示，并且通过 $v = v_0(1+4\sin 2\theta) \times \cos\theta$ 形式的速率函数实现。物理溅射是一种非选择性现象，这意味着不同性质的材料可以以类似的速率溅射。

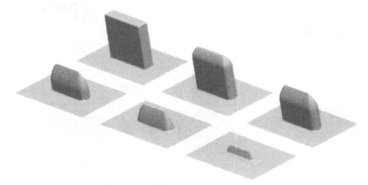

图 7-24　采用 Lax-Friedrich 方案对 $v = v_0(1+4\sin 2\theta)\cos\theta$ 得到的矩形
钉进行物理溅射（该过程是一种定向现象，有助于获得各向异性刻蚀轮廓）

② 化学刻蚀　化学或所谓的"自发"刻蚀是反应性自由基与表面相互作用的结果，如图 7-25[84]所示。由于纯化学刻蚀速率与入射角无关，因此采用等速

函数 $v = v_0 = 5\text{nm/s}$ 进行计算。一般来说，化学刻蚀的机理包括三个基本步骤：表面活性物质的吸附和作为分子的解离、刻蚀产物的形成（化学反应）和刻蚀产物的解吸。在自发刻蚀过程中，这些步骤不需要通过离子轰击激活。

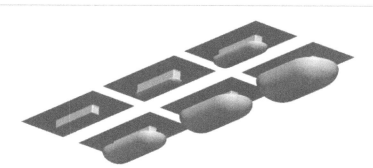

图 7-25　$v = v_0$ 各向同性刻蚀过程中的剖面演化

（纯化学腐蚀是各向同性的）

③ 离子增强化学刻蚀　　除了增强化学刻蚀，离子在除去非挥发性副产物或刻蚀产物方面也起到关键作用，这些副产物或刻蚀产物需要活化能才能从表面解吸。副产物的去除及其在特征侧壁上的重新沉积是等离子体刻蚀可以获得各向异性轮廓的主要原因，如图 7-26[84] 所示。当刻蚀速率与 $\cos\theta$ 成正比时，得到了角相关的最简单形式（其中 θ 是表面法线与入射粒子方向之间的角度）。在这种情况下，我们期望水平表面向下移动，而垂直表面保持静止。由图表明，在保持计算的数值稳定性的同时，用最优的平滑量使锐角的圆角最小。实际上，这是刻蚀轮廓模拟中最微妙的问题之一。离子能量通量主要负责等离子体刻蚀中的刻蚀各向异性[85]。一般来说，离子能量通量的增加导致更好的各向异性。

任何等离子刻蚀工艺的目标是实现高刻蚀速率、均匀性、选择性、刻蚀的微观特征的可控形状（各向异性）和无辐射损伤[86]。选择性可以通过将化学刻蚀作为关键工艺来实现。高刻蚀速率是提高工艺吞吐量（晶片/h）的理想条件。然而，刻蚀速率必须与均匀性、选择性和各向异性相平衡[87]。均匀性是指在晶片上获得相同的刻蚀特性（如速率、侧壁轮廓等）。此外，需要等离子均匀性以避免晶片充电不均匀，这可能导致电损伤。选择性是指一种材料相对于另一种材料的相对刻蚀速率。刻蚀工艺必须对掩膜和底层膜有选择性。掩膜不能被刻蚀，否则所期望的图案将失真。当底层很薄（栅极氧化物）或工艺均匀性不好时，对底层的选择性尤其重要。刻蚀在晶片中的微观特征的形状是至关重要的。通常，各向异性（垂直）侧壁轮廓是必需的，可能在特征的底部具有一些圆度。辐射损伤是指晶体晶格的结构损伤，或者更重要的是，由等离子体辐射（离子、电子、紫外线和软 X 射线光子）引起的敏感器件的电损伤[88]。在微特征内对绝缘材料充电可导致图案畸变（缺口），或者高能离子轰击可导致刻蚀膜的顶部原子层的结构损伤。

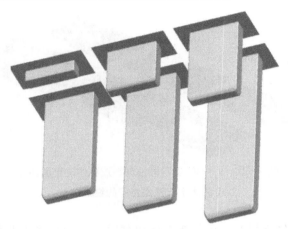

图 7-26　采用 Lax-Friedrich 方案，对 $\nu = \nu_0 \cos\theta$ 进行离子增强化学刻蚀，得到理想的各向异性剖面演化（在现实中，刻蚀过程由几个机制组成，而且轮廓远非理想）

（2）湿法刻蚀

湿法刻蚀是将刻蚀材料浸泡在腐蚀液内进行腐蚀的技术。简单来说，就是中学化学课中化学溶液腐蚀的概念。它是一种纯化学刻蚀，具有优良的选择性，刻蚀完当前薄膜就会停止，而不会损坏下面一层其他材料的薄膜。由于所有的半导体湿法刻蚀都具有各向同性，所以无论是氧化层还是金属层的刻蚀，横向刻蚀的宽度都接近于垂直刻蚀的深度。这样，上层光刻胶的图案与下层材料上被刻蚀出的图案就会存在一定的偏差，也就无法高质量地完成图形转移和复制的工作。因此，随着特征尺寸的减小，在图形转移过程中基本不再使用。

湿法刻蚀在基板上刻蚀薄膜效果很好，也可以用来刻蚀衬底本身。各向异性工艺允许刻蚀在基材中的某些晶体平面上停止，但是仍然导致空间的损失（因为当刻蚀孔或空腔时，这些平面不能垂直于表面）。各向异性湿法化学刻蚀仍然是硅技术中应用最广泛的加工技术，原因如下：首先，湿法刻蚀系统的成本远低于等离子体类型的成本，而且某些特征只能通过各向异性湿法刻蚀来实现[89]。其次，这种技术可以通过控制下切悬挂结构来创建非常复杂的三维结构，而其他微加工技术则无法做到。刻蚀过程的各向异性实际上是刻蚀速率的取向依赖性[90]。人们普遍认为，在刻蚀过程中这种宏观各向异性的根源在于刻蚀速率在原子水平上的结晶位点特异性。利用在 KOH 溶液中沿 13 个主要方向和高折射率方向实验获得的刻蚀速率值，通过插值技术，模拟了包括全硅对称特性的硅中的刻蚀速率各向异性[88]。KOH 具有优异的重复性和均匀性，并且生产成本低，是最常见和最重要的化学刻蚀剂。在理想的 M(N)EMS 设计环境中，首先模拟制造工艺步骤，以便生成三维几何模型，包括与制造相关的材料特性和初始条件。作为这种模型的说明，我们已经显示了在交叉孔径（图 7-27）和交叉岛（图 7-28）的情况下硅的各向异性湿法刻蚀的三维模拟。两个掩膜不仅包含凹角还包含凸角。由图可以看出，凸角下出现典型的下切面形状。在两种情况下，仅由 {111} 平面组成的 V 形腔的形成被正确地再现。

图 7-27 在 {100} 平面上通过与硅中的 h100i 方向对准
的跨孔掩膜的各向异性湿法刻蚀

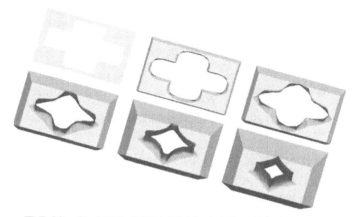

图 7-28 在 {100} 平面上通过与硅中的 h100i 方向对准的
交叉岛掩膜的各向异性湿法刻蚀

7.2.4　脉冲激光沉积

脉冲激光沉积（PLD）作为薄膜材料的制备方法之一，究其核心是利用激光工艺制备材料的技术。换而言之，脉冲激光沉积技术在近些年的迅速发展，主要是激光技术的进步推动的结果。脉冲激光沉积技术是于 1965 年由 Smith 和 Turner 最早提出使用的，当时他们采用红宝石激光器作为能量源来制造半导体材料和电介质薄膜[91]。由于当时的激光器工艺存在很大问题（如输出激光稳定性差、重复频率低等），导致脉冲激光沉积技术并没有得到人们足够的关注。随着激光科技的发展，激光的重复频率和稳定性等诸多因素逐渐被克服，激光光源的控制有了很好的提升。在 1975 年，Desserre J. 和 Floy J. F. 利用电子 Q 开关激光得到了脉冲的激光光束，从而可以制备出化学计量的金属材料（如 Ni_3Mn 和低温超导薄膜材料 $ReBe_{22}$）。脉冲激光沉积技术真正开始吸引人们广泛注意力，是从 1987 年 Dijkkamp 等成功地利用高能准分子激光制备出高质量的高温超导材料开始的[92]。到目前为止，脉冲激光沉积技术被广泛应用于制备具有外延特性的晶体薄膜，如陶瓷氧化物、氮化物膜、金属多层膜以及各种超晶格等[93,94]。典型的脉冲激光沉积设备原理图如图 7-29 所示。

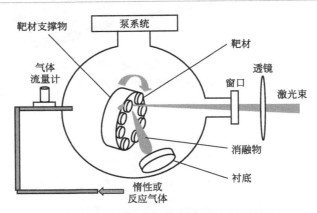

图 7-29　典型的脉冲激光沉积设备原理图

脉冲激光沉积技术在概念上是简单的，而且在原理上与传统的溅射等有一定的相似之处。溅射工艺是以一定能量的粒子轰击靶材表面，使得靶材表面的原子或分子获得足够大的能量而最终逸出固体表面的工艺；脉冲激光沉积技术则是将能够引起靶材强烈吸收的波长的短激光脉冲聚焦到靶材上，靶材表面的材料被瞬间的高温及能量激发而气化，气化物质继续与光波作用生成局域化的等离子体，等离子体进一步吸收光子能量，在短时间内在狭小区域被加热到极高温度。

在激光脉冲结束阶段，非均匀温度的等离子体将沿着靶面法线方向产生相当强的加速场（类似于微米级的爆炸），这个沿着靶面法线方向向外的细长的等离子区域即是脉冲激光沉积技术中常说的等离子羽流。这个区域的空间分布可参照余弦函数 $\cos^n\theta$ 进行描述，其中 $4<n<15$（n 取决于空气压力、靶材材料等因素）。发射出来的等离子体撞击到预先放置的衬底，逐步形成大的晶核，并在后续等离子体的连接下形成连续的薄膜[32]。由于几何结构简单，并且可以利用数字控制精确地调节激光辐照，因此脉冲激光沉积技术可以容易地调节原子通量，并且通过照射不同材料的靶材，很容易生长出新材料层和多层材料。另外，它不需要超高真空的环境即可满足工作条件，因此脉冲激光沉积技术的应用在成本控制上也有一定的优势[95,96]

（1）消融和等离子体形成

在激光烧蚀过程中，光子首先转换为电子激发，其次转换为热能、化学能和机械能，从而快速从表面蒸发材料。由于其在激光加工中的重要性，已经对该过程进行了广泛的研究。目前，在目标表面已观察到高达 $10^{11}\mathrm{K/s}$ 的加热速率和 $10\sim500\mathrm{atm}$（atm 表示标准大气压，$1\mathrm{atm}\approx10^5\mathrm{Pa}$）的瞬时气压[97~99]。激光-固体相互作用的机制在很大程度上取决于激光波长（因为激光波长是穿透深度的重要影响因素）。激光中大部分能量被靶表面附近的非常浅的层所吸收，以避免表面下的颗粒沸腾，但这就有可能导致膜表面上形成大量颗粒。同时，光束路径中的氧分子和光学元件对光子的吸收决定了在 200nm 及以下较低的波长被限制不能发挥作用。

对于相对长的脉冲持续时间（例如准分子激光器最典型的是几十纳秒），在成型羽流和入射光束之间存在强烈的相互作用，导致物质的进一步加热。这可以解释 $YBa_2Cu_3O_{7-\delta}$ 薄膜生长的实验中，对于靶材表面处给定的激光能量密度而言，使用 KrF 准分子激光（248nm，$\approx25\mathrm{ns}$）的烧蚀效果明显要比 Nd：YAG（266nm，$\approx5\mathrm{ns}$）的烧蚀效果强得多[37]。

最后，目标表面处的激光能量密度必须超过某阈值，对于 25ns 的激光脉冲而言，其在许多配置中的范围为 $1\sim3\mathrm{J/cm^2}$。同时也发现在不同的压强环境，针对不同的材料状态，所需要的能量密度也有区别。例如已发现的 $SrTiO_3$ 单晶（非陶瓷材料）在 $10^{-6}\mathrm{Torr}$ 下（而不是典型的 $5\sim500\mathrm{mTorr}$，$1\mathrm{Torr}\approx133\mathrm{Pa}$），采用 $0.3\mathrm{J/cm^2}$ 的激光能量密度并使用具有相对快速上升时间的激光反而是最佳的。但即便如此，脉冲激光沉积在每次脉冲过程中所需的能量相当高，目前最容易实现的方式就是采用准分子激光器。在当前，KrF 受激准分子（248nm，通常为 $20\sim35\mathrm{ns}$ 脉冲持续时间）激光器是最常用于脉冲激光沉积技术的激光器，但 ArF（193nm）和 XeCl（308nm）准分子激光器也同样可以实现薄膜的成功生长[100]。

另外，许多"超快激光器"每次脉冲所输出的能量更少，但脉冲持续时间更短（因此瞬时功率更高），并且重复率高于准分子激光器。对于化学上较不复杂的材料，例如简单的氧化物可使用各种激光器，如飞秒钛-宝石激光器。也有人成功采用 76MHz、脉冲时间为 60ps 的 Nd：YAG 激光器生长无定形碳材料[101]。这种宽松的调节方式和已经成功的案例让科研人员对不同激光器应用于脉冲激光沉积技术有了更强的信心。

（2）羽流传播

已经有关于使用光学吸收和发射光谱结合离子探针测量广泛研究羽流传播的内部情况的研究，其中的中性原子、离子和电子以不同的速度传播，并且存在等离子体物质与背景气体之间的强相互作用。实际上，基底同样需要进行一定程度的热化以获得良好的薄膜生长，同时也避免温度差距过大导致羽流中最高能离子对生长薄膜的重新喷射。假设羽流中的大多数粒子在到达基底时恰好完全热化（即具有相等的横向速度和前向速度），一个简单的模型预测最佳生长速率应接近每脉冲 1Å，这与要求复杂材料稳定性的实验中的实际观察值非常接近。然而，超晶格材料的精确形成，特别是由 $SrTiO_3$ 和相关的钙钛矿组成，通常最好以低得多的沉积速率（每单位电池需要数百个激光脉冲）实现[102]。

脉冲激光沉积技术存在以下有待解决的问题。

a. 对相当多的材料，沉积所得的薄膜中有熔融的小颗粒或者靶材碎片，这是激光引起爆炸过程中喷溅出来的。

b. 沉积速率较慢，目前较快的沉积速率大约是每平方厘米每小时沉积厚度在几十纳米到几百纳米不等，而随着沉积材料的不同可能更低。

c. 基于目前的脉冲激光沉积技术的投入和产出，它目前只能应用于小规模的应用场景，如新材料薄膜研制、微电子等领域。不过随着大功率激光器技术的进一步发展，也有人认为脉冲激光沉积应用于工业化生产有一定的前景。

（3）应用场景

通过脉冲激光沉积方式可以生长大量的材料层。例如：

① 许多半导体薄膜如宽禁带 Ⅱ～Ⅵ 族半导体薄膜，通常是采用分子束外延或者金属有机化学气相外延合成的。但脉冲激光沉积技术无需苛刻复杂的设备和实验要求，如 ZnSe、AlN、GaN 等宽能带结构的半导体薄膜皆有相关文献报道。

② 高温超导材料由于具有陶瓷材料的特性，因此具有难以弯曲和良好柔韧性的特性，能够将高温超导薄膜应用到金属衬底上，最早在 1987 年将脉冲激光沉积技术应用于制备高质量的高温超导薄膜。

③ 铁电材料薄膜的制备方式有很多，但是传统制备方式存在一些问题。而脉冲激光沉积技术可以利用生长腔室中的气体条件，较好地控制薄膜成分，可以

得到性能良好的铁电薄膜。

④ 超晶格是一种由不同材料以数纳米的薄膜交替生长并严格保持周期性的多层膜。因为脉冲激光沉积技术能够精准地将化学计量的材料生长为薄膜，因此脉冲激光沉积技术非常适合制备超晶格材料。

近些年，随着低维物理材料的研究进一步深入，二维材料、石墨烯以及量子点等领域也出现了脉冲激光沉积技术的应用案例。在不远的将来，随着大功率激光技术的进一步发展以及辅助设备和工艺的协同发展，脉冲激光沉积技术在功能薄膜材料的应用制备将得到更好的发展。

7.2.5　自组装纳米材料加工

自组装（Self-assembly），是指基本结构单元自发形成有序结构的一种技术，例如分子、纳米材料、微米或更大尺度的物质。在自组装过程中，基于非共价键的相互作用，基本结构单元自发地组织或聚集为一个稳定且具有一定规则几何外观的结构。

目前人们对纳米材料自组装感兴趣的原因是能够利用纳米材料的集合体特性，以及在功能器件中使用这些特性的可能性。纳米材料自组装可以用来改善复合材料的力学性能，还可以同时或按顺序执行多个任务。由于单个纳米粒子的激子、磁矩或表面等离子体之间的相互作用，纳米材料自组装还可以显示出新的导电性、磁性和光学性质[103]。如果能够控制单个纳米颗粒的间距和排列，就有可能在器件中利用这些特性，并使得整体具有方向性和有序性。人们总结了纳米材料自组装或辅助组装的各种方法，然后提出了自组装纳米结构可能的应用。

（1）溶液自组装

图 7-30 说明了纳米颗粒在没有模板、界面或外部场的情况下在溶液中的自组装。自组装是由引力（如共价键或氢键、异种电荷配体之间的静电吸引或偶极子相互作用）与斥力（如空间力和同种电荷配体之间的静电斥力）之间的平衡所控制的。纳米粒子的自组装产生各种各样的结构，包括链状、片状、囊泡、三维晶体或更复杂的三维结构。

一种基于溶液的自组装方法利用了化学非均质纳米颗粒的位点特异性作用。例如，通过触发附着在金纳米棒长面和短面上的不同配体之间的吸引力，实现金纳米棒的端对端或侧面对侧面的自组装。图 7-30（b）为金纳米棒的组装图，金纳米棒侧面带有十六烷基三甲基溴化铵（CTAB），在纳米棒端面带有聚苯乙烯分子[104]。添加水（聚苯乙烯的不良溶剂）到含有纳米棒的二甲基甲酰胺溶液中产生出纳米棒链，而添加水（CATB 的不良溶剂）到含有四氢呋喃的溶液中则产生出自组装的纳米束。

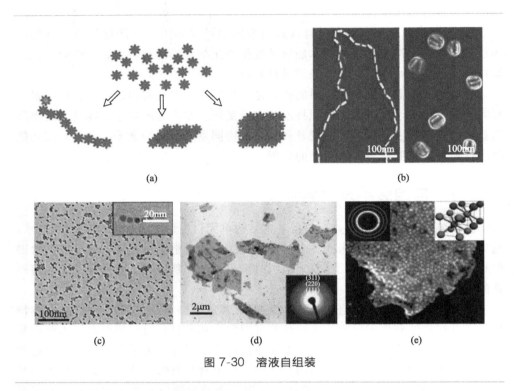

图 7-30 溶液自组装

非混相有机配体的相分离或不同配体的连续附着也可诱导纳米粒子的化学异质性[105]。混合物壬酸和 4-苯丁酸的相分离在 γ-Fe_2O_3 纳米颗粒表面产生两种截然不同的奇点，使后续反应的分子连接和纳米链得以形成，这个过程可以从图 7-30(c) 中看出。

此外，从图 7-30(d) 可以看出各向异性疏水吸引力和静电相互作用的平衡使得乙基硫醇包裹着的致密单分子层的 CdTe 纳米粒子自发形成[106]。实验结果可以用粒子间相互作用的计算机模拟来验证。

近年来，科研工作者通过与纳米颗粒表面连接的互补 DNA 分子杂交，形成了具有面心或体心立方晶格结构的三维纳米颗粒晶体。DNA 序列或 DNA 连接物长度的变化，以及未成键的单碱基屈肌的存在与否，被用来调节纳米粒子-DNA 偶联物之间的相互作用[107]。图 7-30(e) 显示了由金纳米粒子形成的体心立方结构的晶体碎片。在另一种自组装方法中，具有类金刚石结构的晶体是由带相反电荷的纳米金和纳米银颗粒生长而来的。通过筛选静电相互作用使纳米粒子结晶，每个纳米粒子被一层反向离子所包围并且纳米粒子之间通过近距离电势相互作用。

（2）使用模板方法进行自组装

碳纳米管、嵌段共聚物、病毒或 DNA 分子等都可以作为纳米粒子自组装的模板。模板和纳米颗粒之间的强烈相互作用导致纳米颗粒的排列由模板形状预先决定，这种现象可以从图 7-31（a）看出。

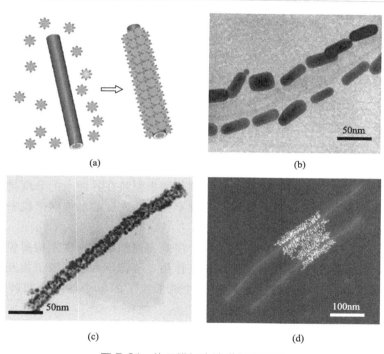

图 7-31 使用模板方法进行自组装

硬模板（如化学方法功能化的碳纳米管或无机纳米线）为纳米颗粒自组装提供了明确的形状，但总的来说，它们缺乏对沉积纳米颗粒之间间距的控制。图 7-31（b）为阴离子聚乙烯基吡咯烷酮-功能化金纳米棒链沉积在带有纳米管涂层的阳离子聚二烯丙基二甲基氯化铵的表面。与侧表面电势相比，纳米棒端部的表面电势较低更有利于它们在涂层碳纳米管的表面端部和端部进行自组装[108]。

软模板（如合成聚合物、蛋白质、DNA 分子或病毒）具有独特的化学结构，并为纳米颗粒的附着提供多个定义明确的结合位点。此外，软生物模板可以利用自然系统中的策略，将纳米颗粒组织成层次结构。特别是，由于 DNA 结构多样性、序列明确和功能丰富，DNA 调控纳米颗粒具有很大的前景。DNA 支架可以形成 Au、Ag、CdSe 和 CdSe/ZnS 纳米粒子的可控组织，也可以合成排列在链中的 CdS 纳米线和金属纳米粒子。利用烟草花叶病毒合成和组装金属纳米颗粒，得到一维纳米颗粒［图 7-31（c）］。pH 值测试呈酸性时，静电驱动 $AuCl_4^-$ 和 $PtCl_6^-$ 沉积在病毒带正电荷的外表面；pH 值测试呈中性时，Ag^+ 沉积在病毒带负电荷的内表面。表面附着的前驱体离子的还原过程会在病毒的内外表面产生金属纳米颗粒自组装[109]。

　　块状共聚物分子会分离成球形胶束、小泡、纳米线、纳米管、薄片和圆柱体。纳米粒子被特定的聚合物隔离，遵循宿主分子的自组织，可以出现在溶液或薄膜中。例如，以聚苯乙烯-b-聚甲基丙烯酸甲酯薄膜为模板，在圆柱形或片状聚甲基丙烯酸甲酯表面组装 CdSe 纳米棒。图 7-31（d）为 PbS 纳米颗粒在圆柱形块状聚二乙烯基硅烷胶束表面的自组装[110]。

（3）界面自组装

　　纳米颗粒在液-液、液-气和液-固相界面的组装是通过 Langmuir-Blodgett 技术实现的，沉积或蒸发诱导自组装以及纳米颗粒的吸附。Langmuir-Blodgett 技术已被用于在水-空气界面形成纳米颗粒单层膜，并将其转移到固体基底上。利用辐照对纳米颗粒单层进行局部加热，调节纳米颗粒在界面上的分层排列。通过调节基底的浸润和抽提速度，得到了具有不同表面密度的二维纳米粒子晶格和一维阵列。

　　蒸发诱导的方法为在固体表面组装有序的大面积纳米颗粒结构提供了一种直接的方法。采用溶剂蒸发驱动，静电相互作用、范德华力和偶极子相互作用辅助的自组装法可以制备半导体、金属和磁性纳米粒子的单个纳米颗粒阵列和复合晶格。

（4）辅助自组装

　　磁场已经用于金属、金属氧化物和复合纳米粒子的自组装。由于偶极-偶极纳米粒子的缔合以及磁场的应用增强了纳米粒子的组织，具有足够铁磁性且固定的磁矩的纳米颗粒可以自发地进行组装。超顺磁性纳米粒子具有随机变化的磁矩，其组装发生在施加扭矩时磁场超过纳米粒子的热激发能。当磁性纳米颗粒被放置在足够接近磁场时，它们形成一维组装（链）或三维超晶格。在链中，纳米粒子与相邻纳米粒子经历偶极-偶极相互作用，并以交错方式组织，以最小化局部静磁能。

　　电场诱导纳米粒子极化使相邻的纳米粒子通过偶极-偶极相互作用形成平行于电场线的链。随着纳米粒子极化率的增加，相互作用强度增大。纳米粒子链的长度随着电场强度、纳米粒子浓度和介质介电常数的增大而增大。交流电和直流电都可用于纳米颗粒的自组装。介质电泳是指外加电场对纳米粒子诱导的偶极矩施加的力。由于不受电渗透和电解作用的影响，介质电泳可以用在各种液体中组装不同类型的纳米颗粒。

将纳米颗粒组织成自组装的结构，为减小诸如等离子体波导、聚焦透镜、光发生器和光开关等光电器件的尺寸铺平了道路。目前大多数基于纳米颗粒的光电元件采用自上而下的纳米制造技术，而不是自下而上的自组装方法。例如，自组装纳米粒子结构已经被用于传感器（利用金属纳米粒子等离子体波长的变化、半导体纳米粒子光致发光的变化、磁性纳米粒子在不同化学或生物环境中磁弛豫的变化）。纳米粒子的集合体还被用于纳米温度计和 pH 计、生物和化学传感器。与传统的传感方法相比，基于自组装纳米粒子特性的传感技术具有更高的选择性和灵敏度、无限长的使用寿命和更大的测量范围。

基于电极上纳米粒子自组装结构的电化学生物传感器显示出更高的灵敏度和更低的过电位（即电极电位与氧化还原过程所需平衡值的偏差更小）。沉积在电极上的纳米颗粒集合体通过产生多孔增加了电极的表面积，而且由于纳米颗粒的纳米尺度曲率，还提供了与酶的亲密接触。因此，自组装纳米颗粒结构是氧化还原分析物与电极表面之间电子传递的有效桥梁。

纳米粒子自组装的研究正朝着以下几个方向发展：

a.利用纳米粒子与分子的类比，为生成复杂的分层纳米结构体系制定了设计规则。稳健和高重复性的接近 100％合成的纳米颗粒产量，以及明确的尺寸、形状、长宽比和化学异质性是至关重要的研究；此外，纳米颗粒的分馏法正逐渐成为一种增强其尺寸和形状取向性以及自组装性能的手段。

b.通过从概念验证实验到对自组装结构的定量评估，以比目前更为严格的方式描述自组装过程是非常重要的。绘制相图、评价不同类型纳米结构的共存或纳米粒子整体与单个纳米粒子的共存，以及确定自组装结构的聚集数或尺寸（例如纳米粒子链的长度和刚度）是指导自组装过程的关键。

c.了解热波动和动力因素在某些结构形成中的作用同样重要。具有特定热力学参数和结构特征的自组装模拟正在成为预测新结构和指导现有纳米结构形成的有力工具。

d.自下向上和自上向下的纳米颗粒组装、定向和成图方法相结合，可以得到大范围的高质量纳米颗粒阵列。纳米颗粒在流动、外加场、约束或光催化作用下的自组装也逐渐成为一种具有可编程特性的层次化、多功能结构的制备方法。

7.3　纳米材料在器件制备领域的优势

纳米材料以独特的优势和魅力，赢得了科研工作者的青睐。由于纳米制备工艺的发展，纳米材料器件的研发和应用也如火如荼地开展起来。电子器件和光电器件的研究成为近年来最热门的领域之一。例如，纳米材料在摩尔定律驱使下提高集成电路芯片密度、提高计算机计算能力等。再者，纳米材料的量子效应致使纳米材料在量子领域继续发挥不可替代的作用，如用于量子晶体管、量子计算机、量子激光器等器件的研究和制备。另外，利用纳米材料的表面效应等制成的纳米传感器，具有更高的灵敏度和更优越的性能。最后，纳米材料器件的生物相容性使得纳米材料在生物医学领域大展身手。

7.3.1　摩尔定律与器件集成

提起摩尔定律，首先不得不提的是晶体管。1947 年，美国贝尔实验室的三位科学家发现器件中一部分微量电流可控制另一部分大电流产生放大效应，这就是世界上第一个晶体管 [图 7-32(a)]。单个晶体管的功能毕竟有限，于是集成电路的想法和尝试逐渐盛行。1958 年，得州仪器公司的杰克·基尔比实现了第一个锗管工作集成电路 [图 7-32(b)]。1954 年，贝尔实验室的坦恩鲍姆制备了第一个硅晶体管；同年，贝尔实验室开发出第一台晶体管化的计算机 TRADIC，TRADIC 使用了大约 700 个晶体管和 1 万个锗二极管，每秒可以执行一百万次逻辑操作，功率仅为 100W，功能远超第一台以真空管为元件的计算机 ENIAC。1955 年，IBM 公司开发出包含 2000 个晶体管的商用计算机。1959 年，仙童公司的诺伊斯申请了平面工艺的专利，用铝作为导电条制备集成电路。从此，开始了集成电路的时代。

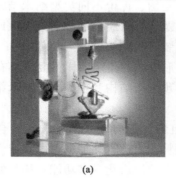
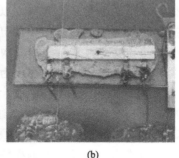

(a)　　　　　　　　　　　　　　　(b)

图 7-32　世界上第一个晶体管及第一个晶体管集成电路

1965 年 4 月 19 日，戈登·摩尔在《电子学》杂志发表了《让集成电路填满更多的组件》的文章，文中预言半导体芯片上集成的晶体管和电阻数量将每年增加一倍。1975 年，根据当时的实际情况，摩尔在 IEEE 国际电子组件大会上对摩尔定律进行了修正，把"每年增加一倍"改为"每两年增加一倍"，后来业界又把它更改为"每 18 个月增加一倍"。随着摩尔定律预言的器件集成密度增大和芯片体积减小，晶体管必将进入纳米尺度。从表 7-3 可以看出[111]，大约在 2000 年以后，集成电路设计规格开始进入纳米领域。纳米材料和纳米加工技术的优势在此领域可以得到充分发挥，集成电路性能得到大大提高。

表 7-3　集成电路工艺发展趋势

年份	1970	1975	1980	1985	1990	1995	2000	2005	2010	2015	2020
工艺线宽 /μm	8～10	5	2～3	0.8～1.2	0.5	0.18～0.25～0.35	0.13	0.09～65	32～45	22	16
DRAM 容量/位	4k	16k	64k～256k	1M～4M	16M	64M～256M	512M	1G～2G	4G DRAM	1T 内存	
UMP 指令/位	4	16		32				4G～8G、16G～32G	64G、256G		
晶圆尺寸 /mm	40	100		150	200	300				400	
世界市场 /亿美元	40	70	200	400	700	1000	2000	2275	2068		
领导公司	TI/Intel		NEC/东芝		三星		Intel 处理器,台积电代工				
代表产品	计算机(大型、小型)				PC		数字家电		汽车电子、医疗电子		
电子产品半导体含量/%	6				7			21			

摩尔定律自提出以来就不断遭受质疑。20 世纪 90 年代中期，芯片业界普遍认为半导体制程工艺到 25nm 关口时，漏电问题将非常严重，并且功耗也将非常高，英特尔提出的摩尔定律将不再适用。然而，1999 年，基于立体型结构的鳍式场效应晶体管技术和基于超薄绝缘层上硅技术，胡正明研究小组解决了半导体制程到 25nm 后的制造和功耗难题。2002 年 8 月 23 日英特尔研究人员发明了 "三栅" 结构的三维晶体管。该晶体管采用超薄三维硅鳍片取代了传统晶体管的平面栅极，硅鳍片的三个面都安排了一个栅极，其中两侧各一个、顶面一个，形象地说就是栅极从硅基底上站了起来。而二维晶体管只在顶部有一个。由于这些硅鳍片都是垂直的，晶体管可以更加紧密地靠在一起，从而大大提高了晶体管的密度。图 7-33 是三维晶体管的微观图及效果图[112]。经过随后多年的研发，这一新型晶体管最终进入可大规模生产阶段，继续为摩尔定律书写传奇。

图 7-33　三维晶体管微观图及效果图

　　近年来摩尔定律又一次遭到广泛的质疑，就连最新版的国际半导体技术蓝图（ITRS）也不以摩尔定律为目标。因为，当集成电路进入纳米尺度后，短沟道效应、量子隧道效应、接触电阻和迁移率退化等次级效应越来越明显；又由于受纳米技术加工极限的限制，更小尺寸的晶体管实现越来越困难。摩尔定律是否还适用，又一次成为人们议论的热点。2017 年 9 月 19 日，英特尔执行副总裁兼制造、运营和销售集团总裁 Stacy Smith 表示，目前业界经常用 16nm、14nm、10nm 等制程节点数字已失去真实的物理意义。通过表 7-4 可以看出，晶体管实际尺寸要比业界定义的制程节点数字要大，且每个公司的制程节点数字真实尺寸都有差别。这些说明了器件实际尺寸已跟不上摩尔定律的预言，摩尔定律步伐正在变慢。业界认为，摩尔定律将在未来几年达到终点，即硅材料晶体管的尺寸将无法再缩小，芯片性能的提升已经接近其物理极限。

表 7-4　10nm 技术密度对比

公司名称	Intel	台积电	三星
制程节点/nm	10	10	10
鳍片间距/nm	34	36	42
栅极间距/nm	54	66	68
最小金属间距/nm	36	42	48
逻辑单元高度/nm	272	360	420
逻辑晶体管密度/(MTr/mm^2)	100.8	48.1	51.6
逻辑晶体管密度（相对）	1 倍	0.48 倍	0.51 倍

　　为了继续维持摩尔定律，科学家正在努力尝试更多的方法制造集成度更高、功能更强大的集成电路，如真空晶体管、隧穿晶体管、自旋晶体管、单电子晶体管、分子晶体管以及新纳米材料晶体管等。当然，若要真正延续摩尔定律，还需要更合适的纳米材料的参与。例如，低维纳米材料石墨烯、碳纳米管和拓扑绝缘

材料等仅具有原子级别尺度的纳米材料有望实现更小的纳米管。不像块体纳米材料那样具有丰富的表面悬挂键和高的电导率，上述低维纳米材料无表面悬挂键和原子尺度，使得低维纳米材料成为下一代晶体管集成电路极具竞争力的选择。

2016年10月7日，美国劳伦斯伯克利国家实验室教授阿里·加维研究组利用碳纳米管和二维纳米材料二硫化钼开发出全球最小栅极的晶体管[113]，如图7-34所示。长期以来，半导体行业一直基于硅材料来缩小电子零部件的体积。对于硅晶体管来说，小于5nm的栅极都不可能正常工作。这是因为与二硫化钼相比，通过硅流动的电子更轻，遇到电阻更小。当栅极为5nm或更长时，硅晶体管比较有优势。但当栅极长度低于5nm时，硅晶体管就会出现一种被称为"量子隧穿效应"的量子力学现象，导致晶体管开关难以控制。而通过二硫化钼流动的电子更重，因此可以通过更短的栅极来控制。由于受传统加工工艺的限制，他们利用直径约1nm的碳纳米管制备原子尺度的晶体管栅极，这充分展现了低维纳米材料的优势。栅极长度被用于衡量晶体管的规格，成功研制出1nm栅极晶体管意味着只要材料选择适当，当前的电子零部件的提升还有较大缩减空间。

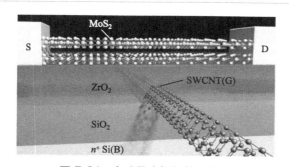

图 7-34　全球最小栅极的晶体管

此外，2017年北京大学电子系彭练矛团队使用新纳米材料石墨烯和碳纳米管也制造出5nm栅极长度的晶体管[114]，如图7-35所示。其中，沟道材料采用半导体碳纳米管。该5nm栅极长度接近于沟道长度，并采用石墨烯作为源/漏电极，充分发挥了低维纳米材料的优越特性。其工作速度3倍于英特尔最先进的14nm商用硅材料晶体管，能耗只有其四分之一。

越来越多的人开始质疑摩尔定律即将失效，甚至2016年《自然》杂志都撰刊称，"下个月（2016年2月）即将出版的国际半导体技术蓝图，不再以摩尔定律为目标。芯片行业50年的神话终于被打破了。"英特尔曾提出一份引起业界关注的报告，提出下一代晶体管结构是纳米线场效应晶体管，即环栅晶体管，并被国际半导体技术蓝图认为可实现5nm的工艺技术。英特尔已经宣布将在7nm放弃硅。锑化铟和铟砷化镓技术都已经证实了可行性，并且两者都比硅转换速度高、耗能少。碳纳米管和石墨烯目前都处在实验室阶段，可能性能会更好。利用低维纳米材料制备的晶体管能否替代硅晶体管进行产业化，从而继续为摩尔定律书写传奇，可以拭目以待。

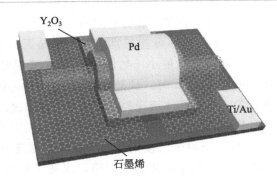

图 7-35　石墨烯电极和碳纳米管沟道材料组成的晶体管

7.3.2　量子效应与新型器件

人们把利用电子的某种量子效应原理制作的新型器件称为量子效应器件或量子器件。常见的量子器件有量子晶体管、量子比特计算机、量子存储器、量子激光器和量子干涉传感器等。

（1）量子晶体管

普通晶体管用一个开关控制成千上万个电子的流通，从而控制开关状态。在量子晶体管中，电子等级是量子化状态，在低能量状态下，电子被禁锢在特定状态而不能流通。只有通过光照、施加电压、加热等方法使电子得到足够能量，才可以加快运动速度，物理结构发生变化，从而"隧道贯穿"物体，即利用电子高速运动产生的隧道效应，使电子突破在经典物理学中无法逾越的能量势垒，以实现量子晶体管的开关状态。量子晶体管计算效率比普通晶体管高出一两个数量级。量子晶体管包括量子共振隧穿晶体管和单电子晶体管。

① 量子共振隧穿晶体管　量子共振隧穿晶体管是在量子共振隧穿二极管的基础上，再加上一个栅极而构成的。通过改变栅极电压对纳米材料的能级进行调整，从而控制谐振隧穿的穿透率，进而控制通过器件的电流。这种纳米尺寸的量子效应器件的开关性能比 MOSFET 更优越。因此，用小的栅极电压可以控制流过器件的大电流。更重要的是，量子共振隧穿晶体管还可实现多态逻辑功能。如果纳米材料势阱中的能级被分离得足够宽，则当栅极电压增加时，势阱内的不同

能级将会依次连续地与源导带发生谐振和非谐振，出现电流的多次通和断，即出现多个状态。相比于只有两种状态的 MOSFET，完成同一个任务所需这种多态的量子共振隧穿晶体管数目要少得多，热耗散也少，从而能够大大提高逻辑电路的性能。

② 单电子晶体管　顾名思义，单电子晶体管只要控制单个电子的输运行为即可完成特定逻辑功能。单电子晶体管是通过库仑阻塞效应和单电子隧道效应工作的，它不再单纯通过控制电子数目（主要通过控制电子波动的相位）实现逻辑功能。在纳米材料组成的隧道结中，在低温下结电容的静电能量与热能大小相当。当电子隧穿该隧道结时，隧道势垒两端的电位差会发生变化。由于隧道结尺寸极小（通常在 30nm 以下），一个电子进入隧道结后所引起的电位差变化可达数毫伏之多。如果该电位差变化所对应的能量大于热能，则由此电子隧穿所引起的电位变化便会对下一个电子的隧穿产生阻止作用，这就是库仑阻塞效应。在已发生库仑阻塞现象的隧道结中，如果从外部加某一阈值以上的电荷，库仑阻塞现象就会被解除，从而实现单个电子的逐一隧穿，即单电子隧穿。可通过图 7-36（a）直观地解释单电子隧穿现象。图 7-36（b）中电极"1"和"2"是为了控制左端电极的电荷量，从而控制右端单电子隧穿的速度。

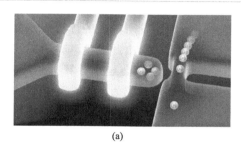
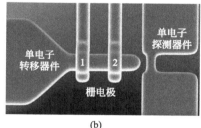

图 7-36　单电子隧穿探测器件和单电子隧穿工作示意图

在纳米尺寸下，随着尺度逐渐减小，普通晶体管的漏电流不断增大，集成电路的功耗也越来越大。因此，整个芯片的静态功耗急剧增大。所以，在设计过程中必须重点考虑漏电流的影响。在单电子晶体管中，电子发生隧穿通过隧穿结形成源漏电流。单电子的控制使得单电子晶体管具有更高的响应速度和更低的功耗，有望从根本上解决日益严重的芯片功耗问题。与普通晶体管相比，单电子晶体管具有超小尺寸、超低功耗、对电荷敏感、集成密度高、工艺兼容性好等诸多优点。图 7-37(a)、(b) 分别是利用石墨烯和金属纳米颗粒制备的单电子晶体管原理图[115,116]。

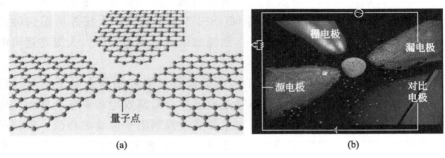

图 7-37　利用石墨烯（a）和金属纳米颗粒（b）制备的单电子晶体管原理图

（2）量子比特计算机

1969 年，史蒂芬·威斯纳最早提出"基于量子力学的计算设备"。之后亚历山大·豪勒夫（1973）、帕帕拉维斯基（1975）、罗马·印戈登（1976）、尤里·马尼（1980）和史蒂芬·威斯纳（1983）分别相继发表有关"基于量子力学的信息处理"的文章。1982 年，理查德·费曼提出利用量子体系实现逻辑计算的想法。1985 年，大卫·杜斯提出量子图灵机模型。当使用计算机模拟量子现象时，因为庞大的希尔伯特空间而使数据量也变得非常庞大，一个完好的模拟所需的运算时间可能是个不切实际的天文数字。如果用量子系统所构成的计算机来模拟量子现象，则运算时间可大幅度缩短，量子计算机的概念由此诞生。

经典计算机计算过程采用不可逆操作，大量的能耗会导致计算机芯片发热，从而影响芯片集成度和计算机运算速度。其基本信息单位为比特，运算对象是各种比特序列。一个比特可以取值 0，也可以取值 1。在量子计算机中，基本信息单位是量子比特，运算对象是各种量子比特序列。量子比特序列不但可以处于"0"态和"1"态，还可以处于其叠加态和纠缠态。这些特殊的量子态提供了量子并行计算的可能性，可以极大地提高量子计算机的运行能力。如果把电子计算机比作一种乐器，量子计算机就像交响乐团，一次运算可以处理多种不同状况。因此，一个 40 位元的量子计算机，就能解开 1024 位元的电子计算机花上数十年解决的问题。

迄今为止，量子计算机的候选体系有离子阱、超导电路、中性原子以及自旋体系等。无论哪种候选体系，纳米材料无疑都占据重要地位。没有纳米材料，量子计算机也无法真正实现。例如，在离子阱体系中带电离子需要以纳米精度被束缚在交变电场形成的势阱中；超导电路体系虽然一般属于宏观量子系统，其核心元件是约瑟夫森结（约瑟夫森结是由两层超导体和中间绝缘层组成的结构，其绝缘层的厚度必须是纳米尺度，才能提供中间隧穿势垒）；中性原子体系中的中心原子可以被束缚在激光或磁场产生的周期性网状势阱中而形成原子阵列，其尺度已经涉及原子级；自旋体系是量子计算重要的候选体系之一，合适的纳米材料有量子点、金刚石氮空穴（NV）色心等纳米级材料。截至目前，还很难说哪一种方案更有前景，只是量子点和超导约瑟夫森结方案更适合集成化和小型化。但是无论哪一种材料体系，未来量子计算机的实现必定离不开纳米材料的支持。

（3）量子存储器

从广义上说，量子存储器是一个能够按照需要存储和读出量子态的系统，而被存储的是非经典的量子态，如单光子、纠缠、压缩态等。量子存储器是量子信息处理技术中不可或缺的关键器件。例如，在量子通信领域，光子的强度在光纤中随传输距离以指数形式衰减；对于经典通信，中继放大的补偿信号能够给传输过程中的信号补充丢失的能量，保证远距离传输。但是，经典中继器不能应用于量子通信中，因为量子态有不可克隆性，目前量子通信只能达到百千米量级，要实现 1000km 以上的长程量子通信则需要基于量子存储的量子中继技术。目前已经实现的量子中继方案，可以克服传输损耗实现分钟量级的长程量子密钥分配；在基于线性光学的量子计算领域，量子存储器在量子计算中还可用于存储量子比特，实现大量比特处理的时间同步，提高量子逻辑门成功的概率，是量子比特计算领域不可或缺的器件；量子存储器还可以用于精密测量和单光子探测等。如果量子态的制备或操控可以通过处于可见或近红外波段的光子实现，则该量子存储器通常被称为光量子存储器。光量子存储器是取得光子并以信息对之编码的器件，是实现广泛的光量子网络的关键技术之一。

一个好的量子存储器应具备的标准是：高的保真度和存储效率、短脉冲的存储带宽、低损耗的通信窗口、长的存储时间和多模存储能力。为了实现这些标准，科学家对各种各样的存储介质进行了研究，包括稀土掺杂晶体、NV 色心、半导体量子点、单个 Rb 原子、热原子系统、冷原子系统等。可见，无论是哪种材料体系，纳米材料和结构依然是人们研究的热门。例如，量子存储器件所用的纳米腔体可以使信息存储在极小的体积内；量子图像存储所利用的二维磁光阱（MOT）、三维光晶格有效地限制了原子运动等。

（4）量子激光器

普通半导体激光器的发光机理是导带和价带中的电子-空穴对在复合过程中发出光子；量子激光器发光机理则是当异质结半导体纳米材料在某一个或某几个维度减小到波尔半径或德布罗意波长量级时，产生量子尺寸效应，有源区就变成了势阱区，边缘的宽带系材料成为势垒区，载流子（电子和空穴）被限制在势阱中，其运动出现量子化特点，从而提高发光效率。量子激光器和普通半导体激光器相比，具有更低的阈值、更高的量子效率、极窄的带宽和极好的时间特性。

根据载流子被限制的程度，量子激光器可以分为量子阱激光器、量子线激光器、量子点激光器。量子阱激光器所使用的材料一般是纳米薄膜材料，有源区器件材料的能带结构被宽带隙势垒区分割为阶梯状，其线度在一维方向上均接近或小于载流子的德布罗意波长，对其载流子在一维方向运动受限，但是在其他二维方向可以自由运动。量子线激光器所使用的材料一般是纳米线材料，有源区器件材料的能带结构被宽带隙势垒区分割为类似尖锥状，其线度在两维方向上均接近或小于载流子的德布罗意波长，对其载流子在其他二维方向运动受限，只有在一维方向可以自由运动。量子点激光器所使用的材料一般是量子点材料，它对注入的载流子具有三维量子限制特性，有源区器件材料的能带结构被宽带隙势垒区分割为许多孤立能级，其线度在三维方向上均接近或小于载流子的德布罗意波长，对其载流子在空间所有方向上的运动均进行了量子限制[117]。与量子阱激光器和量子线激光器相比，量子点激光器在输出光谱纯度、阈值电流、温度特性和调制特性等方面的性能均可获得较大幅度的提高。

块材料、量子阱、量子线和量子点示意图及其能态密度图如图 7-38 所示。

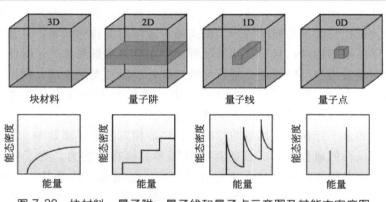

图 7-38　块材料、量子阱、量子线和量子点示意图及其能态密度图

量子阱激光器根据有源区内阱的数目，可分为单量子阱激光器和多量子阱激光器。多量子阱激光器有一种明星激光器——量子级联激光器。量子级联激光器的原理是：在多层半导体形成的周期性量子阱超晶格结构中，利用其子能带之间的电子跃迁辐射发光，它是一种单极型光源。研究量子级联激光器的材料都离不开利用分子束外延法制备的纳米薄膜材料。量子级联激光器的一个显著优点是：量子限制效应使人们在一定程度上可以通过调节势阱宽度来调节跃迁能量，从而在中红外和远红外波段调节激射波长，因而一直被科学家大量采用。

（5）量子干涉传感器

量子干涉传感器包括迈克耳孙干涉仪和超导量子干涉仪等。这里主要介绍一种量子干涉传感器——超导量子干涉仪。超导量子干涉仪的基本原理是：基于约瑟夫森隧道效应和超导磁通量子化这两个宏观量子力学效应。其实质是一种将磁通转化为电压或电流信号的磁通传感器，当含有约瑟夫森隧道结的超导体闭合环路被适当大小的电流偏置后，隧道结两端的电压就变为该闭合环路环孔中变化的外磁通量的周期性函数。这是一种宏观量子干涉现象，在接收磁场信号的过程中可以把约瑟夫森隧道结看作一个环形天线，具备磁信号的全方位接收功能。

以超导量子干涉仪为基础派生出各种传感器和测量仪器，能测量微弱信号且极其灵敏，因此可以作为检测微弱磁场变化的器件。超导量子干涉仪可以测量出的微弱磁场信号为 10^{-11}Gs（1Gs＝10^{-4}T），仅相当于地磁场的一百亿分之一，比常规的磁强计灵敏度高出几个数量级，具有常规传感器无法比拟的对弱磁场变化的量子级灵敏响应特性，是进行薄膜、纳米、磁性、半导体和超导等材料磁学性质研究的基本仪器设备。因此，超导量子干涉仪被誉为"最灵敏的磁敏传感器"。它不但可以测量磁场，还可以测量电压、电流、电阻、电感、磁感应强度、磁场梯度、磁化率等物理量。利用以超导量子干涉仪为核心部件的探测器侦测直流磁化率信号，灵敏度可达 10^{-8}emu，温度变化范围为 1.9～400K，磁场强度变化范围为 0～7T。很多超导有源器件（如磁传感器、数字逻辑电路、放大器等）是在超导量子干涉仪的基础上制备的。

如图 7-39（a）所示基本的超导量子干涉仪是由超导环构成的，其核心部件是被一层绝缘纳米材料组成的薄势垒层分开的两块超导体构成一个约瑟夫森隧道结。如图 7-39（b）所示超导电子隧道效应就是超导体 A 与超导体 B 由一个纳米绝缘体 C 分隔开，此时依然会有非常微弱的电流由超导体 A 流至超导体 B。这种按超导体、绝缘体、超导体的顺序层叠加起来的结构就称为约瑟夫森隧道结。约瑟夫森隧道结最关键的部分则为这一层绝缘纳米材料。有了这层纳米材料，约瑟夫森隧道结才能有电子隧道效应，从而具有接近量子极限的能量分辨率、极低的噪声、极宽的工作频带、极低的功耗等优异性能，才能在宇宙学、量子力学和生命科学等近代实验物理和理论物理研究中扮演重要角色。

7.3.3 表面效应与传感器

表面效应是指纳米材料表面原子数与总原子数之比，随纳米晶粒半径变小而急剧增大后，所引起的材料性质上的变化。研究表明，纳米颗粒直径为 10nm 时，微粒包含 4000 个原子，表面原子占 40%；当纳米颗粒的半径小于 5nm 时，表面原子比例将会迅速增加；当纳米颗粒的半径小于 0.5nm 时，表面原子比例会达到 92%以上，几乎所有的原子全部分布在纳米颗粒的表层。如此高的比表面积会出现一些极为奇特的现象，如金属纳米粒子在空中会燃烧、无机纳米粒子

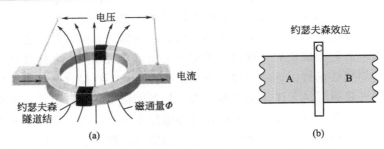

图 7-39　超导量子干涉仪核心部件和约瑟夫森隧道结原理图

会吸附气体、石墨烯量子点吸附化学分子等。例如，高浓缩纳米玻璃保护涂层，就运用了超强的吸附功能，将纳米原子吸附在玻璃表层，使其具有超强防刮效应。再如，纳米材料超强的吸附性能可以应用于抗菌、杀菌等生物领域。另外，由于表面效应，纳米材料还具有超疏水、超疏油等特性。纳米材料常用来制作成涂层，用于防水、防污、防锈和自清洁等。

表层原子的结合能与内部原子的结合能不同，随着纳米颗粒半径的减小，表面能和表面结合能以惊人的几个数量级增大。表层原子与内部原子相比缺少一部分相邻的原子，有大量可以供其他原子结合的悬挂键，这种不饱和的状态极其不稳定，使表面的纳米原子处于一个极其活跃的状态，特别是当达到 10nm 以下时，这种活跃状态会极其强烈。这种活跃性对于一些特定材料的原子，会发生表层原子的自旋现象，引起电输运方式、分子或晶体构型方式的改变以及谱像的变化。再者，由于表面能的增加，纳米材料具有更强的化学活性，常被制作成纳米级的化学催化剂用于传感器中。特别是对微量剧毒物质的检测，纳米材料发挥了重要作用。

纳米传感器是利用纳米尺度的材料将待测物的物理、化学或生物信息转换成可测量的光、电等信号的装置和器件。它的诞生，加快了人类社会迈向信息化、智能化时代的步伐。与传统传感器相比，纳米传感器集高灵敏、多功能、高智能等优异性能于一体，甚至有些纳米传感器可在分子水平上进行操作和控制，为人们灵敏地探测和感知纳米尺度上的微观世界提供了重要的多样化手段。同时，纳米传感器具有集成、阵列、微型、智能和便携等优点，极大地拓宽了在医疗诊断、环境监测、可穿戴设备等领域的应用。

图 7-40 是利用纳米氧化铟催化发光传感器快速检测三氯乙烯的装置原理图[118]。三氯乙烯是一种易挥发的不饱和卤代脂肪烃类化合物，其经呼吸道、消化道和皮肤吸收可损害中枢神经系统，亦可损伤内脏和皮肤等。三氯乙烯中毒发病急骤，而临床表现无明显特异性，特别容易出现误诊，治疗不当或不及时可引

起中毒致死。三氯乙烯在氧化铟表面与空气中氧气氧化产生处于激发态的产物，产物从激发态回到基态会发光，这种现象被称作催化发光。对于固体氧化铟来讲，三氯乙烯与其反应缓慢，不可快速检测。但是利用氧化铟纳米颗粒作为催化剂，可极大地增加氧化铟的催化活性，从而在室温下快速检测微量三氯乙烯的存在。另外，空气中有大量的水蒸气，为提高传感器灵敏度，避免水分过多接触传感器，可在传感器表面涂覆一层由纳米材料组成的超疏水薄膜，有效提高传感器探测有机物的灵敏度。

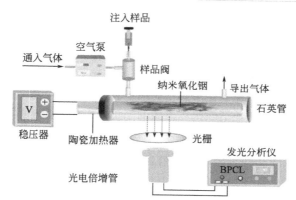

图 7-40　纳米氧化铟催化发光传感器检测三氯乙烯的装置原理图

7.3.4　纳米器件生物兼容性

当纳米材料和器件与生物体结合时，需要有生物兼容性。与传统检测技术相比，生物兼容器件需要具有高特异性和高灵敏度、响应快特点。但是生物兼容器件在敏感材料的有效固定和传感器再生方面仍存在一定问题。纳米材料的尺寸效应、量子效应、表面效应和界面效应等可以大大提高生物传感器的性能。而且，纳米材料的引入可以有效解决敏感材料的固定及再生问题。生物兼容性纳米材料大体可分为纳米颗粒、量子点、纳米管、纳米线和纳米棒、层状纳米材料、纳米三维材料等，它们可应用于生物诊断、生物医疗、生物器官替代、可穿戴传感器等。

（1）纳米颗粒与量子点

近几十年，纳米颗粒一直是生物医学诊断和治疗方法中非常重要的研究体系。纳米颗粒具有以下优势：第一，纳米颗粒基多功能体系可以通过生物成像和药物载体实现诊断和治疗；第二，小体积和大比表面积利于纳米颗粒封装；第三，通过优化尺寸和形状，纳米颗粒通过吸附固定生物分子可用于生物分子的固定，并且在病变位置积累而增强反应信号；第四，通过适当的修饰和尺寸设计的纳米颗粒，可以延长在血液循环系统的时间。所以，纳米颗粒在电化学生物传感器中的应用非常广泛。

例如，金溶胶纳米颗粒由于吸附生物大分子后仍能保留其生物活性，因而最初广泛用于电子显微镜中标记生物分子。纳米颗粒可以用来定位肿瘤，荧光素标记的识别因子与肿瘤受体结合，可以在体外用仪器显影确定肿瘤的大小和位置。石墨烯量子点颗粒可以用于抑制人体内 α-蛋白，从而抑制帕金森症。另一个重要的方法是用纳米磁性颗粒标记识别因子，与肿瘤表面的靶标识别器结合后，在体外测定磁性颗粒在体内的分布和位置，从而给肿瘤定位。

再例如，在葡萄糖生物传感器研究过程中发现，共存电活性物质比如抗坏血酸会对生物监测产生干扰。科学家将 MnO_2 纳米颗粒溶于壳聚糖溶液中，并用电沉积方法将其沉积在葡萄糖氧化酶修饰的电极表面，形成一层氧化物薄膜。这样制成的生物传感器可以很好地消除抗坏血酸的干扰，而对葡萄糖的监测没有影响。

（2）纳米管、纳米线和纳米棒

纳米管、纳米线和纳米棒等一维材料也是生物器件研究的热点。例如碳纳米管有着优异的表面化学性能和良好的电学性能，是制作生物传感器的理想材料。美国宇航局艾姆斯研究中心利用超灵敏的碳纳米管技术开发出一种新型生物传感器，可以探测水和食物中含量极低的特殊细菌、病毒、寄生虫等病原体。碳纳米管的一个优势在于，在其共价修饰抗体或其他受体后，不产生细胞毒性，也不会影响抗体或受体的其他免疫活性，近年来该方法在免疫传感器方面的应用逐渐增加。另外，单壁碳纳米管可以用于制备高度灵敏的生物传感器，用于检测多种癌细胞标记物和植物毒素等。

一氧化氮是人体细胞中最重要的信使分子之一，其主要作用是在大脑和其他免疫系统功能中传递信息。在很多癌症细胞中，一氧化氮的数量相当不稳定，但医学界至今对健康细胞和癌细胞中一氧化氮表现形式的差别仍了解不深。如果将碳纳米管传感器通过皮下植入人体，通过检测人体内的一氧化氮含量以增加对癌细胞的检测和了解。该碳纳米管传感器可在人体内存留一年以上正常工作，该时长创下了纳米传感器植入人体时长的新纪录。碳纳米管传感器还可以开发用于检测诸如葡萄糖等其他分子的感应器。如果开发成功，患者将无需再进行血液样本的检测，这为糖尿病患者带来福音[119]。

另外，多壁纳米管、纳米金颗粒及光敏染料的交联可以促进烟酰胺腺嘌呤二核苷酸充分氧化，产生光电效应，大大增强生物催化效率。这种交联混合物可以作为各种脱氢酶载体，可以用来构建生物传感器或生物燃料电池，其应用前景很好。

（3）层状纳米材料

二维层状材料是在一维方向超薄的纳米材料。由于超薄厚度、高比表面积和二维柔性，层状材料常用于生物器件的制备。二维石墨烯以及类似衍射物（过渡金属硫化物、过渡金属氧化物、Bi_2Se_3、BN 和 C_3N_4 纳米片等）是生物应用的理想候选材料，可以用于生物诊断、治疗和可穿戴生物传感器等。石墨烯具有极高的电导率、热导率以及出色的机械强度；并且作为单原子平面二维晶体，石墨烯在高灵敏度检测领域具有独特的优势。

中国国家纳米科学中心方英课题组和美国的哈佛大学 Lieber 课题组合作，首次成功制备出石墨烯与动物心肌细胞的人造突触。他们首先通过纳米加工技术得到高信噪比的石墨烯场效应晶体管集成芯片，进而在芯片表面培养鸡胚胎心脏细胞。结果发现，石墨烯和单个心肌细胞之间竟能形成稳定接触，可以实现细胞电生理信号的高灵敏度、非侵入式检测。更重要的是，该研究第一次实现了通过门电势的偏置引起同一石墨烯器件 N 型和 P 型工作模式的转变，进而在细胞电生理过程中得到了相反极性的石墨烯电导信号，充分证明了测量生物信号的电学本质和石墨烯的生物相容性。这为发展高集成纳米生物传感阵列和二维材料生物相容性研究提供了理论指导和实验基础。

图 7-41 是石墨烯用于生物 DNA 基因测序的四种方法原理图[120]。在图 7-41（a）中，通过石墨烯膜纳米孔探测 DNA 基因序列。其基本原理是，当 DNA 螺旋结构通过石墨烯膜纳米孔时，在 DNA 不同序列位置中产生的离子电流不同，导致石墨烯电极两端的电流发生变化，从而达到 DNA 基因序列的测序目的。在图 7-41（b）中，石墨烯纳米带之间间隙非常小，有隧穿电流通过。当 DNA 链通过纳米带间隙时，其对隧穿电流有一个修饰作用，从而达到 DNA 基因测序的目的。在图 7-41（c）中，石墨烯纳米带中间开一个小孔，足以穿过 DNA 结构，通过测量纳米带面内电流的变化，可以实现 DNA 基因序列的检测。在图 7-41（d）中，DNA 链式结构直接吸附在石墨烯纳米带上，DNA 在纳米带垂直方向移动，不断改变 DNA 吸附在石墨烯纳米带上的嘌呤类型，从而改变通过石墨烯纳米带的电流，最终达到 DNA 基因测序的检测目的。

（4）纳米三维材料

纳米三维材料是指由纳米材料构成的三维物体。生物相容性纳米三维医用器件包括骨钉、骨板、人工关节、人工血管、人工晶状体和人工肾等。所涉及的材料包括氧化物陶瓷材料、医用碳素材料、大多数的医用金属材料和高分子材料等。生物医用材料不但要求具有良好的生物相容性，还要具有一定的机械强度和可控的生物降解性等。于是，结合生物组织和器官的结构与性能，从材料学角度来研究生物相容性器件（特别是医用器件如用于组织修复与替代的仿生骨、仿生皮肤、仿生肌腱和仿生血管等），具有重大意义。图 7-42 是利用仿生材料制造的生物相容性器件。

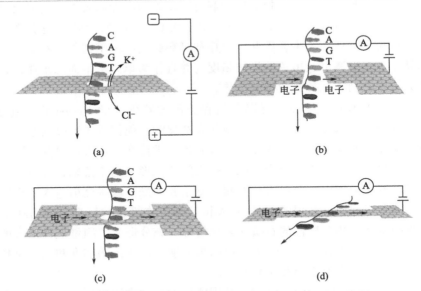

图 7-41　石墨烯纳米材料用于基因测序的四种方法原理图

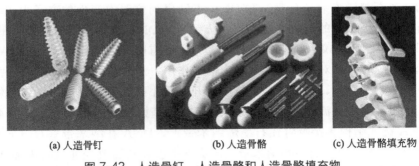

(a) 人造骨钉　　　　　　(b) 人造骨骼　　　　　　(c) 人造骨骼填充物

图 7-42　人造骨钉、人造骨骼和人造骨骼填充物

　　不但如此，其他纳米光电器件等也可以经过优化植入生物体，实现生物体增强、能量高效利用等，如可为生物医学微系统供能的纳米发电机。据报道，张海霞课题组制备出由铝、聚二甲基硅氧烷、聚对苯二甲酸乙二酯薄膜组成的倍频高输出摩擦纳米发电机，该纳米发电机可与生物体兼容，其输出电压、输出电流和功率密度可分别达到 465V、107.5μA、53.4mW/cm³。利用该新型纳米发电机不但可以成功驱动 5 个并联发光二极管（LEDs）工作，还可以驱动视网膜神经假体三维针尖阵列，为摩擦纳米发电机在生物相容性和医学应用方面做出了开创

性研究贡献。

本章小结

本章首先介绍了纳米加工技术的分类（主要包括光刻技术、直写技术、纳米压印技术、喷墨打印技术、聚焦离子束加工技术以及扫描探针加工技术）以及各种加工技术的工艺流程，随后对纳米器件制备工艺进行了汇总，主要包括磁控溅射、真空镀膜、微纳刻蚀、脉冲激光沉积以及自组装纳米加工。随着科学技术的发展，人们对电子设备小型化的要求越来越高，各种器件正逐步从微米级发展到纳米级。特别是对于生物芯片、高密度存储器件、高灵敏度传感器、光学器件制造来说，对纳米器件的需求日益增长。如何减小图形尺寸和提高纳米器件性能已成为世界各国科学家日益关注的问题。然而，由于传统刻蚀技术的局限性，纳米器件的发展已成为制约电子器件小型化的重要因素之一。通过对新型纳米加工技术的研究，克服了传统光刻技术在电子束光刻尺寸和生产速度上的局限性，为纳米图形从宏观到微观的制造开辟了一条新途径。纳米加工技术是适应微电子、纳米电子技术和微机电系统发展而迅速发展的一种加工技术。目前，探索新的纳米加工方法和手段已成为纳米技术领域的一个热门话题。随着纳米制造技术的发展，出现了多种纳米制造技术。新的纳米制造技术利用无机纳米材料和无机-有机纳米复合图形材料制备纳米图形掩膜，并结合纳米刻蚀技术制备小于30nm的图形结构。随着纳米结构尺寸小于100nm，不仅器件尺寸减小，而且由于纳米尺寸效应的影响，纳米器件被赋予许多新特性：更快的计算速度、更高的存储密度、更低的能耗等。纳米加工技术的发展也将对生命技术、环境、能源等诸多方面产生重大影响，具有深远的意义。

参考文献

[1] Peiyun Yi, Hao Wu, Chengpeng Zhang, et al. Roll-to-roll UV imprinting lithography for micro/nanostructures. J. Vac. Sci. Technol. B, 2015, 33: 060801.

[2] M. M. Alkaisi, R. J. Blaikie, S. J. McNab, et al. Sub-diffraction-limited patterning using evanescent near-field optical lithography. Appl. Phys. Lett., 1999, 75 (22): 3560-3562.

[3] Xiangang Luo, Teruya Ishihara. Surface plasmon resonant interference nanolithography technique. Apps. Phys. Lett.,

2004, 84（23）：4780-4782.

[4] Peng Jin, Kyle Jiang, Nianjun Sun. Microfabrication of ultra-thick SU-8 Photolithography for microengines. SPIE, 2003, 4979：105-110.

[5] Marc Rabarot, Jacqueline Bablet, Marine Ruty, et al. Thick SU-8 photolithography For BioMEMS. SPIE, 2003, 4979：382-393.

[6] Wang Hongrui, Zhu Jinguo. The discuss of exposure technology in lithography process. Modern Manufacturing Engineering, 2008, 12：131-135.

[7] Bernard Fay. Advanced optical lithography development, from UV to EUV, Microelectrnn. Eng. , 2002, 61/62：11-24.

[8] Kemp K, Warm S. EUV lithography. Comptes Rendus Physique, 2006, 7（8）：875-886.

[9] Valérie Paret, Pierre Boher, Roland Geyl, et al. Characterization of optics and masks for the EUV lithography. Microelectronic engineering, 2002, 61/62：145-155.

[10] Chang T H P,Mankos M,Lee K Y. Multiple electron-beam lithography. Microelectronic Engineering, 2001, 57/58：117-235.

[11] Gentili M, Grella L, Luciani L, et al. Electron beam lithography for fabrication of 0. 1μm scale structures in thick single level resist. Microelectronic Engineering, 1991, 14（3/4）：159-171.

[12] F. J. Pantenburg, J. Mohr. Deep X-ray lithography for the fabrication of microstructures at ELSA. Nuclear Instrumenrs and Methods in Physics Research Section A: Accelerators, Spectrometers, Detectors and Associated Equipment, 2001, 467/468：2269-1273.

[13] Rodriguez A,Echeverria M,Ellman M, et al. Laser interference lithography for nanoscale structuring of materials: From laboratory to industry. Microelectronic Engineering, 2009, 86（4/6）：937-940.

[14] M. Ellman, A. Rodriguez, N. Perez, et al. High—power laser interference lithography process on photoresist: Effect of laser fluence and polarization. Applied Surface Science, 2009, 255（10）：5537-5542.

[15] G. M. Gratson, F. Garcia-Santamaria, V Lousse, et al. Advanced materials, 2006, 18：461.

[16] S. Chen, Z. Lou, D. Chen, et al. Advanced materials, 2018, 30：621.

[17] W. Gao, N. Singh, L. Song, et al. Nature nanotechnology, 2011, 6：496-500.

[18] G. Piaszenski, U. Barth, A. Rudzinski, et al. Microelectronic Engineering, 2007, 84：945-948.

[19] L. J. Guo. Journal of Physics D: Applied Physics, 2004, 37：123.

[20] M. A. Verschuuren, M. Megens, Y. Ni, et al. Advanced Optical Technologies, 2017, 6：243-264.

[21] S. Barcelo, Z. Li. Nano Convergence, 2016, 3：21.

[22] C. Z. T. Jiarui, World Sci-tech R & D, 2004, 1：2.

[23] 魏玉平，丁玉成，李长河. 制造技术与机床，2012, 5：87-94.

[24] Z. Liu. Nature communications, 2017, （8）：14910.

[25] C. Y. Peng, C. -W. Hsu, C. -W. Li, et al. ACS applied materials & interfaces, 2018, 10：9858-9864.

[26] 宋洪喜. 试析喷墨打印机技术的类型与原理[J]. 化工管理, 2018, 15：212.

[27] Yin Z P, Huang Y A, Bu N B, et al. Inkjet printing for flexible electronics: Materials, processes and equipments

[J]. Chinese Science Bulletin, 2010, 55（30）: 3383-3407.

[28] 侯倩，陈君. 喷墨打印技术的研究及其在电子器件产品中的应用[J]. 科技创新与应用，2016（4）: 80-80.

[29] A. J. Cui, W. X. Li, Q. Luo, et al. Appl Phys Lett., 2012, 100: 143106.

[30] T. Nagase, T. Kubota, S. Mashiko. Thin Solid Films, 2003, 438: 374.

[31] T. Nagase, K. Gamo, T. Kubota, et al. Microelectron Eng, 2005, 78/79: 253.

[32] G. C. Gazzadi, E. Angeli, P. Facci, et al. Appl Phys. Lett, 2006, 89: 173112.

[33] G. Han, D. Weber, F Neubrech, et al. Nanotechnology, 2011, 22: 275202.

[34] T. Blom, K. Welch, M. Stromme, et al. Nanotechnology, 2007, 18: 285301.

[35] M. A. Danielle Elswick, Lewis Stern, Jeff Marshman, et al. Microsc. Microanal, 2013, 19: 1304.

[36] K. Horiuchi, T. Kato, S. Hashii, et al. Appl. Phys. Lett., 2005, 86: 153108.

[37] C. Thiele, H. Vieker, A. Beyer, et al. Appl. Phys. Lett., 2014, 104: 103102.

[38] A. Cui, Z. Liu, H. Dong, et al. Adv. Mater, 2015, 27: 3002.

[39] S. Lipp, L. Frey, C. Lehrer, et al. Microelectron. Reliab, 1996, 36: 1779.

[40] D. Brunel, D. Troadec, D. Hourlier, et al. Microelectron. Eng, 2011, 88: 1569.

[41] Y. W. Lan, W. H. Chang, et al. Nanotechnology, 2015, 26: 055705.

[42] K. Shigeto, M. Kawamura, A. Y. Kasumov, et al. Microelectron. Eng., 2006, 83: 1471.

[43] E. S. Sadki, S. Ooi, K. Hirata, Appl. Phys. Lett., 2004, 85: 6206.

[44] I. Utke, P. Hoffmann, J. Melngailis, et al. Sci. Technol. B, 2008, 26: 1197.

[45] V. Gopal, V. R. Radmilovic, C. Daraio, et al. Nano Lett., 2004, 4: 2059.

[46] G. Binnig, C. F. Quate, Ch. Gerber, Phys. Rev. Lett, 1986, 56: 930.

[47] H. Edwards, L. Taylor, W. Duncan, A. J. Melmed, J. Appl. Phys, 1997, 82: 980.

[48] T. Ando, T. Uchihashi, T. Fukuma, Prog. Surf. Sci., 2008, 83: 337-437.

[49] H. Kawakatsu, S. Kawai, D. Saya, et al. Sci. Instrum, 2002, 73: 2317.

[50] E. Guliyev, T. Michels, B. E. Volland, et al. Microelectron. Eng., 2012, 98: 520.

[51] M. B. Viani, T. E. Schaffe, A. Chand, et al. J. Appl. Phys, 1999, 86: 1531.

[52] J. H. T. Ransley, M. Watari, D. Sukumaran et al. Microelectron Eng, 2006, 83: 1621.

[53] I. W. Rangelow, Mircoelectron. Eng, 2006, 83: 1449.

[54] K. Ivanova et al., J Vac. Sci. Technol. B, 26 (2008) 2367.

[55] N. Abedinov, et al. J. Vac. Sci. Technol A, 2001, 19（6）: 1988.

[56] G. May, S. M. Sze. Photolithography, Fundamentals of Semiconductor Fabrication, Wiley, New York, 2004.

[57] M. C. Elwenspoek, H. V. Jansen. Silicon Micromachining, Cambridge, 2004.

[58] M. Hofer, Th. Stauden, I. W. Rangelow, et al. Mater. Sci. Forum, 2010, 841: 645-648.

[59] M. Hofer, Th. Stauden, S. A. K. Nomvussi, et al. I. W. Rangelow, in: Proceeding of the 15th ITG/GMA-Conference, VDE Verlag, 2010, 330.

[60] T. D. Stowe, K. Yasumura, T. W. Kenny, et al. Appl. Phys. Lett., 1997, 71: 288.

[61] W. Henschel, Y. M. Georgiev, H. Kurz. J. Vac. Sci. Technol. B, 2003, 21: 2018.

[62] M. Haffner, A. Haug, A. Heeren, et al. J. Vac. Sci. Technol. B, 2007, 25: 2045.

[63] A. Grigorescu, M. C. ran der Krogt, C. Hagen, P. Kruit, Microelectron. Eng., 2007, 84: 1994.

[64] Andresa Baptista, Francisco Silva, Jacobo Porteiro, et al. Sputtering Physical Vapour Deposition (PVD) Coatings: A Critical Review on Process Improvement and Market Trend Demands [J]. Coatings, 2018, 8: 402.

[65] Liu J. Y, Cheng K. B. Hwang J. F. Study on the electrical and surface properties of polyester, polypropylene, and polyamide 6 using pen-type RF plasma treatment. Journal of Industrial Textiles, 2011, 41: 123-141.

[66] Hegemann D, Amberg M, Ritter A. Recent developments in Ag metallised textiles using plasme sputtering. Material Technology, 2009, 24: 41-45.

[67] Kunkun Fua, Leigh R. Sheppardb, Li Changa, et al. Length-scale-dependent nanoindentation creep behaviour of Ti/Al multilayers by magnetron sputtering. Materials Characterization, 2018, 139: 165-175.

[68] Jia ZN, Hao CZ, Yang YL. Tribological performance of hybrid PTFE/serpentine composites reinforced with nanoparticles. Tribological Material Surface Interface, 2014, 8: 139-145.

[69] Liu Y, Leng J, Wu Q. Investigation on the properties of nano copper matrix composite via vacuum arc melting method. Materials Research Express, 2017, 4: 10.

[70] Esen M, Ilhan I, Karaaslan M. Electromagnetic absorbance properties of a textile material coated using filtered arc-physical vapor deposition method. Journal of Industrial Textiles, 2015, 45: 298-309.

[71] Deng B, Yan X, Wei Q. AFM characterization of nonwoven material functionalized by ZnO sputter coating. Materials Characterization, 2007, 58: 854-858.

[72] Wi DY, Kim I W, Kim J. Water repellent cotton fabrics prepared by PTFE RF sputtering. Fibers and Polymers, 2009, 10: 98-101.

[73] 安奎生，付申成，谷德山. 教学用金属真空蒸发镀膜实验装置的研制[J]. 大学物理实验，2016，29（6）：98-100.

[74] 王伟. 浅析真空镀膜技术的现状及进展[J]. 科学技术创新，2018（28）：146-147.

[75] 张以忱. 第十二讲：真空工艺[J]. 真空，200，02：18-19.

[76] 刘铁生. 用电子束真空蒸镀法将二氧化锆和二氧化硅透光保护膜镀在玻璃上[J]. 光学工程，1978（2）：67-69.

[77] 邱阳. 电子束蒸发 ITO 薄膜结构、性能及球形基底薄膜制备[D]. 北京：中国建筑材料科学研究总院，2015.

[78] 张以忱. 第十八讲：真空蒸发镀膜[J]. 真空，2013，03：39-40.

[79] 张以忱. 第十一讲：真空材料[J]. 真空，2002，2：18-19.

[80] 宋继鑫. 国外光学薄膜的应用和真空镀膜工艺[J]. 光学技术，1994（1）：32-38.

[81] 刘新胜. 热蒸发法制备硒化锑（Sb_2Se_3）薄膜太阳能电池及其性能研究[D]. 武汉：华中科技大学，2016.

[82] H. Abe, Y. Sonobe, T. Enomoto. Jap. J. Appl Phys, 1973, 12: 154.

[83] L. M. Loewenstein, C. M. Tipton. J. Electrochem. Soc, 1991, 138: 1389.

[84] D. B. Graves, D. Humbrid. Appl. Surf. Sci., 2002, 192: 88.

[85] B. Radjenović, M. Radmilović-Radjenović. Cent. Eur. J. Phys., 2011, 9: 265-275.

[86] M. Quirk, J. Serda. Semiconductor Man-

ufacturing Technology, 2001, 187: 404.

[87] B. Radjenović, M. Radmilović-Rad-jenović. J. Phys. Conf. Ser, 2007. 86: 012017.

[88] S. J. Fonash. J. Electrochem. Soc. , 1990, 137: 3885.

[89] B. Radjenović, M. Radmilović-Rad-jenović. Thin. Solid Films, 2009, 517: 4233.

[90] B. Radjenović, M. Radmilović-Rad-jenović. M. Mitrić, Sensors, 2010, 10: 4950.

[91] Smith H M,Turner A F. J. Appl. Optics, 1965, 4: 147.

[92] Dijkkamp, D, Venkatesan, T, et al. J. Appl. Phys. Left, 1987, 51: 619.

[93] Caricato A P, Luches A. Application of the matrix-assisted pulsed laser evap-oration method for the deposition of or-ganic, biological and nanoparticle thin films: a review. J. Appl. Phys. A, 2011, 105 (3): 565-582.

[94] Boyd I W. Thin film growth by pulsed la-ser deposition. Ceramics Internation-al, 1994, 22 (5): 429-434.

[95] Christen H M, Eres G. Recent ad-vances in pulsed-laser deposition of complex oxidesrn. Journal of Physics: Condensed Matter, 2008, 20 (26): 264005.

[96] Yang Z B, Huang W, Hao J H. J. Mater. Chem. C, 2016, 4: 8859.

[97] Bleu Y, Bourquard F, Tite T, et al. Review of Graphene GrowthFrom a Solid Carbon Source by Pulsed Laser Deposition (PLD). Front. Chem., 2018, 6: 572.

[98] Puretzky A A, Geohegan D B, Jellison K G E Jr, et al. Appl. Surf. Sci. , 1985, 859: 96.

[99] Geohegan D B. Diagnostics and charac-teristics of laser-produced plasmas Pulsed Laser Deposition of Thin Films ed D H Chrisey and G K Hubler. Sensors, 1994, 9: 3950.

[100] Haeni J H , Irvin P, Chang W, et al. Room-Temperature Ferroelectricity in Strained $SrTiO_3$. Nature, 2004, 430 (7001): 758-761.

[101] Rode A V, Luther-Davies B and Gamaly E G. 1999 J. Appl. Phys. , 85: 4222.

[102] Frü ngel, Frank B A. Optical Pulses, lasers, measuring techniques. Opti-cal Pulses-lasers-measuring Tech-niques, 1965, 3: 415-455.

[103] Nie Z, Petukhova A, Kumacheva E. Properties and emerging applications of self-assembled structures made from inorganic nanoparticles. Nature Nanotechnology, 2010, 5 (1): 15-25.

[104] Nie Z, Fava D, Kumacheva E, et al. Self-assembly of metal âC "polymer analogues of amphiphilic triblock co-polymers. Nature Materials, 2007, 6 (8): 609-14.

[105] Nakata K, Hu Y, Uzun O, et al. Chains of superparamagnetic nanop-articles. Advanced Materials, 2010, 20 (22): 4294-4299.

[106] Tang Z, Zhang Z, Wang Y, et al. Self-Assembly of CdTe Nanocrystals into Free-Floating Sheets. Science, 2006, 314 (5797): 274-278.

[107] Nykypanchuk D, Maye M M, Lelie D V D, et al. DNA-guided crystallization of colloidal nanoparticles. Nature, 2008, 451 (7178): 549-552.

[108] Correa-Duarte M A, Pé rez-Juste J, Sá nchez-Iglesias A, et al. Aligning Au nanorods by using carbon nanotubes as templates. Angewandte Chemie, 2010, 44 (28): 4375-4378.

[109] Dujardin E, Peet C, Stubbs G, et al. Organization of Metallic Nanoparticles Using Tobacco Mosaic Virus Templates. Nano Letters, 2003, 3（3）: 413-417.

[110] Hai Wang, Wanjuan Lin, Karolina P. Fritz, et al. Cylindrical block comicelles with spatially selective functionalization by nanoparticles. J. Am. Chem. Soc., 2007, 129: 12924-12925.

[111] 陶然. 守望摩尔定律[J]. 电子产品世界, 2010,17(6):2-4.

[112] Dan Grabham. Intel's Tri-Gate transistors: everything you need to know: [techradar]. https://www.techradar.com/news/computing-components/processors/intel-s-tri-gate-transistors-everything-you-need-to-know-952572, 2011.

[113] Sujay B. Desai, Surabhi R. Madhvapathy, Angada B. Sachid, et al. MoS2 transistors with I-nanometer gate lengths. Science, 2016, 354（6308）: 99-102.

[114] Chenguang Qiu, Zhiyong Zhang, Mengmeng Xiao, et al. Scaling carbon nanotube complementary transistors to 5-nm gate lengths. Science, 2017, 355（6322）: 271-276.

[115] R. M. Westervelt. Graphene Nanoelectronics. Science, 2008, 320（5874）: 324-325.

[116] O. Bitton, D. B. Gutman, R. Berkovits, et al. Multiple periodicity in a nanoparticle-based single-electron transistor. Nature Comunications, 2017, 8（402）: 1-6.

[117] Goldmann Elias. From Structure to Spectra: Tight-Binding Theory of InGaAs Quantum Dots [D]. Germany: Bremen University, 2014.

[118] 张仟春, 谢思琪, 付予锦, 等. 纳米 In_2O_3 催化发光传感器快速检测三氯乙烯[J]. 分析科学学报, 2017, 33（6）: 843-846.

[119] Cai P, Wan R L. Wang X, et al. Programmable Nano-Bio interfaces for Functional Biointegrated Devices. Advanced Materials, 2017, 29（26）: 1605529.

[120] Heerema S. J, Dekker C. Graphene nanodevices for DNA sequencing. Nature Nanotechnology, 2016, 11（2）: 127-136.

第8章

纳米气敏材料与纳米气敏传感器

8.1 纳米气敏传感器的分类

气敏传感器是一种能够测量气体的类型、浓度和成分，并将成分参量转换成电信号的器件或者装置。纳米气敏传感器，是指基于各种纳米气敏材料制备的气敏传感器[1]。

纳米气敏传感器的分类如图 8-1 所示。

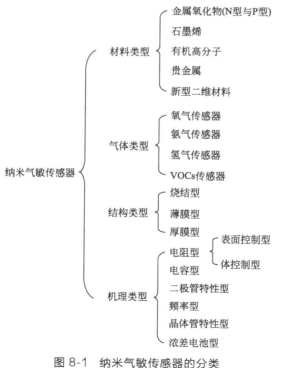

图 8-1　纳米气敏传感器的分类

8.2 纳米气敏材料

8.2.1 金属氧化物

金属氧化物半导体气敏传感器由于具有响应值高、成本低、响应恢复快、稳定性高等特点，受到了人们广泛的关注。1962 年，日本科学家 Seiyama 首次报道 ZnO 半导体薄膜在一氧化碳（CO）、苯（C_6H_6）、乙醇（CH_3CH_2OH）等还原性气体中有明显电阻变化，并且通过电阻变化来判断还原性气体的浓度，从此开创了金属氧化物半导体应用于气体传感器的先河[2]。随后在 1967 年，美国 P. J. Shaver 博士等发现二氧化锡（SnO_2）具有检测还原性气体的能力，并通过贵金属 Pd 和 Pt 掺杂使得 SnO_2 的气敏性能得到了显著提高，这为金属氧化物气敏材料的实际应用奠定了基础[3]。随后经过多年发展，其他金属氧化物半导体气敏材料（如 In_2O_3、CuO、Fe_2O_3、WO_3、Co_3O_4、NiO）相继被发现，还发现复合金属氧化物半导体气敏材料（如 $ZnSnO_3$、$LaFeO_3$、$ZnFe_2O_4$ 等）。

基于金属氧化物半导体材料的气敏传感器在传感器中一直处于主导地位。金属氧化物半导体气敏传感器主要分为电阻式和非电阻式两大类，如图 8-2 所示。其中电阻式金属氧化物半导体气敏传感器是研究较多和较普遍的一类传感器。电阻式金属氧化物半导体气敏传感器还可以进行更加细致的分类，根据加热方式的不同可以分为直热型和旁热型；根据器件结构不同可以分为管型和平面型；根据导电机制不同可以分为表面电导型和体电导型。

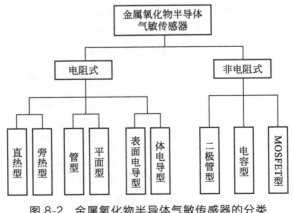

图 8-2 金属氧化物半导体气敏传感器的分类

8.2.1.1 基本特性参数

(1) 灵敏度 (Sensitivity)

灵敏度是气敏元件的电阻对于待测气体的响应程度的特征参数。灵敏度通常定义为气敏元件在空气中的电阻 (R_{air} 或 R_a) 与在待测气体中的电阻 (R_{gas} 或 R_g) 的比值,通常定义灵敏度大于1。因此不同类型的气敏元件对于不同类型气体,其灵敏度的计算方式有所不同。例如,对于 N 型半导体,当待测气体为还原性气体如乙醇 (CH_3CH_2OH) 时,气敏元件电阻降低,则灵敏度定义为 $S = R_a/R_g$;对于 P 型半导体,当待测气体为氧化性气体如二氧化氮 (NO_2) 时,灵敏度定义与上相同。对于 P 型半导体,当待测气体为还原性气体时,气敏元件电阻升高,则灵敏度定义为 $S = R_g/R_a$;对于 N 型半导体,当待测气体为氧化性气体时,灵敏度定义与上相同。

(2) 响应时间 (Response Time) 和恢复时间 (Recovery Time)

响应时间与恢复时间是在工作温度下,气敏元件对于待测气体吸附和脱附快慢的特征参数。当气敏元件从空气中置入待测气体中时,气敏元件电阻会从 R_a 的稳定状态转换到 R_g 的稳定状态。而响应时间定义为电阻从刚接触待测气体到电阻变化差值 $|R_a - R_g|$ 的 90% 时所经历的时间,响应时间一般用 t_{res} 表示。当气敏元件从待测气体中置入空气中时,气敏元件电阻会从 R_g 的稳定状态转换到 R_a 的稳定状态,恢复时间定义为气敏元件电阻从 R_g 到 R_a 的电阻变化差值 $|R_a - R_g|$ 的 90% 所经历的时间,恢复时间一般用 t_{rec} 表示。

(3) 选择性 (Selectivity)

选择性是气敏元件对于待测气体的抗干扰能力的特征参数。在气敏传感器实际应用过程中,气体环境复杂,可能包含多种气体,因此特异性识别某种气体十分重要。这就要求材料对待测气体的灵敏度远高于其他干扰气体,因此选择性以气敏元件对待测气体的灵敏度 R_o ($R_{objective}$) 与气敏元件对干扰气体的灵敏度 R_i ($R_{interference}$) 的比值 (R_o/R_i) 来表示。R_o/R_i 越大,表明气敏元件对待测气体的选择性越好;R_o/R_i 越小,表明气敏元件对待测气体的选择性越差。

(4) 最佳工作温度 (Optimum Operating Temperature)

最佳工作温度是指当气敏元件对待测气体灵敏度达到最佳时所需要的工作温度。材料对气体的吸附与脱附受温度影响,因此材料对气体的响应会在某一温度达到最大。在实际应用过程中很多气体易燃易爆,因此从安全角度要求材料的最佳工作温度越低越好;另一方面,材料的工作温度与气敏元件的功耗相关,温度越高,气敏元件的功耗越大,因此从节能角度要求材料有较低的工作温度。

（5）检测下限（Limit of Detection）

检测下限是指气敏元件对于待测气体能够检测到的最低浓度。在一些空气环境中，有些有毒有害气体在浓度很低时会产生危害，因此要求气敏元件能够检测到很低浓度的危害气体；另外，当气敏元件检测生物标志物时，如生物标志物是丙酮，当患者呼出气体中丙酮浓度大于 1.8ppm（$1ppm=1\times10^{-6}$，下同）时，则患者可能患有糖尿病，因此就需要气敏元件对于丙酮的检测下限低于 1.8ppm。

（6）稳定性（Stability）

稳定性是指气敏元件在长时间工作过程中灵敏度变化的特征参数。在气敏元件的应用环境中，温度、湿度等对材料的稳定性影响很大。随着时间的推移，气敏元件对于待测气体的灵敏度会发生漂移，因此材料的稳定性对于气敏元件的应用来说非常重要。

8.2.1.2　机理模型

（1）空间电荷层模型

空间电荷层模型可以解释气敏材料在氧化性气体和还原性气体检测过程中电阻变化的规律。半导体气敏材料表面吸附某种气体时，被吸附气体在半导体气敏材料表面的能级位置与半导体气敏材料的费米能级位置不同，因此电子会在半导体气敏材料与被吸附气体分子之间发生转移。

根据导电类型，气敏材料包括 N 型半导体气敏材料和 P 型半导体气敏材料。对于 N 型半导体气敏材料，当暴露于空气中时，空气中的氧气吸附到材料表面，由于氧气的电子亲和势较大，电子从半导体气敏材料向氧气分子转移，形成氧负离子。氧负离子的形成与半导体气敏材料温度相关，随着温度升高，氧负离子的种类分别为 O_2^-、O^- 和 O^{2-}。电子从半导体气敏材料的表面转移到氧气分子，导致半导体气敏材料表面形成电子耗尽层，N 型半导体气敏材料能带向上弯曲［图 8-3(a)］，半导体气敏材料内部载流子浓度降低，电阻增大。当 N 型半导体气敏材料暴露于还原性气体如乙醇（CH_3CH_2OH）中时，气体吸附到半导体气敏材料表面，气体与半导体气敏材料表面的氧负离子发生如下反应：

$$CH_3CH_2OH+O^- \longrightarrow CO_2+H_2O+e^-$$

电子从氧负离子回到半导体气敏材料表面，电子耗尽层厚度减小，半导体气敏材料内载流子浓度升高，电阻降低。当 N 型半导体气敏材料暴露于氧化性气体中时，氧化性气体吸附到半导体气敏材料表面，与氧负离子发生反应，进一步从半导体气敏材料表面获取电子，使得半导体气敏材料体内载流子浓度进一步降低，电阻进一步增大。

对于 P 型半导体气敏材料［图 8-3(b)］，由于其载流子为空穴，P 型半导体气敏材料对于不同气体的响应过程中的电阻变化与 N 型半导体气敏材料不同。当 P 型半导体气敏材料暴露于空气中时，空气中的氧气吸附到半导体气敏材料表面，吸附的氧气从 P 型半导体价带捕获电子形成氧负离子，能带向上弯曲，致使半导体气敏材料表面形成空穴累积层，半导体气敏材料载流子浓度升高，导致半导体气敏材料电阻降低。当半导体气敏材料暴露于还原性气体中时，气体分子吸附到半导体气敏材料表面，与氧负离子发生反应，电子重新回到半导体气敏材料价带并与空穴复合，使得半导体气敏材料表面空穴累积层厚度减小，半导体气敏材料载流子浓度降低，导致半导体气敏材料电阻升高。当半导体气敏材料暴露于氧化性气体中时，气体分子吸附到半导体气敏材料表面，与氧负离子发生反应，进一步从半导体气敏材料表面获取电子，使得半导体气敏材料空穴累积层厚度增加，半导体气敏材料载流子浓度升高，导致半导体气敏材料电阻进一步降低。

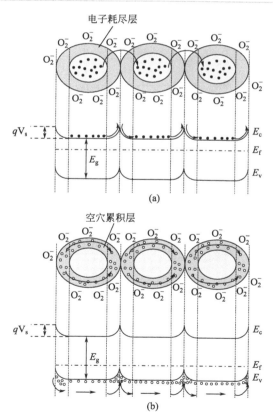

图 8-3　电子耗尽层和空穴累积层的载流子迁移示意图

（2）晶界势垒模型

晶界势垒模型基于由多晶晶粒构成的金属氧化物半导体气敏材料。多晶材料由很多单晶颗粒组成，各个单晶之间存在晶界，这些晶界存在着势垒，电子若要从一个晶粒转移到另一个晶粒需要越过势垒。以 N 型半导体气敏材料为例，当半导体气敏材料暴露于还原性气体中时，氧气分子吸附到晶粒表面，电子从晶界表面转移到氧气分子形成氧负离子［图 8-4（a）］，晶界势垒增大，电子越过势垒更加困难，导致电阻升高。当 N 型半导体气敏材料暴露于还原性气体中时，气体分子吸附到半导体气敏材料表面，气体与氧负离子发生反应，被氧捕获的电子重新回到半导体敏感材料中，半导体气敏材料表面空间电荷层厚度减小，晶界势垒降低，电子越过势垒变得容易，导致电阻降低。P 型半导体气敏材料情况与 N 型半导体气敏材料情况相反，如图 8-4（b）所示。

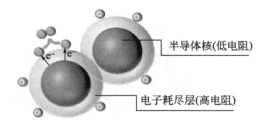

(a) N型半导体氧化物

半导体核(低电阻)

电子耗尽层(高电阻)

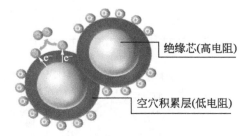

(b) P型半导体氧化物

绝缘芯(高电阻)

空穴积累层(低电阻)

图 8-4　N 型与 P 型氧化物半导体形成电子核-壳结构[4]

8.2.1.3　**性能优化手段**

（1）形貌与结构调控

由气敏材料的气敏机理可知，气敏材料对气体的响应与气体在气敏材料表面的吸附与反应导致的气敏材料电阻变化有关。气体在气敏材料表面的吸附，一方面与温度有关，另一方面与气敏材料本身有关。从气敏材料本身角度考虑，气敏材料的比表面积越大，就提供越多的吸附位点，提高了气体的吸附能力，进而提高气敏材料对于气体的响应。这就要求在设计气敏材料时，尽量增加气敏材料的比表面积。另一方面是关于气敏材料的电阻变化，气敏材料的电阻变化越明显，即气敏材料电阻在气体响应前后的差距越大，气敏材料对于气体的响应越大。气敏材料的电阻变化与空间电荷层与气敏材料内核之间的比例有关。气敏材料空间电荷层与气敏材料内核之比越大，气敏材料电阻变化越明显。当气敏材料本身尺寸越小而其他条件相同时，空间电荷层占比越大，即电阻变化越明显。因此在设计气敏材料时，应尽量降低气敏材料的尺寸。

　　因此，为得到高性能的气敏材料，通常会通过不同方法制备出具有高比表面积或者低维度结构的气敏材料。具有高比表面积的结构有中空结构、核-壳结构、多孔/介孔结构等，低维度结构有零维纳米颗粒、一维纳米棒/纳米线/纳米管等、二维纳米片/薄膜等结构。

　　R. Zhang 等通过水热法构筑了实心与核-壳结构的 Co_3O_4/SnO_2 纳米球，其合成示意图如图 8-5 所示[5]。在没有表面活性剂存在时，水热最终得到实心纳米球；而有表面活性剂谷氨酸存在时，水热得到核-壳结构纳米球。将两种结构的纳米球应用于气体检测中，经过测试发现两种纳米球对氨气表现出了较高的性能，如图 8-6 所示。根据图示可知，核-壳纳米球相比于实心纳米球，对氨气性能明显提高。因为相比于实心纳米球，核-壳纳米球不仅外表面可以吸附气体分子，其内表面以及核层表面都吸附气体分子。与实心纳米球相比，核-壳纳米球具有更高的比表面积，也就具有更多的吸附位点，从而使得材料具有更高的气敏性能。

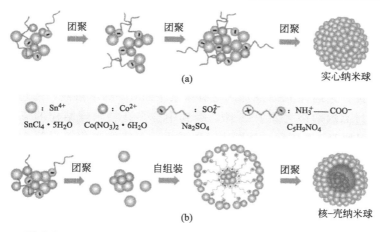

图 8-5　Co_3O_4/SnO_2 实心纳米球与核-壳纳米球合成示意图[5]

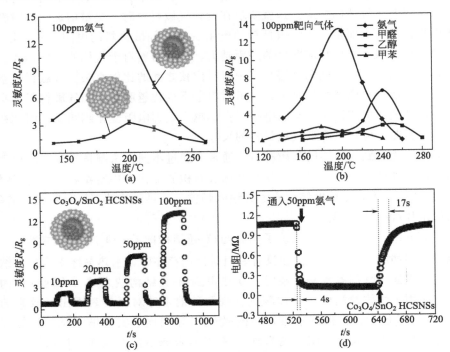

图 8-6　（a）基于 Co_3O_4/SnO_2 实心纳米球传感器与核-壳纳米球传感器在不
同工作温度下对 100ppm 氨气的响应；（b）基于 Co_3O_4/SnO_2 核-壳纳米球
传感器在不同工作温度下对 100ppm 的不同气体的响应；基于 Co_3O_4/SnO_2
核-壳纳米球传感器在 200℃ 下对 10～100ppm 氨气的（c）动态响应曲线与
（d）响应时间、恢复时间（50ppm）[5]

　　Dong 等通过模板法制备出中空多孔氧化锌纳米球。他们首先使用过硫酸钾
（KPS）作为阴离子引发剂，通过无乳化剂乳液聚合方法合成 PSS 球[6,7]。然后
进行磺化处理，之后往 PSS 球加入含有尿素、$ZnCl_2$ 的水溶液，通过水浴得到前
驱体，再通过高温煅烧去除 PSS 球，得到中空多孔纳米球结构的氧化锌，其相
应的 TEM 图如图 8-7 所示。从图中可以看出，最终的氧化锌形貌为中空多孔纳
米球结构。

　　将中空多孔纳米球结构的氧化锌材料应用于气敏传感器中，经过测试发现中
空多孔纳米球结构的氧化锌对于正丁醇的响应高于其他干扰性气体（如乙醇、异
丙醇、甲醛等），如图 8-8 所示。

　　图 8-8(a) 为在 385℃ 时氧化锌中空多孔纳米球对不同浓度正丁醇的动态响
应曲线。由该曲线可以看出，氧化锌中空多孔纳米球对正丁醇具有良好的响应与

恢复。该传感器良好的响应与恢复应归因于材料的中空结构，使得材料内表面与外表面均能吸附气体分子进行反应。而多孔结构又增加了材料的比表面积，即增加了材料对于气体的活性吸附位点，进而增加了材料对于气体的响应。

(a) PSS球　　　　(b) 煅烧前　　　　(c) 煅烧后

图 8-7　PSS 球以及煅烧前后氧化锌空心球的 TEM 图[6]

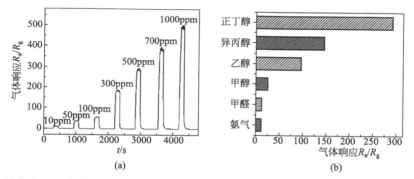

(a)　　　　　　　　　　　(b)

图 8-8　（a）在干燥空气氛围中，385℃下氧化锌中空多孔纳米球对不同浓度正丁醇（10～1000ppm）的响应；（b）在 385℃的工作温度下，氧化锌中空多孔纳米球气体传感器对 500ppm 各种气体的气体响应的比较

　　Tiemann 等利用硬模板法合成制备出有序多孔四氧化三钴，并应用于 CO 传感器。具体过程：首先合成介孔 KIT-6 二氧化硅硬模板，然后将模板浸渍到饱和六水合硝酸钴溶液中，待溶液干燥后热处理前驱体，得到四氧化三钴样品。最后将样品浸渍到 2mol/L 的氢氧化钠溶液中去除 KIT-6 二氧化硅模板，得到有序多孔的四氧化三钴样品。有序多孔四氧化三钴的 TEM 图像与 SEM 图像如图 8-9所示。

　　将合成好的有序多孔四氧化三钴（Co_3O_4）用于制作 CO 传感器。图 8-10为有序多孔四氧化三钴对于 CO 气敏性能响应恢复曲线。图（a）为有序多孔四氧化三钴对气体灵敏度随着时间变化的响应恢复动态曲线，图（b）为对应的 CO 浓度随时间变化的趋势。在动态曲线中，黑色曲线为传感器在 473K 温度条件下对不同 CO 浓度的动态响应恢复曲线，灰色曲线为传感器在 563K 温度条件下对不同 CO 浓度的动态响应恢复曲线。根据曲线可知，有序多孔四氧化三钴对于 CO 有着良好的响应恢复。因为一方面材料本身对 CO 有响应，另一方面多孔结构使得材料的活性吸附位点增多，进而其性能有所提高。另外，材料本身的孔为有序多孔结构，孔与孔之间的间隔很小，这就使得材料厚度减小，空间电荷层的厚度占比变大，有利于电阻变化，从而提高材料的气敏性能。

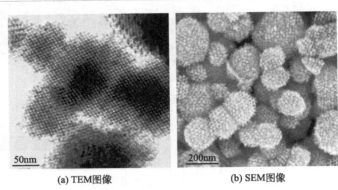

(a) TEM图像　　　　(b) SEM图像

图 8-9　有序多孔四氧化三钴的 TEM 图像与 SEM 图像[8]

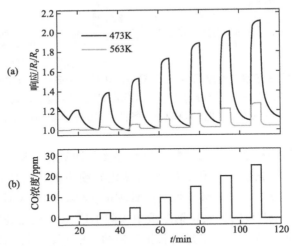

图 8-10　在 50%相对湿度下，纳米多孔 Co_3O_4 在 473K（黑色）和 563K（灰色）温度下对 CO 气体不同浓度 ［1～25ppm：（b）图］ 的响应 ［基极电阻的阻力：（a）图］[8]

Cai 等[9] 同样通过硬模板方法制备出有序多孔氧化铟（In_2O_3）材料（图 8-11），应用于氨气检测。在该实验中模板为 PS 球，利用相同尺寸的 PS 球得到双层均匀孔隙多孔膜，利用不同尺寸的 PS 球得到双层异质孔隙化多孔膜。实验过程与前述相似，只是在构筑模板时略有不同。在构筑模板时，在平板玻璃上覆盖一层单层 PS 球胶体，干燥后在该层 PS 球胶体上覆盖另一层 PS 球胶体。烘干后，将模板浸渍到前驱体溶液中，以得到氧化铟材料。当两层 PS 球的尺寸相同时，所得到的材料为双层均匀孔隙多孔膜；而当两层 PS 球尺寸不同时，所得到的材料为双层异质孔隙化多孔膜。

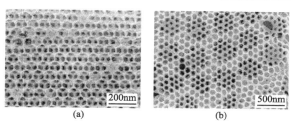

图 8-11　在玻璃基板上的 In_2O_3 微/纳米结构多孔膜的
FESEM 图像：（a）双层均匀孔隙多孔膜（200/200nm）；
（b）双层异质孔隙化多孔膜（1000/200nm）[9]

将该双层异质孔隙化多孔氧化铟膜应用于氨气传感器，图 8-12 为双层异质孔隙化多孔氧化铟膜在 60℃下对于不同浓度的氨气的响应曲线。由该响应曲线可以看出，双层异质孔隙化多孔氧化铟膜对氨气表现出良好的响应恢复，且随着氨气浓度的增加，材料的灵敏度随之增加。该材料对于氨气响应的机理可以由图 8-13 来描述。当材料暴露于空气中时，氧气吸附在材料表面，捕获电子形成氧负离子，并在材料表面形成较厚的电子耗尽层，材料内部为导电区域，进而形成较高的势垒。当材料暴露于还原性气体中时，氧负离子与还原性气体发生反应，电子重新回到材料，使得材料电子耗尽层厚度减小，势垒降低，最终电阻降低。

另一方面，为了提升材料的气敏性能，除了构筑空心结构或者多孔结构外，还可以降低材料维度，如构建零维纳米材料、一维纳米材料、二维纳米材料。

零维纳米材料常见多为纳米颗粒。由于材料的尺寸小，会使得材料形成的空间电荷层的厚度占比大，从而提高材料的气敏性能。

Jiang 等合成了超细 α-氧化铁纳米颗粒，其尺寸为 2.8～3.5nm，如图 8-14 所示。将该氧化铁纳米材料应用于气敏传感器，该传感器检测丙酮的即时响应曲线如图 8-15 所示。由图可知，超细 α-氧化铁颗粒对丙酮具有良好的响应恢复。

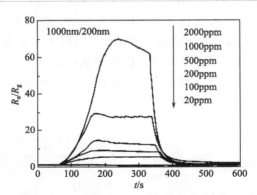

图 8-12　具有异质孔径（1000/200nm）的双层微/纳米结构多孔氧化
铟膜在 60℃ 下对不同浓度的氨气的响应曲线[9]

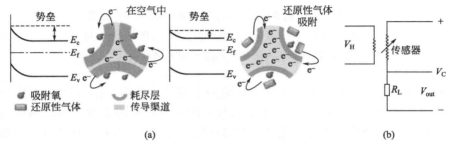

图 8-13　（a）N 型金属氧化物半导体的传感机理（当暴露于还原性气
体中时传导区域扩展）；（b）用于气体传感测量的典型电路[10]

R_L—负载电阻；V_C—电路电压；V_{out}—输出电压；V_H—加热电压；

E_c—导带能级；E_f—费米能级；E_v—价带能级

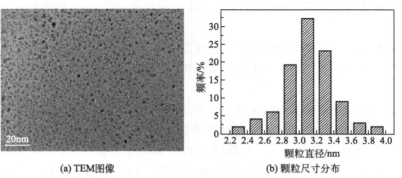

图 8-14　α-氧化铁的 TEM 图像以及颗粒尺寸分布[11]

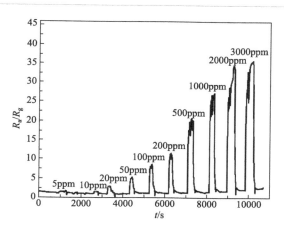

图 8-15　在 340℃时超细 α-氧化铁颗粒随着丙酮浓度增加的即时响应曲线[11]

低维纳米材料除了纳米颗粒外，还有一维的纳米线、纳米带、纳米管、纳米棒等结构以及二维的纳米片、纳米薄膜等结构。但是低维纳米结构容易出现聚集、堆叠等现象，使得材料比表面积大幅度降低。有几种方案能在一定程度上解决这一问题。一种方案是将低维材料原位生长到基底上，降低材料的团聚，如将CdO 纳米片直接生长到电极上，形成 CdO 纳米片阵列应用于有机挥发性气体的检测[12]。另一种方案是将低维材料自组装成分级结构，通过牺牲部分比表面积的方法保证材料的结构与大部分的比表面积，如纳米棒组装的纳米 In_2O_3 应用于气体检测[13]。

（2）过渡金属原子掺杂

根据金属氧化物半导体气敏材料的气敏机理可知，材料对待测气体的响应与电子迁移有关。电子从半导体转移到氧负离子，然后氧负离子与待测气体发生反应，从而使得材料电阻发生变化，表征出材料对待测气体的响应。因此，可以通过改变材料内部电子结构来改进材料的气敏性能，如掺杂过渡金属原子。

掺杂指的是杂质原子占据晶格格点位置或者间隙位置而不形成新物相的一种手段。过渡金属掺杂一般是将过渡金属离子掺杂到金属氧化物半导体晶格格点位置，以替代金属格点位置。一般来说，为了提高金属氧化物半导体气敏材料的气敏性能，在过渡金属掺杂时，一般选用不等价金属离子进行掺杂。不同价态的金属占据晶格位置，会使得该位置呈现出正电状态或者负电状态。

Shouli Bai 等通过化学浸渍以及高温煅烧制备出 Sb 掺杂的 WO_3（图 8-16），并将 Sb 掺杂的 WO_3 应用于 NO_2 气体的检测。与纯 WO_3 相比，Sb 掺杂的 WO_3 对 NO_2 气体具有更高的灵敏度，如图 8-17 所示。

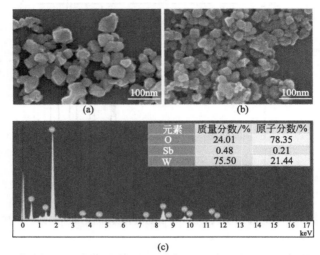

图 8-16　（a）WO₃ 和（b）2%Sb-WO₃ 的 FESEM 图像和
（c）2%Sb-WO₃ 的 EDX 光谱[14]

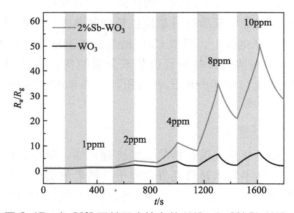

图 8-17　在 20℃ 下基于未掺杂的 WO₃ 和 2%Sb-WO₃
的传感器对 1～10ppm 的 NO₂ 的响应曲线[14]

（铺灰部分表示通入 NO₂ 气体，其余为关闭 NO₂ 气体）

Sb 掺杂的 WO₃ 通过 XRD、EDS 等表征，证明了没有新物相生成，并且材料中含有 Sb 元素。说明 Sb 掺杂到 WO₃ 晶格中，占据了 WO₃ 晶格中 W 的格点位置。过渡金属的掺杂通常是以氧化物形式掺入到主相晶格中。即 Sb 以 Sb_2O_3 形式掺入到 WO₃ 晶格中，两个 Sb 占据两个 W 的位点，三个 O 占据 O 的格点，剩下的 WO₃ 中 O 的格点空出而形成氧空位，如下述反应式所示：

$$Sb_2O_3 \longrightarrow 2Sb'''_W + 3O_O^X + 6V_O^{\cdot}$$

氧空位的存在有利于氧气的吸附，进而有利于提高材料的气敏性能。

Peng Sun 等通过溶剂热的方法合成制备出 Cu 掺杂的 $\alpha\text{-}Fe_2O_3$，并应用于有机挥发性气体乙醇（C_2H_5OH）的检测。如图 8-18(a) 所示，由 XRD 图谱表明，不同含量的 Cu 掺杂的 $\alpha\text{-}Fe_2O_3$ 的 XRD 谱没有出现新物相。由图 8-18(b) 可知，与纯 $\alpha\text{-}Fe_2O_3$ 相比，Cu 掺杂的 $\alpha\text{-}Fe_2O_3$ 的图谱向高角度偏移，表明 Cu 掺杂到 $\alpha\text{-}Fe_2O_3$ 晶格中。

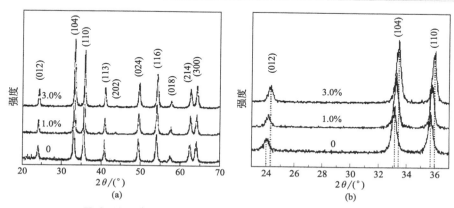

图 8-18　（a）不同 Cu 含量掺杂的样品的 XRD 图谱；
（b）XRD 图谱中（012）、（104）、（110）晶面[15]
（1.0%和3.0%为质量分数）

将该 Cu 掺杂的 $\alpha\text{-}Fe_2O_3$ 用于有机挥发性气体乙醇检测。如图 8-19 所示，Cu 掺杂的 $\alpha\text{-}Fe_2O_3$ 对乙醇响应的灵敏度高于纯 $\alpha\text{-}Fe_2O_3$。由上述分析可知 Cu 掺杂到了 $\alpha\text{-}Fe_2O_3$ 晶格中，其掺杂反应式如下所示：

$$2CuO \longrightarrow 2Cu'_{Fe} + V_O^{\cdot\cdot} + 2O_O^X$$
$$V_O^{\cdot\cdot} + 1/2O_2 \longrightarrow O_O^X + 2h$$

Cu 掺杂 $\alpha\text{-}Fe_2O_3$ 中，两个 Cu 占据了 $\alpha\text{-}Fe_2O_3$ 晶格中 Fe 的位置，且 Cu 为正二价，Fe 为正三价，则被 Cu 占据的 Fe 的格点显示出负一价。两个氧占据晶格氧的位置，状态不变，还剩下一个氧的格点位置没有占据任何原子，即剩余一个氧空位。该氧空位被吸附氧气中的氧占据，并形成两个空穴。但是 $\alpha\text{-}Fe_2O_3$ 为 N 型半导体，载流子为电子，空穴的存在降低了载流子的浓度，使得材料在空气中的电阻进一步增大。当材料暴露于还原性气体中时，还原性气体反应后电子回到材料中，使得材料电阻降低。灵敏度表示为 R_a/R_g，R_a 越大，灵敏度越高。

（3）构筑异质结

由金属氧化物半导体气敏材料的气敏机理可知，当气敏材料暴露于空气中时，电子从材料转移到吸附氧形成氧负离子，材料表面形成空间电荷区。对于 N 型半导体，形成的空间电荷层一般为电子耗尽层，电子耗尽层的存在使得材料载流子浓度降低，电阻增大。而当空间电荷层的厚度进一步增加时，材料载流子浓度进一步降低，电阻进一步增大，有利于提高对气体响应的灵敏度。

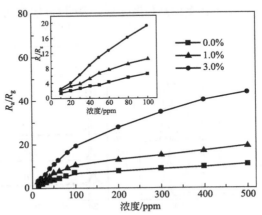

图 8-19　在 225℃下 0.0%、1.0%和 3.0%（质量分数）Cu 掺杂的
α-Fe$_2$O$_3$ 立方体对 C$_2$H$_5$OH 浓度的响应[15]

　　因此，如果通过一定的手段能够调控空间电荷层的厚度，就可以提升材料对气体的响应，而构筑异质结是一种有效方法。由于不同半导体的费米能级位置不同，当两种半导体接触时，电子将会从费米能级位置高的材料转移到费米能级位置低的材料上，并在接触区域形成空间电荷层，使得电子势垒增大，材料电阻增大。该接触区域即为异质结。根据材料导电类型不同，异质结可以分为 P-P 异质结、N-N 异质结以及 P-N 异质结。

　　下面以 N-N 异质结为例，分析构筑异质结提高材料气敏性能的机理。

　　Pradhan 等通过水热法原位合成出 WO$_3$ 与 SnO$_2$ 的复合材料，构筑了 WO$_3$/SnO$_2$ 的异质结，并将该异质结构的材料应用于气体检测。通过实验可知，复合材料对于氨气、乙醇、丙酮的响应高于纯 WO$_3$，如图 8-20 所示。

　　WO$_3$/SnO$_2$ 异质结对于气体响应相对于纯 WO$_3$ 提高的机理如图 8-21 所示。在 WO$_3$-SnO$_2$ 混合氧化物中存在三种不同的势垒，分别是 WO$_3$ 和 WO$_3$ 之间的势垒、WO$_3$ 和 SnO$_2$ 之间的势垒以及 SnO$_2$ 和 SnO$_2$ 之间的势垒。由于 WO$_3$ 中费米能级的位置高于 SnO$_2$，通过能带弯曲从 WO$_3$ 到 SnO$_2$ 发生电子转移，并且在异质结处建立势垒。这两种势垒（同质结处的两个势垒和异质结处的一个势垒）阻碍了电子通过纳米结构的传输。因此，它们为更多氧化物提供额外的电子以吸附在传感层的表面上，这显著提高了传感器的响应。

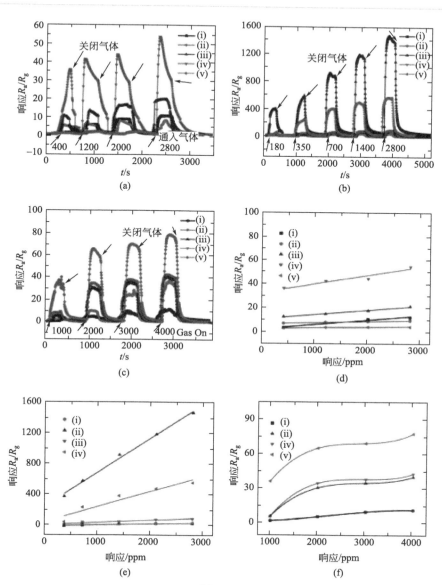

图 8-20　五种传感器的动态响应曲线[16]：（a）200℃下氨气的响应；（b）300℃下
乙醇的响应；（c）300℃下丙酮的响应；（d）、（e）氨气和乙醇浓度的函数的线
性反应响应；（f）作为丙酮浓度函数的三阶多项式反应响应

气敏材料分别为（ⅰ）WO_3、（ⅱ）WO_3-（0.27）SnO_2、（ⅲ）WO_3-
（0.54）SnO_2、（ⅳ）WO_3-（1.08）SnO_2 和（ⅴ）SnO_2

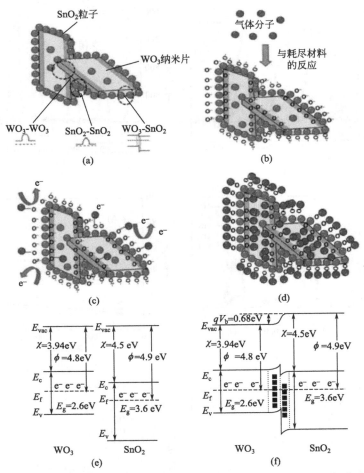

图 8-21　（a）具有不同势垒的 WO₃-SnO₂ 混合氧化物的示意图；（b）在暴露于干燥空气时吸附在异质结构金属氧化物表面上的不同种类的氧；（c）气体分子的吸附和与吸附氧的反应；（d）用气体分子完全覆盖活性部位；（e）WO₃和 SnO₂ 的能带结构；（f）WO₃-SnO₂ 混合金属氧化物的能带结构[16]

E_{vac}—真空能级；E_c—导带能级；E_f—费米能级；E_v—价带能级；x—电子亲和势；

ϕ—功函数；E_g—带隙宽度；qV_b—接触势垒

异质结的构筑不仅有 N-N 型异质结，还有 P-N 型异质结，如 α-Fe₂O₃/NiO[17] 等。此外，金属氧化物与导电高分子的复合也是属于异质结的一种，通常导电高分子是 P 型半导体，因此与 N 型复合后的机理与 P-N 型异质结类似，如聚苯胺@SnO₂[18]。

（4）贵金属修饰

由金属氧化物半导体气敏材料的气敏机理可知，当金属氧化物半导体气敏材料暴露于空气中时，空气中的氧气吸附到材料表面，由于氧气分子的电子亲和势更大，电子从材料表面转移到气体分子形成氧负离子。氧负离子再与待测气体反应完成响应过程。因此，氧负离子的量与材料对待测气体的响应有关，一般氧负离子越多，响应越高。而氧负离子的量取决于氧气的吸附与氧气从材料转移的电子。当材料表面电子含量增多时，有利于氧负离子的形成，从而提高材料对待测气体的响应。

贵金属修饰金属氧化物半导体能够提高材料的气敏性能。一般来讲，贵金属的功函数低于金属氧化物半导体的费米能级，电子从半导体转移到贵金属上，由于金属的溢出效应，贵金属上聚集的电子溢出到材料表面，使得材料表面的电子增加，从而有利于形成更多的氧负离子，提高材料气敏性能。

下面结合实例分析贵金属修饰的金属氧化物提高气敏性能的机理。Zhang等[19]通过水热方法制备出 In_2O_3 纳米立方体，然后通过还原剂还原方法得到了贵金属 Au 负载的 In_2O_3，并将该材料用作气敏材料。图 8-22 为贵金属 Au 负载的 In_2O_3 的 TEM 图，由图可知 Au 成功地负载在了 In_2O_3 纳米立方体上。

图 8-22 （a）、（b）Au 负载的 In_2O_3 纳米立方体的 TEM 图像；（c）高倍率的 Au 负载的 In_2O_3 纳米立方体的 TEM 图；（d）Au 负载的 In_2O_3 纳米的晶格条纹[19]

从图 8-23（a）可知，贵金属 Au 负载的 In_2O_3 的气敏性能高于纯 In_2O_3

的气敏性能。该贵金属 Au 负载的 In_2O_3 提高气敏性能的机理解释如图 8-23 (b) 所示。首先，Au 本身是一种催化剂，它可以提高材料对于待测气体的反应。其次，Au 的功函数比 In_2O_3 的费米能级低，因此，电子将会从材料本身转移到贵金属上，使得贵金属上聚集电子。一方面，贵金属上聚集的电子与吸附氧发生反应形成氧负离子；另一方面，由于"溢出效应"，即贵金属上聚集的电子超过贵金属的容量，电子将从贵金属扩散到材料表面，该部分电子增加了材料表面的电子浓度，从而使形成的氧负离子浓度增加，提高了材料对待测气体的响应。

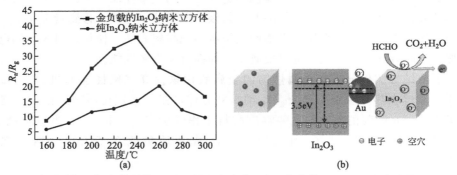

图 8-23 （a）基于纯 In_2O_3 纳米立方体和 Au 负载的 In_2O_3 纳米立方体的传感器对不同工作温度下 100ppm 甲醛的响应；（b）Au 负载的 In_2O_3 纳米立方体的气敏机理示意图[19]

（5）几种方法结合

在实际构筑金属氧化物半导体气敏材料的过程中，为了提高半导体气敏材料的气敏性能，在通常情况下会将各种提高材料气敏性能的手段进行结合。一般来讲，形貌与结构的调控是构筑高性能气敏材料的基础。通常在此基础上对材料进一步改进，从而进一步提高材料气敏性能。Guo 等[20] 构筑出过渡金属 Sn 掺杂的有序多孔的 NiO，提高了 NiO 的气敏性能。Wang 等[21] 构筑出 Au 修饰的 SnO_2 纳米片自组装的纳米花球。Deng 等[22] 利用静电纺丝方法制备出一维 TiO_2，然后通过水热法在 TiO_2 上修饰 CuO 立方体，构筑出 CuO-TiO_2 P-N 异质结，提高了材料的气敏性能。Ju 等[23] 构筑出一维 ZnO/SnO_2 核-壳异质结，然后在该一维核-壳异质结上修饰贵金属 Au，提高了材料对 TEA 的气敏性能。Kaneti 等[24] 在构筑的 α-Fe_2O_3-ZnO 异质结上修饰贵金属 Au，构筑出 Au-α-Fe_2O_3-ZnO 三元一维纳米棒状结构，提高了材料对丙酮的气敏性能。

8.2.2 石墨烯

石墨烯材料与金属氧化物半导体不同，大部分基于碳材料的气敏传感器具有更低的工作温度，可以在室温下工作。近年来，具有低维结构的石墨烯因自身固有的优良特性（如优异的电子传输特性以及大的比表面积），成为气敏传感器领域的研究热点。石墨烯的分子结构如图 8-24 所示。

石墨烯被普遍认为是材料领域的"王者"，其具有纳米级别的碳原子单层结构，在光、热、力、电等方面表现出优良的特性，使其在储能、催化、传感等众多领域展现出巨大的优势。石墨烯在室温下具有极高的电子迁移率，其少层或者单层二维石墨烯中每一个碳原子都充分暴露，即单位体积碳原子暴露数目更多，这样会使石墨烯中的电子传输对外界气体分子吸附十分敏感。这些特性使得石墨烯被认为是极具潜能的气敏材料之一。2007 年，Schedin 等[25] 首

图 8-24　石墨烯的分子结构

次报道了石墨烯的气敏性能。他们使用机械剥离方法制备得到的石墨烯传感器可以实现分子水平的气体检测，反应机理为气体的化学吸附。自此，石墨烯作为气敏材料受到了人们更大的关注与研究。以"graphene"与"gas sensor"为关键词在"Web of Science"上做了相关的数据统计，如图 8-25 所示，自 2007 年以来，有关石墨烯气敏研究的报道呈逐年增长的趋势。

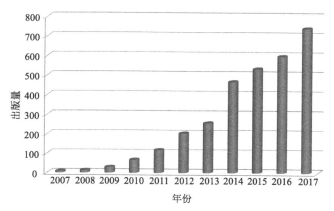

图 8-25　历年来石墨烯气敏传感器研究增长趋势

石墨烯是一种 P 型半导体，以空穴为主要载流子。当其表面发生气体吸附时，石墨烯的电子传导会受到影响，因而产生相应的电阻变化。这种阻值的变化转化成相应的电信号，以实现对气体的检测。在检测不同类别的气体时，石墨烯的电阻会表现出不同的变化形式。氧化性气体如 NO_2、NO、H_2O 发生吸附时，石墨烯的电阻减小；还原性气体如 CO、H_2、NH_3 以及有机气体发生吸附时，石墨烯的电阻增大（图 8-26）。

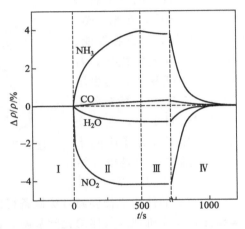

图 8-26　石墨烯对不同类型气体（1ppm）的响应变化曲线[25]

基于石墨烯这种敏感的分子吸附特性，研究人员报道了多种石墨烯的制备方法，并已将其用于气体分子的检测。这其中最为原始的方法就是机械剥离法，关于石墨烯的首次气敏传感器报道就是利用这种方法制备得到的。相比于机械剥离法，化学气相沉积法能够制备出高质量的少层石墨烯。H. Choi 等[26] 通过化学气相沉积法制备出单层与少层石墨烯，并研究了它们的气敏特性（图 8-27）。研究发现，由化学气相沉积法得到的石墨烯对 NO_2 表现出优异的气敏特性，响应恢复性能优异，最低检出限为 0.5ppm，对应的灵敏度为 10%。

传统的化学气相沉积法存在劣势，如高温、高能耗等。为此，Wu 等[27] 改进并开发出一种微波等离子体增强化学气相沉积法（MPCVD），相比起来这种方法的实验温度与能耗更低。制备得到的三维花状石墨烯由薄层的纳米片组装而成，无团聚产生，比表面积高达 $221m^2/g$，因而具有大量的气体吸附位点。此外，三维花状石墨烯对 NO_2 表现出优异的气敏性能，其中对 100ppb 与 200ppb（$1ppb=1\times10^{-9}$）NO_2 的理论检出限为 785ppt（$1ppt=1\times10^{-12}$），响应时间可参考图 8-28。

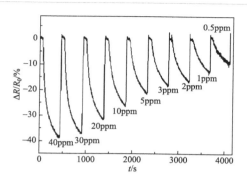

图 8-27　利用化学气相沉积法得到的单层或少层石墨烯对 NO$_2$ 的气敏性能[26]

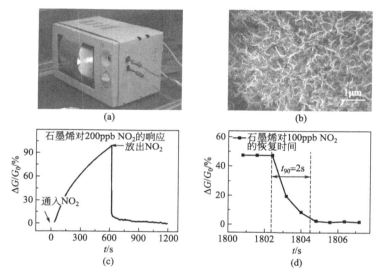

图 8-28　利用微波等离子体增强化学气相沉积法制备的
三维花状石墨烯的形貌特征与气敏性能[27]

　　在石墨烯的众多制备方法中，氧化还原法是一种经济有效并且可以实现大规模制备的方法。在氧化过程中，在石墨烯表面会留下大量的含氧官能团，这样石墨烯的表面活性会得到显著改善，更有利于气体的吸附。Prezioso 等[28] 利用溶液滴涂法将氧化石墨烯集成到测试电极上，由于富含功能团，所制的传感器对氧化性气体以及还原性气体均表现出气敏响应性能，尤其对 NO$_2$ 有优异的响应性能，最低检出限为 20ppm（图 8-29）。Wang 等[29] 使用哈默法制备出氧化石墨烯并构建出室温氢气传感器，在 100ppm H$_2$ 中，传感器的响应值为 5%，响应时间小于 90s，恢复时间小于 60s。

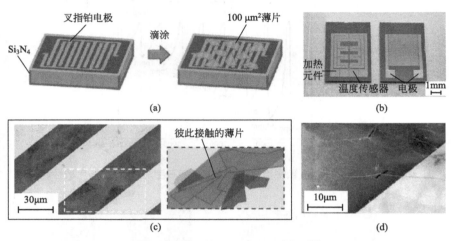

图 8-29　氧化石墨烯氢气传感器[28]

　　然而，由于氧化石墨烯表面具有大量的含氧基团，影响了氧化石墨烯的导电性，并不利于其发展。为了改善其电导性，研究人员通过还原过程来去除氧化石墨烯表面的含氧基团。在还原过程中，氧化石墨烯表面的含氧基团并不会被完全消除，仍然会保留一部分，这一过程所得到的石墨烯称为还原氧化石墨烯。还原氧化石墨烯既具有优良的导电性，又存在化学活性缺陷位点，使其成为优异的气敏材料。围绕还原氧化石墨烯，研究人员展开了一系列研究。Lu 等[30] 利用低温热还原法制备出基于还原氧化石墨烯的气敏传感器，具体做法是：将氧化石墨烯分散液滴到金叉指电极上，然后在氩气环境下热还原，气敏传感器在室温下可以检测低浓度 NO_2。响应机理为当 NO_2 吸附时，电子由 P 型的还原氧化石墨烯向吸电子的 NO_2 转移，导致石墨烯空穴浓度增大，进而电阻减小。类似地，Robinson 等[31] 利用水合肼蒸气得到了不同还原程度的还原氧化石墨烯，并研究了不同还原程度对灵敏度的影响。他们开发的传感器可以实现 ppb 级浓度的化学毒剂气氛 HCN 的精确检测。

　　以上研究制备的气敏传感器是先将溶液形式的氧化石墨烯进行处理再进行原位还原。然而，这种方法难免引入杂质，可靠性不高；其次石墨烯纳米片之间容易团聚，这在一定程度上影响其气敏性能。针对这一问题，Chen 等[32] 以狗鼻子毛细血管结构为灵感，利用超分子自组装并结合冷冻干燥技术制备出维度均匀的石墨烯纳米卷。这种石墨烯纳米卷形貌均匀，尽管彼此接触但并未发生弯曲以及缠绕，重要的是这种结构避免了二维石墨烯纳米片之间的团聚现象。制备得到的功能化石墨烯传感器对 NO_2 表现出优异的气敏性能，包括循环稳定性、线性以及选择性等，对 10ppm NO_2 的响应高达 $R_a/R_g = 5.39$（图 8-30）。

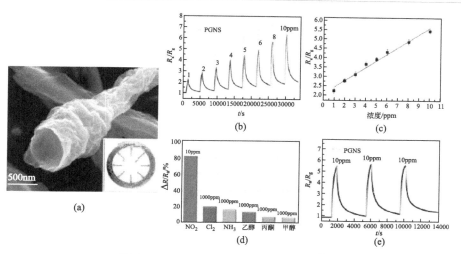

图 8-30　石墨烯纳米卷及其气敏性能[32]

近年来，基于三维石墨烯水/气凝胶的气敏研究越来越多，其研究方法是将二维氧化石墨烯通过水热还原法使其自组装为三维结构，既有效防止了石墨烯的团聚，又保持了其大的比表面积。疏松多孔的石墨烯凝胶更有利于气体的吸附与传输，从而改善气敏性能。Alizadeh 等[33] 利用水热还原法制备出硫脲处理的石墨烯气凝胶，材料具有多孔性且比表面积高达 $389m^2/g$。研究了材料对氨气的气敏性能，并发现加入硫脲后氨气气敏性能显著提升，室温下对 80ppm 氨气的响应时间为 100s，恢复时间为 500s，检出限为 10ppm。同样地，Wu 等[34] 也利用水热法制备出化学修饰的石墨烯水凝胶，他们在氧化石墨烯分散液中加入一定量的 $NaHSO_3$，然后通过一步水热过程得到—HSO_3 功能化的还原氧化石墨烯水凝胶（图 8-31）。功能化石墨烯可以检测一系列气体如 NO_2、NH_3 以及 VOCs，实现了高灵敏度、快速响应与恢复，并通过温度变化实现了选择性的优化。与未功能化的石墨烯水凝胶相比，—HSO_3 功能化石墨烯对 2ppm NO_2 的响应提高了 118.6 倍，主要机制是—HSO_3 基团是吸电子基并且有很多孤对电子，这样吸电子的 NO_2 更倾向于吸附在富电子的含硫基团上；对 200ppm NH_3 的响应提高了 58.9 倍，主要机制是含硫基团与 NH_3 的特异性反应而形成了铵盐。我们发现这种三维石墨烯结构，尤其是三维石墨烯水/气凝胶材料展现出优异的气敏性能，并且近年来有关基于石墨烯凝胶的报道逐渐增多，这种独特的三维结构材料会在未来气敏研究领域发挥重要的作用。

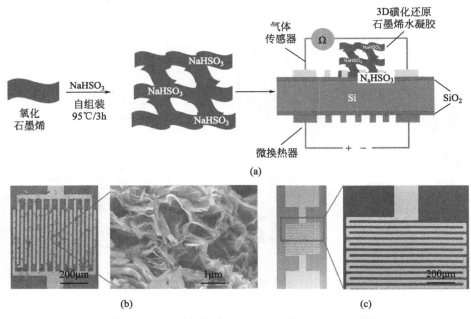

图 8-31　功能化石墨烯水凝胶的制备与形貌表征[34]

　　异原子掺杂（如氮、磷、硫等）可以调节石墨烯的能带结构进而改变其物理化学特性，这十分有利于改善其气敏性能。Niu 等[35] 在高温下将三苯基膦与氧化石墨烯进行退火处理得到了磷掺杂石墨烯（图 8-32）。与单纯热还原的石墨烯相比，磷掺杂石墨烯在室温下对 NH_3 的响应显著改善，响应时间与恢复时间更短，其性能的改善是由于掺杂磷原子对 NH_3 的吸附作用。类似地，其他杂质原子（如氮、硫、硼等）的掺杂也有报道，并同样表现出增强的气敏特性。除了单一原子掺杂，Niu 等[36] 在高温下将含氮和硅原子的离子液体与石墨烯进行退火处理得到了氮、硅双掺杂的石墨烯。掺杂后的石墨烯对 NO_2 的气敏响应显著提高，主要原因是石墨烯平面引入氮原子增多了气体吸附的活性位点，而硅原子的掺杂调控了石墨烯的电子结构。由此，杂质原子与缺陷的引入会增强气体分子与石墨烯之间的吸附作用，从而改善气敏性能。

　　以上研究皆以石墨烯为主体敏感材料开展，然而在目前的气敏研究中，石墨烯往往与其他材料（尤其是金属氧化物）进行复合以增强气敏响应。在这里，石墨烯的作用主要是促进电荷传导与气体吸附，以及降低气敏材料的工作温度等，有时可以作为其他材料载体存在。因此除了自身的气体吸附特性外，石墨烯在复合材料中也发挥着至关重要的作用。

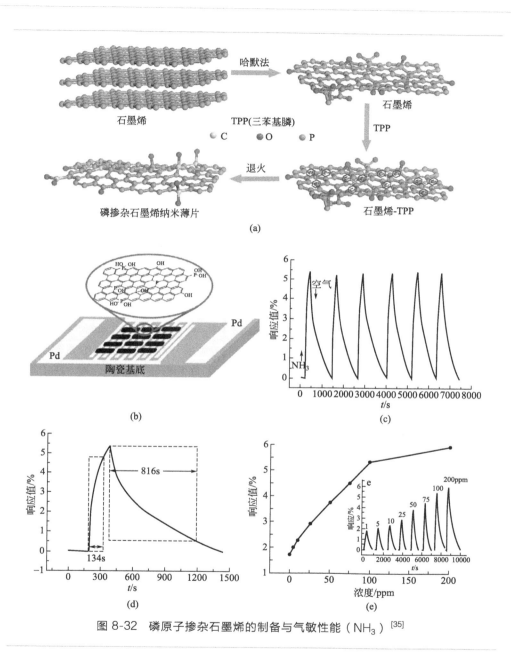

图 8-32 磷原子掺杂石墨烯的制备与气敏性能（NH$_3$）[35]

8.2.3 有机高分子

早在 20 世纪 80 年代，导电高分子的气敏性能研究就已展开。与金属氧化物半导体材料相比，导电高分子材料在室温下对气体响应的时间更短、灵敏度更高，此外导电高分子容易合成且具有优良的力学性能。在众多导电高分子中，聚吡咯（PPy）与聚苯胺（PANI）是气敏领域研究最为广泛的两种，两者分子结构式如图 8-33 所示。

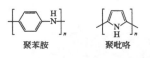

图 8-33　聚苯胺与聚吡咯的分子结构式

聚吡咯（PPy）由于具有高的环境稳定性以及易调控的电导率等而受到人们大量的关注。聚吡咯很容易制备，其中化学聚合与电化学聚合是常用的两种方法。Laith Al-Mashat 等[37] 利用电化学聚合方法直接在叉指电极上制备出直径为 40～90nm 的 PPy 纳米线，并研究了其对 H_2 的传感性能（图 8-34）。从图中可以看到，PPy 纳米线对不同浓度 H_2 均表现出良好的响应恢复性能，最低检出限为 600ppm。除了对 H_2 有较好的检测性能，NH_3 是目前包括 PPy 在内的导电高分子检测最广泛、性能最好的一种靶气体。Xue 等[38] 引入氧化铝模板（AAO）使用电化学沉积以及冷壁化学聚合的方法，分别制备出 PPy 纳米线以及纳米管阵列，并比较了两者对 NH_3 的传感性能（图 8-35）。研究发现，相比于 PPy 纳米线，PPy 纳米管阵列由于具有更多的吸附位点和更好的取向生长与结晶性，对 NH_3 具有更快的响应恢复以及更高的灵敏度。此外，对 NH_3 的检出限低至 0.05ppm。除了这些一维结构，Jun 等[39] 也发展了基于海胆状 PPy 的 NH_3 传感器，使用的方法也是液相化学聚合法。对 NH_3 同样具有优异的传感性能，可以实现 0.01ppm NH_3 的检测。关于 PPy 对 NH_3 的检测机制也是基于两者之间的吸附作用，NH_3 的吸、脱附相当于改变了 PPy 的掺杂水平，从而改变其电阻。

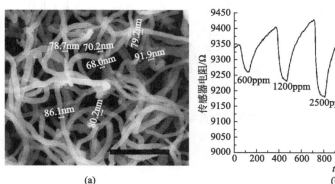

图 8-34　聚吡咯纳米线对 H_2 的传感性能[37]

除了自身具有良好的气体检测能力外，PPy 还常常与其他气敏材料（多见金属氧化物）进行复合组成异质结构材料，这样可以改善气敏性能。例如，Jiang 等[40] 首先使用静电纺丝技术制备出 SnO_2 纳米线，而后通过化学聚合法将 PPy 沉积在 SnO_2 表面而得到 PPy/SnO_2 复合纳米纤维。由于 P-N 异质结构的形成，材料对 NH_3 在室温下实现了高灵敏检测。类似地，利用这种异质结协同效应来改善气敏性能的还见于 PPy/WO_3[41]、PPy/Fe_2O_3[42] 以及 PPy/石墨烯[43] 等复合材料中。

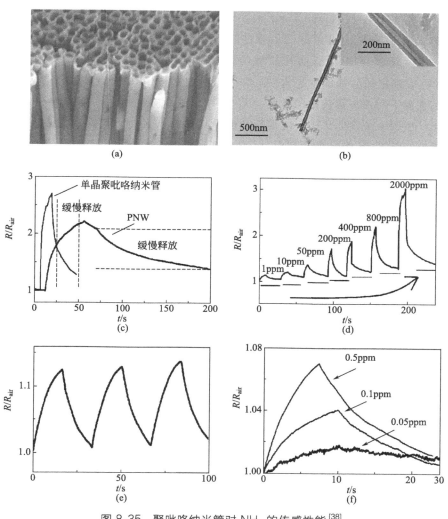

图 8-35 聚吡咯纳米管对 NH_3 的传感性能[38]

聚苯胺（PANI）最早于 20 世纪 80 年代通过氧化聚合法在酸性条件下制备得到，具有极好的导电性与稳定性，其制备方法（与 PPy 一样）主要有电化学聚合法与化学聚合法，近年来也是研究最多的导电高分子之一。PANI 由还原单元苯二胺和氧化单元醌二亚胺两部分组成，当两者比例相同时导电性最好。当与氧化性气体或者还原性气体接触时，PANI 的掺杂水平会发生改变，进而改变其导电性，基于这一现象可以实现气体的检测。Zhang 等[44] 使用静电纺丝法制备出 10-樟脑磺酸（HCSA）掺杂的 PANI 纤维，并研究了对 NH_3 以及 NO_2 的传感性能（图 8-36）。他们发现，掺杂后的纳米纤维对 700ppm NH_3 灵敏度显著提高，响应时间（45s±3s）以及恢复时间（63s±9s）变短。而未掺杂的 PANI 对 NO_2 有非常好的传感性能，对 50ppm NO_2 的电阻变化可以达到 5 个数量级，这在 NO_2 传感研究领域是最好的响应之一。此外，PANI 纳米纤维对 H_2 也表现出较好的响应，Arsat 等[45] 发现利用电化学法制备的 PANI 纳米纤维在室温下对 H_2 有较快的响应，对 1％H_2 的响应时间与恢复时间分别为 12s与 44s。与 PPy 一样，PANI 也常与其他氧化物材料复合，利用构筑的异质结构实现气敏性能的改善，如 PANI/In_2O_3[46] 复合纳米线、PANI/TiO_2[47] 复合纳米线等。

(a)   (b)
(c)   (d)

图 8-36　不同比例 10-樟脑磺酸（HCSA）掺杂的 PANI 纤维[44]

由以上研究可知，导电高分子，尤其是以 PPy 与 PANI 为代表的功能纳米材料在气敏传感研究领域已经越来越受到研究人员的关注。导电高分子不仅本身具有超灵敏检测气体（尤其是 NH_3 与 NO_2）的潜能，而且用于复合气敏材料也展现出独特的优势。

8.2.4 贵金属

贵金属（如 Pt、Pd、Au、Ag 等）在气敏传感领域起着至关重要的作用。由于自身的高催化活性，贵金属一般作为敏化剂而存在，即通过贵金属掺杂或者负载的方式来改善气敏性能。目前以贵金属为主体的气敏研究大部分是 Pd 单质或者 Pd 合金的 H_2 传感研究，响应的主要机理是基于金属 Pd 对 H_2 的特异性吸附形成 PdH_x，这一变化会导致电阻的变化，从而实现 H_2 检测。Pd 薄膜氢气传感器是研究较早的一类，然而由于在 Pd 薄膜表面 H_2 扩散系数较小，导致对 H_2 的灵敏度较低，且响应恢复也比较迟缓；此外经过多次循环测试后，Pd 薄膜容易发生褶皱与脱落。

近年来，为了改善 Pd 基氢气传感器的性能，研究人员利用多种制备方法（如氧化铝模板沉积、光刻纳米线电沉积以及电子束光刻等方法）制备出各种一维纳米结构，如纳米线、纳米带以及纳米管等。Yeonho 等[48] 利用电子束光刻技术电沉积制备出单根 Pd 纳米线（直径为 70～300nm，长度达 7μm），在检测 0.02%～10% H_2 时，单根 Pd 纳米线表现出快速的响应行为（小于 300ms）以及超低的功耗（小于 25mW）。Yang 等[49] 利用光刻纳米线电沉积制备出单根 Pd 纳米线，以其构筑的氢气传感器表现出快速的响应行为。对于多数 Pd 基氢气传感器，在测试过程中会以 N_2 等惰性气体作为载气，而非在空气中进行。然而，实际检测都是在空气氛围中进行的，这就要充分考虑空气中各种组分气体如 O_2、SO_2、H_2S 等在 Pd 吸附 H_2 时对表面稳定态的干扰，进而影响 H_2 的吸附。为此，Yang 等首先利用光刻纳米线电沉积法制备出 Pd 纳米线，然后在液相环境下在 Pd 纳米线表面自组装 ZIF-8 MOF 结构作为保护层（图 8-37）。鉴于 MOF 结构的微孔结构，可以促进 H_2 的选择性吸附，Pd 纳米线@ZIF-8 传感器对 H_2 的响应恢复行为显著改善，对 1% H_2 的响应时间与恢复时间分别为 7s 与 10s，约为原始 Pd 纳米线的 20 倍（响应时间与恢复时间分别为 164s 与 229s），此外对 H_2 的检出限也显著改善。Yang 等利用氧化铝模板限域沉积法制备出排列有序的 Pd 纳米线矩阵（图 8-38），并研究了单根以及多根 Pd 纳米线构筑的氢气传感器的性能。不同于大多 Pd 基氢气传感器，他们研究了在宽温度范围下（370～120K）尤其是低于室温下的 H_2 传感性能。研究表明，单根 Pd 纳米线传感器在 370～287K 以及 273～120K 温度范围内，多根 Pd 纳米线传感器在 370～263K 以及 263～150K 温度范围内，展现了"相反的传感行为"。

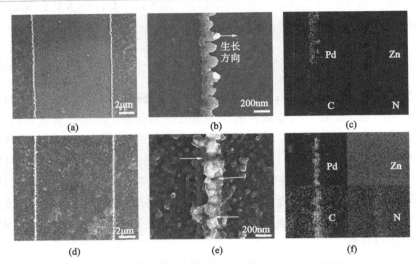

图 8-37 不同厚度 MOF 保护层的 Pd 纳米线[50]

图 8-38 采用氧化铝模板沉积法制备的 Pd 纳米线矩阵形貌（标尺为 100nm）[51]

除了 Pd 纳米线外，Lim 等[52] 利用湿化学模板法制备出 Pd 纳米管阵列，并研究了其 H_2 传感性能。他们首先使用水热法在电极上原位生长出 ZnO 纳米线矩阵，然后以 ZnO 阵列为模板在其表面还原生长 Pd，最后溶解 ZnO 得到 Pd 纳米管阵列（图 8-39）。构筑的氢气传感器阵列由于具有大的比表面积以及均匀有序性，对 H_2 表现出优异的响应行为，对 0.1％ H_2 的响应高达 1500％。将 Pd 纳米管阵列转移到聚酰亚胺柔性基底上，传感器展现出优异的力学性能、高灵敏度、响应快、抗弯曲以及重量轻等优点。Y Pak 团队[53] 引入直接转移技术制备出基于 Pd 纳米带矩阵的超灵敏氢气传感器。在这种阵列结构中，Pd 纳米带之间存在小于 40nm 的间隙且数量可控，这就促使 Pd 在吸附氢气相变过程中能够实现稳定且可重复的传感行为。在 H_2 含量为 3％时，阵列传感器的响应高达

10^9%。在 H_2 含量为 10%时,响应时间与恢复时间分别为 3.6s 与 8.7s。

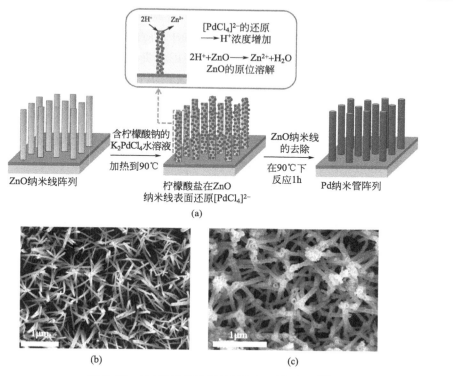

图 8-39 Pd 纳米管阵列的制备与形貌特征[52]

除了以上一维纳米结构,关于 Pd 纳米颗粒以及三维结构的传感研究亦有报道。Li 等[54]首先通过电泳沉积得到单根碳纳米管,然后以其为载体在其表面电沉积得到直径小于 6nm 的 Pd 纳米颗粒(均匀分散于碳纳米管表面)。Pd 纳米颗粒@碳纳米管相比于纯 Pd 纳米颗粒响应值增大了 20~30 倍。Pd 基氢气传感器容易受到 Pd 纳米结构的影响,因此 Pd 纳米结构的调控有助于改善活性与稳定性。鉴于此,Dong 等[55]报道了基于三维 Pd 纳米花的气敏传感性能(图 8-40)。他们首先利用化学气相沉积法制备出石墨烯,然后使用电沉积法制备出三维 Pd 纳米花/石墨烯材料。鉴于石墨烯高的电子迁移率与三维 Pd 纳米花丰富的活性位点,传感器对 H_2 表现出高灵敏与可逆响应,尤其是最低检出限为 0.1ppm。

合金化也是改善 Pd 气敏性能的常用方法。Jang 等[56]通过光刻 Ag 纳米线电沉积以及后续置换反应制备出 Pd-Ag 合金纳米线。鉴于空心结构中大量的活性气敏反应位点以及合金效应,Pd-Ag 合金传感器对 H_2 的灵敏度显著提升,同时表现出快速的响应特性。此外，他们还研究了 Pt 修饰对 Pd 纳米线 H_2 气敏性能的影响。首先通过光刻纳米线电沉积法制备出 Pd 纳米线，然后再次利用电沉积法将 Pt 金属层覆盖于 Pd 表面。研究表明，Pt 活性层可以加速 H_2 响应，在室温下尤其是在 376K 温度下降低了检出限，而且响应时间、恢复时间缩短的同时并未降低灵敏度[57]。除了贵金属合金化，利用非贵金属与 Pd 的合金化来改善 H_2 传感性能也有相关的报道。Yang 等[58] 使用氧化铝模板限域沉积法制备出 PdCu 合金纳米线，再利用湿法化学刻蚀过程制备出不同形貌特征的 PdCu 多孔合金纳米线（图 8-41）。得益于多孔形貌以及合金效应，PdCu 多孔合金纳米线更有利于 H_2 的吸附而改善灵敏度，同时发现在超低温度（低于室温）下对 H_2 的临界检测温度降低，即拓宽了检测温度范围。

图 8-40　三维 Pd 纳米花对 H_2 的传感性能[55]

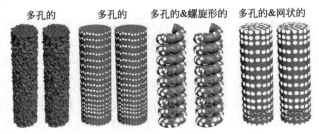

图 8-41　不同形貌特征的 PdCu 合金结构示意图[58]

　　尽管关于 Pd 基氢气传感器的研究取得了较大的进展，但是 Pd 在吸附大量氢气时会导致在 $\alpha \rightarrow \beta$ 相变过程中 Pd 纳米结构发生体积膨胀甚至破裂，进而影响传感器的长期稳定性与可靠性。除了 Pd 基氢气传感器，以 Pt 为主体气敏材料也有相关研究，然而不同于 Pd 基材料的响应机理，Pt 在响应 H_2 时是基于材料表面的吸附，因而不会产生体积膨胀问题。Yoo Hae-Wook 等[59] 利用结合光刻技术与二次溅射制备出均匀有序且周期性好的 Pt 纳米线阵列，这种 Pt 基氢气传感器在室温下对 H_2 表现出出色的响应，包括优异的响应恢复特性与可重复性，尤其是超低的检出限（1ppm）要比多数 Pd 基氢气传感器优势显著。

8.2.5 新型二维材料

这类材料具有和石墨烯类似的二维层状结构，研究对象包括金属硫化物、金属硒化物（研究相对较多）以及氮化碳、磷烯、二维过渡金属碳化物/氮化物/碳氮化物（研究相对较少）等。这些材料兼具优异的半导体特性、超大的比表面积以及广泛的化学成分和可调控的物理化学性能，促使它们成为颇具潜力的气敏材料。

二硫化钼（MoS_2）具有出色的电学性能，在气敏研究领域得到更多关注，其气敏响应机理与石墨烯类似，都是基于材料与气体分子之间直接的电荷转移。Cho 等[60] 利用化学气相沉积法制备出 MoS_2 薄膜并用于 NO_2 与 NH_3 的室温检测（图 8-42）。鉴于 MoS_2 的 N 型特性，它响应 NO_2 时电阻增大而响应 NH_3 时电阻减小，且对 NO_2 的灵敏度显著高于 NH_3。同时他们通过光致发光表征以及理论研究阐述了 MoS_2 气敏反应过程中的电荷转移机理。此外，Liu Bilu 等[61] 同样使用化学气相沉积法制备出单层 MoS_2 晶体管，这种具有肖特基特性的晶体管对 NO_2 与 NH_3 表现出超灵敏检测，对两者的最低检出限为 20ppm 与 1ppm。出色的气敏性能除了归功于正常的电荷转移机理外，肖特基势垒对气体吸附的调制也起到重要作用。除了利用化学气相沉积法，Li Hai 等[62] 使用机械剥离法制备出 MoS_2 薄膜场效应晶体管。他们研究了薄膜层数对 NO 气敏性能的影响，并发现拥有多层厚度的 MoS_2 比单层 MoS_2 灵敏度更高且检出限更低。理论研究证实，相比于其他还原性气体如 CO、NH_3 等，NO、NO_2 与 MoS_2 之间的结合能更高，这也是其高选择性的原因。

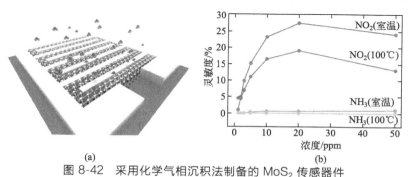

(a)　　　　　(b)

图 8-42　采用化学气相沉积法制备的 MoS_2 传感器件

及其对 NO_2、NH_3 的气敏性能[60]

由于大多基于单纯 MoS_2 的气敏性能并不理想，研究人员一般采用化学修饰法来改善。Baek 等[63] 利用简单的滴涂过程结合蒸发作用制备出 Pd 修饰的 MoS_2 气体传感器。单纯的 MoS_2 对 1％ H_2 无响应，而 Pd 修饰后相应的响应值为 35.3％。Shumao lui 等[64] 利用湿化学方法合成出 SnO_2 纳米晶修饰的 MoS_2 纳米片（图 8-43），复合材料表现出 P 型半导体特性，并且 SnO_2 的引入提高了 MoS_2 的稳定性；此外，改性的 MoS_2 表现出高灵敏度、优异的可重复性以及选择性，最低检出限可以达到 0.5ppm。尽管二维石墨烯的比表面积大，但是容易被污染且发生团聚现象，类似的 MoS_2 也会有这样的问题。鉴于此，构建以 MoS_2 纳米片为分级结构的三维结构是一种改善气敏性能的方法。Li 等[65] 以 PS 球为模板利用一步水热法制备出纳米片自组装而成的 MoS_2 空心球。这种三维空心结构暴露了更多的 MoS_2 边缘活性位点，大的比表面积也促进了气体吸附与扩散，相比于实心结构，对 NO_2 的气敏响应增强了 3.1 倍；此外响应时间/恢复时间缩短、工作温度降低、选择性提高（图 8-44）。

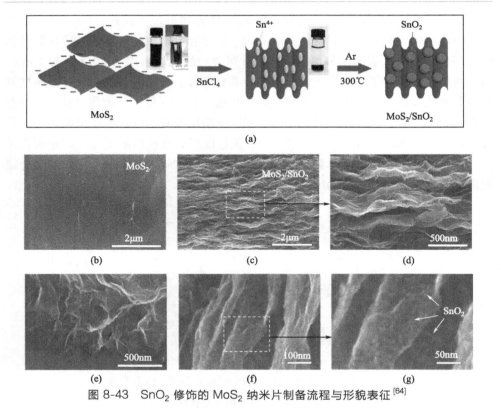

图 8-43　SnO_2 修饰的 MoS_2 纳米片制备流程与形貌表征[64]

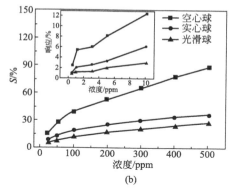

图 8-44　空心 MoS$_2$ 纳米球对 NO$_2$ 的气敏性能[65]

除 MoS$_2$ 外，WS$_2$ 也是气敏研究较多的一种。Guo 等[66] 首先将原子层沉积的 WO$_3$ 硫化得到 WS$_2$，然后通过 Ag 纳米线修饰得到表面功能化的 WS$_2$。单纯的 WS$_2$ 对丙酮具有显著的响应和良好的恢复行为，但是对 NO$_2$ 的恢复行为较差。采用 Ag 纳米线功能化之后，WS$_2$ 对 NO$_2$ 的响应时间显著缩短，对其恢复行为也显著改善，可以完全恢复到初始值。由此可见，这一类的功能化方法是改善二维过渡金属硫化物气敏性能的有效途径，有助于对后续研究提供参考与借鉴。SnS$_2$ 也是二维金属硫化物中的一员，并且近年来作为气敏材料也常有研究。Chen 等[67] 构筑了单层悬浮 SnS$_2$ 超灵敏 NH$_3$ 传感器，在光激发条件下传感器表现出高灵敏度以及快速的响应与恢复，此外在室温下对 NH$_3$ 的最低检出限为 20ppm。Xiong 等[68] 利用简单的溶剂热法制备出由纳米片自组装而成的 SnS$_2$ 纳米花（图 8-45），这种三维结构抑制了二维结构的团聚并提高了气体吸附效率，促进了气体的扩散，最终表现出优异的 NH$_3$ 传感性能。在 200℃ 温度下检测 100ppm NH$_3$ 时，传感器的灵敏度高达 7.4，响应时间与恢复时间分别为 40.6s 与 624s，而且传感器具有较低的检出限（0.5ppm）以及出色的选择性。另外，二维纳米金属硒化物如采用机械剥离法制备的 GaSe[69] 和采用化学气相沉积法制备的 MoSe$_2$ 纳米薄膜[70]，近年来也有报道对 NH$_3$ 和 NO$_2$ 表现出较为灵敏的响应行为。

氮化碳（C$_3$N$_4$）也是一种二维层状结构材料，但是与石墨烯相比具有更高的热稳定性与化学稳定性。Wang 等[71] 对尿素进行热处理合成出多孔 C$_3$N$_4$，这种 P 型特性的半导体在室温下可以高灵敏、高选择性地检测 NO$_2$ 气体。多孔 C$_3$N$_4$ 中大量的吡啶氮被负电荷占据，这样富电子的吡啶氮在吸附 NO$_2$ 时电子会流向 NO$_2$，最终实现 NO$_2$ 的高灵敏度与高选择性。Tomer 等[72] 引入了 Ag

纳米颗粒来修饰 C_3N_4，并研究了复合材料对乙醇的气敏性能。Ag 纳米颗粒增强了表面分子氧的解离吸附，也就是常见的化学敏化作用，从而显著增强了气敏性能。在 250℃检测 50ppm 乙醇时，Ag/C_3N_4 响应灵敏度为 $R_a/R_g=49.2$，响应时间与恢复时间分别为 11.5s 与 7s；在较低温度下（40℃），对乙醇也有明显的响应，传感器也表现出良好的长期稳定性。另外，与石墨烯的作用类似，C_3N_4 作为修饰材料也常与其他敏感材料（尤其是金属氧化物）进行复合，利用两者的协同效应来实现气敏性能的改善，这一类材料已有报道的有 C_3N_4/SnO_2[73,74]、C_3N_4/WO_3[75] 和 C_3N_4/Fe_2O_3[76] 等。

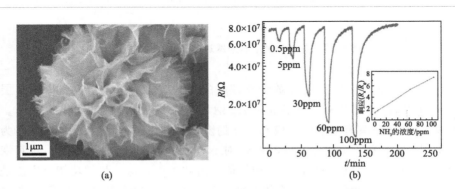

图 8-45　三维 SnS_2 纳米花对 NH_3 的气敏性能[68]

　　磷烯（Phosphorene）即为单层或者少层的黑磷，可以通过剥离黑磷而得到，具有与石墨烯类似的二维结构，近年来也被视为颇具潜力的气敏材料。磷烯的气敏响应机理也与石墨烯类似，都是基于气体吸附时材料之间的电荷转移引起的电阻变化。Kou 等[77] 通过理论模拟表明，磷烯能够有效吸附 CO、CO_2、NH_3、NO 以及 NO_2 分子，并且磷烯的吸附能力要好于石墨烯与 MoS_2。随后，Cho 等[78] 通过实验测试了磷烯、石墨烯以及 MoS_2 的气敏性能，并且发现磷烯对多种气体的灵敏度很高，这也证实了 Kou 等的理论预测。事实上，Abbas 等[79] 以及 Mayorga-Martinez 等[80] 率先从实验上研究了磷烯的气敏性能。Zhou 等使用机械剥离法制备出多层磷烯的场效应晶体管传感器并将其用于 NO_2 的检测，他们发现得到的磷烯能够探测 5ppm 的 NO_2，这也证实了磷烯是最好的二维气敏材料之一。

　　近年来，MXenes 系列二维材料在多个应用领域备受关注，尤其是在能源储存方面，然而其在气体传感领域的研究还处于起步阶段。Xiao 等[81,82] 通过理论模拟证实了单层 Ti_2CO_2 可以选择性吸附 NH_3，而不是 H_2、CH_4、CO、CO_2、NO_2 等。E Lee 等[83] 在实验上验证了 MXenes 材料的气敏性能。他们发现，$Ti_3C_2T_x$ 纳米片呈现 P 型半导体特性，并且对乙醇、甲醇、丙酮以及 NH_3 存在广泛的响应，其中对 NH_3 的响应最好，对丙酮的理论检出限可达 9.27ppm。随后，Kim 等[84] 同样证实了 $Ti_3C_2T_x$ 优异的气敏特性，他们制备的传感器在室温下对 VOCs 气体展现出高灵敏响应以及超高的信噪比。以上研究均表明了 MXenes 系列材料是一类优异的气敏材料，并会在未来的研究中受到人们越来越多的关注。

8.2.6 纳米气敏传感器的应用

以纳米材料为核心的高端纳米气敏传感器具有灵敏度高、能耗低、稳定性优和可集成化的优点，在健康监测、食品、汽车、农业、工业安全、交通、航空航天等领域有广泛的应用前景。

（1）用于人体健康监测

近年来，研究发现可以通过呼出气中的有机挥发物质（VOCs）生物标志物来检测人类特定疾病。相比于血液检测、色谱和内窥镜等传统的检测手段，气敏传感器检测呼出生物标志物是一种具有无痛、便捷、迅速、经济等优点的传感器。随着物联网的发展，医生可以通过互联网终端的气敏传感器，达到在家随时诊断的目的。图 8-46 所示为呼吸系统产生生物标志物示意图。例如，呼出气中的丙酮被公认为是糖尿病的标志物，传统方法如气相色谱、血液检测方法具有耗时多、成本高、病人痛苦指数高等缺点，采用气敏传感器通过检测丙酮生物标志物来监测糖尿病，是国际物联网发展的趋势。

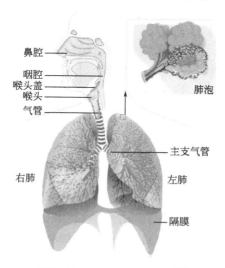

图 8-46　呼吸系统示意图[85]

同样道理，用于监测其他疾病的传感器还包括[86] 氨（肾病）、一氧化碳（肺部炎症）、二甲基硫醚（肝脏疾病）、乙烷（精神分裂症）、氰化氢（细菌感染）和一氧化氮（哮喘）等传感器。甚至，结合乳腺癌发病的病理学发展，采用监测生物标志物壬烷（Nonane）、异丙醇（iso-Propyl Alcohol）、正庚醛（Heptanal）、肉豆蔻酸异丙酯（iso-Propyl Myristate）等挥发性产物作为基于电子鼻的乳腺癌呼吸诊断的主要挥发性标志物，来监测正常人呼出的气体与患者呼出的气体是不一样的。同样，由于所患的病不同，不同患者呼出的气体，成分及浓度也有差别。利用气敏传感器检测呼出气体的成分及浓度，便可大致判断患病情况（图 8-47）。

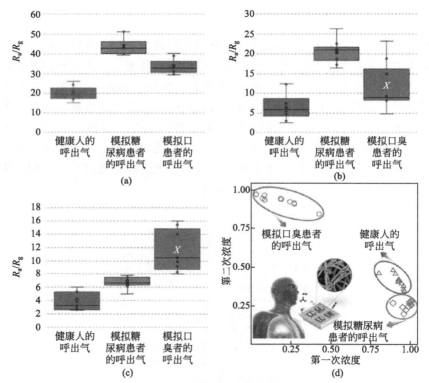

图 8-47　真实和模拟（糖尿病患者和口臭患者）呼吸感应反应：（a）PtPd-WO$_3$ NFs 传感器；（b）PtRh-WO$_3$ NFs 传感器；（c）Pt/NiO-WO$_3$ NFs 传感器；（d）PCA 使用来自传感器阵列的数据集进行模式识别，评估真实和模拟（糖尿病患者和口臭患者）呼吸[87]

随着数码科技和物联网的发展，柔性气敏传感器作为一种新型传感器，近年来在医疗保健、体育和安全等领域得到了广泛的应用。柔性传感器具有高柔顺性、长寿命、低重量、低成本等优点，与传统的刚性电子传感器相比具有更广阔的应用前景。特别值得一提的是，可穿戴电子鼻引起了医疗保健行业的兴趣，因为它可能有助于促进可穿戴设备如智能手表和智能鞋等的应用。

科学家设计了一种紧凑型臂带，适合于通过集成柔性打印化学传感器件阵列来检测腋臭。该传感器阵列可以响应各种复杂的气味，并安装在一个可穿戴电子鼻的原型上，以监测从人体释放出的腋臭，通过对人体体味的监测实现对人们健康状况的监测。可穿戴电子鼻根据不同活动的皮肤，对不同的腋臭和挥发物的释放量进行分类，如图 8-48 所示。不仅如此，在未来的器件发展过程中，甚至可制作出与物联网相连接的可穿戴器件，如图 8-49 所示。

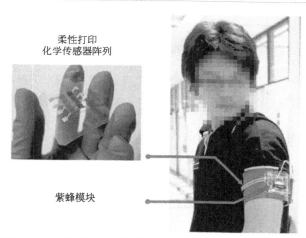

图 8-48 基于集成在 ZigBee 无线网络中的柔性喷墨打印
化学传感器阵列的可穿戴电子鼻原型[88]

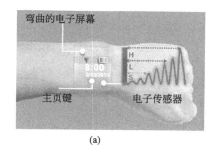

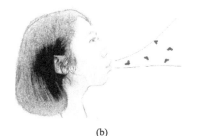

(a)   (b)

图 8-49 （a）集成到可穿戴设备中的灵活透明电子传感器；
（b）监测呼出气体，指示空气污染水平或人体生理状态
（S: 安全；L: 低毒；H: 高毒）[89, 90]

（2）用于食品安全监测

食品安全问题已经成为全社会共同关注的焦点话题。人们对于绿色健康新鲜食品的期望越来越高。如何有效地储存并保鲜食品是十分重要的。对于水果来说，一旦过了新鲜期，不但口感和营养成分变差，甚至引发胃肠道疾病。气敏传感器由于其结构简单、价格便宜、灵敏度高的特点，被广泛应用到食品检测的领域。如有研究表明，可以用纯石墨粉末为原料，研制出一种基于氧化石墨烯的导电型颗粒传感器，该气敏传感器在室温下的密闭空间中对水果释放的乙烯气体能快速响应，传感器的电导率随乙烯气体释放量的变化而变化，可以清楚地分辨出未成熟的水果和成熟的水果，如图 8-50 所示为石榴和香蕉成熟状态的辨别。

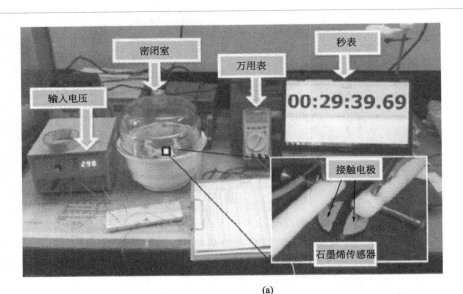

(a)

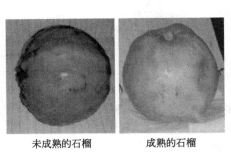

未成熟的石榴　　　成熟的石榴

(b)

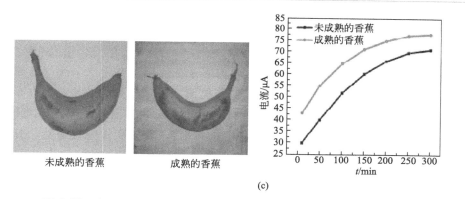

未成熟的香蕉　　　　　　成熟的香蕉

(c)

图 8-50　氧化石墨烯气敏传感器装置对石榴和香蕉的成熟状态的识别

（3）用于居住环境监测

对气体的监测已经是保护和改善人们居住环境不可缺少的手段，气敏传感器发挥着极其重要的作用。随着现代化生活水平的提高和室外空气污染的加剧，人们对于室内空气质量的要求越来越高。室内主要的有害气相污染源来自厨房不完全燃烧产生的一氧化碳（CO）、长期密闭空调环境聚集的二氧化碳（CO_2）以及装潢材料散发出来的甲醛等。实时监测室内空气中的有害气体含量可以保护身体健康、改善生活质量、保障家居安全等，甚至与物联网技术融合，实现用户对居住环境进行实时监测和预警等功能（图 8-51）[91,92]。

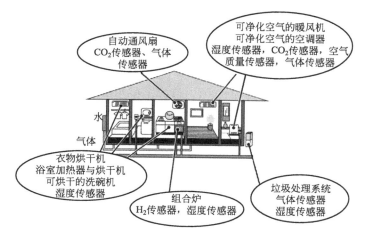

图 8-51　在房屋的不同地点安装各种气敏传感器 [91]

（4）用于汽车尾气监测

汽车尾气是空气污染的主要来源之一，严重影响了人类健康。因此，利用气敏传感器监测汽车尾气是十分必要的。

将新的基于 TENG 技术的自动化学传感系统应用于电动汽车尾气监测系统（图 8-52）中，对汽车排放的有毒气体进行监测取得了较好的效果，为汽车尾气监测提供了一种新的思路和方法。在汽车工程上安装垂直接触分离式 TENG，串联电阻式 NO_2 传感器作为排气监测器，商用 LED 并联作为报警器，分别与 TENG 连接。车辆启动时，TENG 为气敏传感器供电，TENG 的输出电压随气

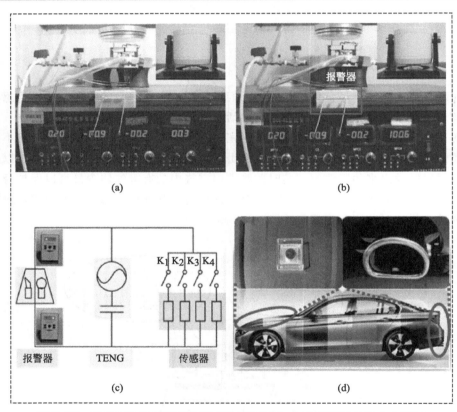

图 8-52　摩擦电自动车辆排放测试系统结构图：（a）摩擦电自动气体测试系统结构图，其中气流通过测试室时，三个串联 LED 失效；（b）当 100ppm NO_2 注入测试室时，三个串联 LED 被点亮；（c）实际应用的自供电车辆排放测试电路图；（d）基于汽车发动机振动的整个摩擦电电动机自动车辆排放测试系统结构图[93]

敏传感器工作状态的变化而变化，直接反映 LED 的开关状态。其工作机理可归结为 TENG 和负载电阻之间的特定输出特性的耦合。

本章小结

当前传感器在我国快速发展的自动化产业、智慧城市建设等方面得到了迅速的发展。特别是高端气敏传感器的产业化进程，在物联网推动下，其在人体健康、环境监测等领域将有极大的应用。国内传感器行业未来发展方向如下。

其一，向小型化、低功耗化、集成化方向发展。纳米材料的发展促使气敏传感器向小型化、柔性化和产业化发展，成本更低廉。反过来，气敏传感器的小型化也促进纳米气敏材料的快速进步。尤其，MEMS 电极技术加速了气敏传感器的小型化和低功耗化。大型电路的集成技术在提供可靠性的同时，也推动元器件与传感器的集成化。

其二，研发极端条件下的高端传感器。无论与人体健康监测相关还是与工业化发展相关的高性能传感器，一方面要求纳米材料与技术、气敏原理、传感器设计满足更高端的要求；另一方面根据气敏传感器的发展要求，不仅要求有高的灵敏度、选择性，而且要求有高的稳定性，特别是在低温等苛刻条件下。传感器的发展要求也推动了我国科学家和相关企业进行技术攻关，研发具有我国自主知识产权的原创性技术和产品。

其三，发展物联网技术和培养高端气敏人才。以集成化、智能化和网络化技术为先导的物联网技术，提升了制造工艺和新型传感器元器件的研发。MEMS 技术的发展，使我国高端产品逐渐接近和达到国外同类产品的先进水平。我国高校和研究所等科研团队逐渐培养了具有先进专业知识的高端气敏人才。

参考文献

[1] 孙立臣，窦仁超，刘兴悦，等. 气体传感器在国外航天器上的应用. 仪器仪表学报，2016, 37: 1187-1200.

[2] Tetsuro Seiyama, Akio Kato. Kiyoshi Fujiishi & Masanori Nagatani. A new detector for gaseous components using

semiconductive thin films. Analytical Chemistry, 1962, 34: 1502-1503.

[3] P. J. Shaver. Activated Tungsten Oxide Gas Detectors. Applied Physics Letters, 1967, 11(8): 255-257.

[4] Hyo-Joong Kim, Jong-Heun Lee. Highly sensitive and selective gas sensors using p-type oxide semiconductors: overview. Sensors Actuators B: Chemical, 2014, 192: 607-627.

[5] L. Wang, Z. Lou, R. Zhang, et al. Hybrid Co_3O_4/SnO_2 Core-Shell Nanospheres as Real-Time Rapid-Response Sensors for Ammonia Gas. ACS applied materials & interfaces, 2016, 8(10): 6539-6545.

[6] Bingqian Han, Xu Liu, Xinxin Xing, et al. A high response butanol gas sensor based on ZnO hollow spheres. Sensors and Actuators B: Chemical, 2016, 237: 423-430.

[7] Dong Chen, Jianshu Liu, Peng Wang, et al. Fabrication of monodisperse zirconia-coated core-shell and hollow spheres in mixed solvents. Colloids and Surfaces A: Physicochemical and Engineering Aspects, 2007, 302: 461-466.

[8] S. Vetter, S. Haffer, T. Wagner, et al. Nanostructured Co_3O_4 as a CO gas sensor: Temperature-dependent behavior. Sensors and Actuators B: Chemical, 2015, 206: 133-138.

[9] Lichao Jia, Weiping Cai. Micro/Nano-structured ordered porous films and their structurally induced control of the gas sensing performances. Advanced Functional Materials, 2010, 20: 3765-3773.

[10] Xinran Zhou, Xiaowei Cheng, Yongheng Zhu, et al. Ordered porous metal oxide semiconductors for gas sensing. Chinese Chemical Letters, 2018, 29: 405-416.

[11] Shuai Liang, Jianping Li, Fei Wang, et al. Highly sensitive acetone gas sensor based on ultrafine α-Fe_2O_3 nanoparticles. Sensors and Actuators B: Chemical, 2017, 238: 923-927.

[12] Ye-Qing Zhang, Zhe Li, Tao Ling, et al. Superior gas-sensing performance of amorphous CdO nanoflake arrays prepared at room temperature. Journal of Materials Chemistry A, 2016, 4: 8700-8706.

[13] Xiumei Xu, Haijiao Zhang, Xiaolong Hu, et al. Hierarchical nanorod-flowers indium oxide microspheres and their gas sensing properties. Sensors and Actuators B: Chemical, 2016, 227: 547-553.

[14] Shouli Bai, Yaqiang Ma, Xin Shu, et al. Doping metal elements of WO_3 for enhancement of NO_2-Sensing performance at room temperature. Industrial & Engineering Chemistry Research, 2017, 56, 2616-2623.

[15] Peng Sun, Chen Wang, Xin Zhou, et al. Cu-doped α-Fe_2O_3 hierarchical microcubes: Synthesis and gas sensing properties. Sensors and Actuators B: Chemical, 2014, 193, 616-622.

[16] A. K. Nayak, R. Ghosh, S. Santra, et al. Hierarchical nanostructured WO_3-SnO_2 for selective sensing of volatile organic compounds. Nanoscale, 2015, 7: 12460-12473.

[17] C. Wang, X. Cheng, X. Zhou, et al. Hierarchical alpha-Fe_2O_3/NiO composites with a hollow structure for a gas sensor. ACS applied materials & inter-

faces, 2014, 6: 12031-12037.

[18] Shouli Bai, Yanli Tian, Meng Cui, et al. Polyaniline @ SnO₂ heterojunction loading on flexible PET thin film for detection of NH₃ at room temperature. Sensors and Actuators B: Chemical, 2016, 226: 540-547.

[19] Su Zhang, Peng Song, Jia Li, et al. Facile approach to prepare hierarchical Au-loaded In₂O₃ porous nanocubes and their enhanced sensing performance towards formaldehyde. Sensors and Actuators B: Chemical, 2017, 241: 1130-1138.

[20] Jing Guo, Jun Zhang, Haibo Gong, et al. Au nanoparticle-functionalized 3D SnO₂ microstructures for high performance gas sensor. Sensors and Actuators B: Chemical, 2016, 226: 266-272.

[21] Zhihua Wang, Heng Zhou, Dongmei Han et al. Electron compensation in p-type 3DOM NiO by Sn doping for enhanced formaldehyde sensing performance. Journal of Materials Chemistry C, 2017, 5: 3254-3263.

[22] Jianan Deng, Lili Wang, Zheng Lou, et al. Design of CuO-TiO₂ heterostructure nanofibers and their sensing performance. J. Mater. Chem. A, 2014, 2: 9030-9034.

[23] D. X. Ju, H. Y. Xu, Z. W. Qiu, et al. Near Room Temperature, Fast-response, and highly sensitive triethylamine sensor assembled with au-loaded ZnO/SnO₂ core-shell nanorods on flat alumina substrates. ACS Applied Materials & Interfaces, 2015, 7: 19163-19171.

[24] Yusuf Valentino Kaneti, Julien Moric-eau, Minsu Liu, et al. Hydrothermal synthesis of ternary α-Fe₂O₃-ZnO-Au nanocomposites with high gas-sensing performance. Sensors and Actuators B: Chemical, 2015, 209: 889-897.

[25] Schedin F, Geim A K, Morozov S V, et al. Detection of individual gas molecules adsorbed on graphene. Nature Materials, 2006, 6: 652-655.

[26] H. Choi, J. S. Choi, J. S. Kim, et al. Flexible and transparent gas molecule sensor integrated with sensing and heating graphene layers. Small, 2015, 10: 3812-3812.

[27] Jin Wu, Shuanglong Feng, Xingzhan Wei, et al. Facile synthesis of 3D graphene flowers for ultrasensitive and highly reversible gas sensing. Advanced Functional Materials, 2016, 26: 7462-7469.

[28] Stefano Prezioso, Francesco Perrozzi, Luca Giancaterini, et al. Graphene oxide as a practical solution to high sensitivity gas sensing. Journal of Physical Chemistry C, 2013, 117: 10683-10690.

[29] Jianwei Wang, Budhi Singh, Jin Hyung Park, et al. Dielectrophoresis of graphene oxide nanostructures for hydrogen gas sensor at room temperature. Sensors & Actuators B Chemical, 2014, 194, 296-302.

[30] Lu Ganhua, Leonidas E Ocola, et al. Reduced graphene oxide for room-temperature gas sensors. Nanotechnology, 2009, 20: 445502.

[31] J. T. Robinson, F. K. Perkins, E. S. Snow, et al. Reduced graphene oxide molecular sensors. Nano Letters,

2008, 8: 3137-3140.

[32] Zhuo Chen, Jinrong Wang, Douxing Pan, et al. Mimicking a Dog's Nose: Scrolling Graphene Nanosheets. ACS Nano, 2018, 12: 2521-2530.

[33] Alizadeh Taher, Ahmadian Farzaneh. Thiourea-treated graphene aerogel as a highly selective gas sensor for sensing of trace level of ammonia. Analytica Chimica Acta, 2015, 897: 87-95.

[34] Jin Wu, Kai Tao, Yuanyuan Guo, et al. A 3D chemically modified graphene hydrogel for fast, highly sensitive, and selective gas sensor. Advanced Science, 2017, 4: 2521.

[35] Fang Niu, Li Ming Tao, Yu Chao Deng, et al. Phosphorus doped graphene nanosheets for room temperature NH_3 sensing. New Journal of Chemistry, 2014, 38: 2269-2272.

[36] Fang Niu, Jin-Mei Liu, Li-Ming Tao, et al. Nitrogen and silica co-doped graphene nanosheets for NO_2 gas sensing. Journal of Materials Chemistry A, 2013, 1: 6130-6133.

[37] Laith Al-Mashat, Catherine Debiemme-Chouvy, Stephan Borensztajn, et al. Electropolymerized polypyrrole nanowires for hydrogen gas sensing. Journal of Physical Chemistry C, 2012, 116: 13388-13394.

[38] M. Xue, F. Li, D. Chen, et al. High-oriented polypyrrole nanotubes for next-generation gas sensor. Advanced Materials, 2016, 28: 8265-8270.

[39] Lee Jun Seop, Jun Jaemoon, Shin Dong Hoon, et al. Urchin-like polypyrrole nanoparticles for highly sensitive and selective chemiresistive sensor

application. Nanoscale, 2014, 6: 4188-4194.

[40] Tingting Jiang, Zhaojie Wang, Zhenyu Li, et al. Synergic effect within n-type inorganic-p-type organic nano-hybrids in gas sensors. Journal of Materials Chemistry C, 2013, 1: 3017-3025.

[41] A. T. Mane, S. T. Navale, Shashwati Sen, et al. Nitrogen dioxide (NO_2) sensing performance of p-polypyrrole/n-tungsten oxide hybrid nanocomposites at room temperature. Organic Electronics, 2015, 16: 195-204.

[42] S. T. Navale, G. D. Khuspe, M. A. Chougule, et al. Room temperature NO_2 gas sensor based on PPy/α-Fe_2O_3 hybrid nanocomposites. Ceramics International, 2014, 40: 8013-8020.

[43] Jianhua Sun, Shu Xin, Yanli Tian, et al. Facile preparation of polypyrrole-reduced graphene oxide hybrid for enhancing NH_3 sensing at room temperature. Sensors & Actuators B Chemical, 2017, 241: 658-664.

[44] Yuxi Zhang, Jae Jin Kim, Di Chen, et al. Electrospun polyaniline fibers as highly sensitive room temperature chemiresistive sensors for ammonia and nitrogen dioxide gases. Advanced Functional Materials, 2014, 24: 4005-4014.

[45] R. Arsat, X. F. Yu, Y. X. Li, et al. Hydrogen gas sensor based on highly ordered polyaniline nanofibers. Sensors & Actuators B Chemical, 2009, 137: 529-532.

[46] A. Z. Sadek, W. Wlodarski, K. Shin, et al. A layered surface acoustic wave

gas sensor based on a polyaniline/ In_2O_3 nanofibre composite. Nanotechnology, 2006, 17, 4488.

[47] Jian Gong, Yinhua Li, Zeshan Hu, et al. Ultrasensitive NH_3 gas sensor from polyaniline nanograin enchased TiO_2 Fibers. The Journal of Physical Chemistry C, 2010, 114: 9970-9974.

[48] Im Yeonho, Lee Choonsup, Richard P Vasquez, et al. Investigation of a single Pd nanowire for use as a hydrogen sensor. Small, 2010, 2: 356-358.

[49] F. Yang, D. K. Taggart, R. M. Penner. Fast, sensitive hydrogen gas detection using single palladium nanowires that resist fracture. Nano Letters, 2009, 9: 2177.

[50] W. T. Koo, S. Qiao, A. F. Ogata, et al. Accelerating palladium nanowire H_2 sensors using engineered nanofiltration. Acs Nano, 2017, 11: 199-201.

[51] Dachi Yang, Luis Valentín, Jennifer Carpena, et al. Temperature-activated reverse sensing behavior of Pd nanowire hydrogen sensors. Small, 2013, 9: 188-192.

[52] Lim Mi Ae, Kim Dong Hwan, Park Chong-Ook, et al. A new route toward ultrasensitive, flexible chemical sensors: metal nanotubes by wet-chemical synthesis along sacrificial nanowire templates. Acs Nano, 2012, 6: 598-608.

[53] Y Pak, N Lim, Y Kumaresan, et al. Palladium nanoribbon array for fast hydrogen gas sensing with ultrahigh sensitivity. Advanced Materials, 2016, 27: 6945-6952.

[54] Li X, Thai M L, Dutta R K, et al. Sub-6 nm palladium nanoparticles for fas-

ter, more sensitive H_2 detection using carbon nanotube ropes. Acs Sensors, 2017, 2 (2), 282.

[55] Hoon Shin Dong, Jun Seop Lee, Jaemoon Jun, et al. Flower-like palladium nanoclusters decorated graphene electrodes for ultrasensitive and flexible hydrogen gas sensing. Scientific Reports, 2015, 5, 12294.

[56] J. S. Jang, S. Qiao, S. J. Choi, et al. Hollow Pd-Ag composite nanowires for fast responding and transparent hydrogen sensors. Acs Applied Materials & Interfaces, 2017, 9, 39464.

[57] Li Xiaowei, Liu Yu, John C Hemminger, et al. Catalytically activated palladium@platinum nanowires for accelerated hydrogen gas detection. Acs Nano, 2015, 9, 3215-3225.

[58] D. Yang, L. F. Fonseca. Wet-chemical approaches to porous nanowires with linear, spiral, and meshy topologies. Nano Letters, 2013, 13, 5642-5646.

[59] Yoo Hae-Wook, Cho Soo-Yeon, Jeon Hwan-Jin, et al. Well-defined and high resolution Pt nanowire arrays for a high performance hydrogen sensor by a surface scattering phenomenon. Analytical Chemistry, 2015, 87, 1480-1484.

[60] Byungjin Cho, Myung Gwan Hahm, Minseok Choi, et al. Charge-transfer-based gas sensing using atomic-layer MoS_2. Scientific Reports. , 2015, 5: 8052 .

[61] Liu Bilu, Chen Liang, Liu Gang, et al. High-performance chemical sensing using Schottky-contacted chemical vapor deposition grown monolayer

MoS_2 transistors. Acs Nano, 2014, 8. 5304.

[62] Li Hai, Yin Zongyou, He Qiyuan, et al. Fabrication of single- and multilayer MoS_2 film-based field-effect transistors for sensing NO at room temperature. Small, 2012, 8 (1): 63-67.

[63] Dae Hyun Baek, Jongbaeg Kim. MoS_2 gas sensor functionalized by Pd for the detection of hydrogen. Sensors & Actuators B Chemical, 2017, 250: 2316.

[64] Shumao Cui, Zhenhai Wen, Xingkang Huang, et al. Stabilizing MoS_2 nanosheets through SnO_2 nanocrystal decoration for high-performance gas sensing in air. Small, 2015, 11: 2305-2313.

[65] Yixue Li, Zhongxiao Song, Yanan Li, et al. Hierarchical hollow MoS_2 microspheres as materials for conductometric NO_2 gas sensors. Sensors and Actuators B: Chemical, 2016, 282: 259-267.

[66] Donghui Guo, Riku Shibuya, Chisato Akiba, et al. Active sites of nitrogen-doped carbon materials for oxygen reduction reaction clarified using model catalysts. Science, 2016, 351: 361-365.

[67] Huawei Chen, Yantao Chen, Heng Zhang, et al. Suspended SnS_2 Layers by Light Assistance for Ultrasensitive Ammonia Detection at Room Temperature. Advanced Functional Materials, 2018, 28: 1801035.

[68] Ya Xiong, Wangwang Xu, Degong Ding, et al. Ultra-sensitive NH_3 sensor based on flower-shaped SnS_2 nanostructures with sub-ppm detection ability. Journal of Hazardous Materials, 2017, 341: 159.

[69] Yecun Wu, Duan Zhang, Kangho Lee, et al. Quantum confinement and gas sensing of mechanically exfoliated GaSe. Advanced Materials Technologies, 2016, 2, 1600197.

[70] Jongyeol Baek, Demin Yin, Na Liu, et al. A highly sensitive chemical gas detecting transistor based on highly crystalline CVD-grown $MoSe_2$ films. Nano Research, 2017, 10: 2904.

[71] Donghong Wang. Novel C-rich carbon nitride for room temperature NO_2 gas sensors. Rsc Advances, 2014, 4: 18003-18006.

[72] Tomer V K, Malik R, Kailasam K. Near-room-temperature ethanol detection using Ag-loaded Mesoporous Carbon Nitrides. ACS Omega, 2017, 2 (7): 3658-3668.

[73] Jing Hu, Cheng Zou, Yanjie Su, et al. One-step synthesis of 2D C_3N_4-tin oxide gas sensors for enhanced acetone vapor detection. Sensors and Actuators B: Chemical, 2017, 253: 641-651.

[74] Y. Wang, J. Cao, C. Qin, et al. Synthesis and enhanced ethanol gas sensing properties of the g-C_3N_4 nanosheets-decorated tin oxide flower-Like nanorods composite. Nanomaterials, 2017, 7: 285.

[75] Ding Wang, Shimeng Huang, Huijun Li, et al. Ultrathin WO_3 nanosheets modified by g-C_3N_4 for highly efficient acetone vapor detection. Sensors and Actuators B: Chemical, 2019, 282: 961-971.

[76] Yujing Zhang, Dingke Zhang, Weimeng Guo, et al. The α-Fe_2O_3/g-C_3N_4 heterostructural nanocomposites with enhanced ethanol gas sensing

performance. Journal of Alloys and Compounds, 2016, 685: 84-90.

[77] Liangzhi Kou, Thomas Frauenheim, Changfeng Chen. Phosphorene as a superior gas sensor: Selective adsorption and distinct I-V response. The Journal of Physical Chemistry Letters, 2014, 5: 2675-2681.

[78] S. Y. Cho, Y Lee, H. J. Koh, et al. Superior chemical sensing performance of black phosphorus: comparison with MoS_2 and graphene. Advanced Materials, 2016, 28: 7020-7028.

[79] Ahmad N. Abbas, Bilu Liu, Liang Chen, et al. Black Phosphorus gas sensors. ACS Nano, 2015, 9: 5618 - 5624.

[80] Mayorga-Martinez C C, Sofer Z, Pumera M. Layered black phosphorus as a selective vapor sensor. Angewandte Chemie International Edition, 2015, 54: 14317-14320.

[81] Bo Xiao, Yan-chun Li, Xue-fang Yu, et al. MXenes: Reusable materials for NH_3 sensor or capturer by controlling the charge injection. Sensors and Actuators B: Chemical, 2016, 235: 103-109.

[82] Xue Fang Yu, Yanchun Li, Jian Bo Cheng, et al. Monolayer Ti_2CO_2: A promising candidate for NH_3 sensor or capturer with high sensitivity. Acs Applied Materials & Interfaces, 2015, 7: 1830.

[83] E Lee, A Vahidmohammadi, B. C. Prorok, et al. Room temperature gas-sensing of two-dimensional titanium carbide (MXene) . Acs Applied Materials & Interfaces, 2017, 9: 298.

[84] S. J. Kim, H. J. Koh, C. E. Ren, et al.

Metallic $Ti_3C_2T_x$ mXene gas sensors with ultrahigh signal-to-noise ratio. Acs Nano, 2018, 12: 315.

[85] Anna Staerz, Udo Weimar, Nicolae Barsan. Understanding the potential of WO3 based sensors for breath analysis. Sensors, 2016, 16: 1815.

[86] Marco Righettoni, Anton Amann, Sotiris E Pratsinis. Breath analysis by nanostructured metal oxides as chemoresistive gas sensors. Mater. Today, 2015, 18: 163-171.

[87] Sang-Joon Kim, Seon-Jin Choi, Ji-Soo Jang, et al. Exceptional high-performance of Pt-based bimetallic catalysts for exclusive detection of exhaled biomarkers. Adv. Mater, 2017, 29: 1700737.

[88] Mintu Mallick, Syed Minhaz Hossain, Jayoti Das. Graphene oxide based fruit ripeness sensing e-Nose. Materials Today: Proceedings, 2018, 5: 9866 - 9870.

[89] Panida Lorwongtragool, Enrico Sowade, Natthapol Watthanawisuth, et al. A novel wearable electronic nose for healthcare based on flexible printed chemical sensor array. Sensors, 2014, 14: 19700.

[90] Ting Wang, Yunlong Guo, Pengbo Wan, et al. Flexible transparent electronic gas sensors. Small, 2016, 12: 3748-3756.

[91] Noboru Yamazoe. Toward innovations of gas sensor technology. Sensors Actuators B: Chem. , 2005, 108: 2-14.

[92] Jinming Jian, Xishan Guo, Liwei Lin, et al. Gas-sensing characteristics of dielectrophoretically assembled compos-

ite film of oxygen plasma-treated SWC-NTs and PEDOT/PSS polymer. Sensors Actuators B: Chem., 2017, 178, 279-288.

[93]　Qingqing Shen, Xinkai Xie, Mingfa Peng, et al. Self-powered vehicle emission testing system based on coupling of triboelectric and chemoresistive effects. Adv. Funct. Mater, 2018, 28: 1703420.

第9章

纳米器件与智慧生活

9.1 智慧生活

近年来，智慧生活逐渐成为人们对生活方式的新的定义，体现了人们对高质量生活体验的追求。智慧生活正引领着全新的生活理念，而纳米技术在其中扮演着非常重要的角色。2017 年 10 月，苏州诞生了国内首个纳米智慧生活体验馆，囊括了国内外 80 多家百余款纳米技术应用产品，融合了物联网、传感器、智能硬件、智慧家庭、服务与应用场景、半导体 IC 核心技术等智慧产业。随着纳米技术的发展和日益成熟，纳米材料和器件不仅为人们提供了更为丰富和优异的功能，也让人们的生活变得更加"智慧"。

9.1.1 纳米器件与物联网系统

物联网（Internet of Things，IoT）是在互联网的基础上发展起来并延伸和扩展的网络。物联网是面向实体世界，以感知互动为目的，具备社会化属性的综合系统[1]。物联网更加强调人类社会生活的各个方面、国民经济的各个领域广泛与深入的应用。物联网在互联网基础上将用户端延伸和扩展到物品与物品，实现了信息的交换和通信[2]。物联网是一种智能信息服务系统[3]。物联网系统主要包括感知识别层、网络传输层、应用支撑层和应用接口层，各层之间的信息（包括在特定应用系统范围内能唯一标识物品的识别码和物品的静态与动态信息）不仅能单向传递，而且能实现交互和控制等作用。物联网的基础是感知技术，传感器作为信息源，不同类别的传感器能够实时捕获不同内容、不同格式的信息（图 9-1）[4,5]。物联网的支撑环境是计算机网络、移动通信网络及其他可以用于物联网数据传输的网络，能将从传感器感知到的信息实时准确地传递出去。物联网的核心价值体现在对自动感知的海量数据的智能处理，能对从传感器获得的海量数据进行分析、加工，并处理成有意义的数据，用来满足不同用户群体的需求并开发新的应用领域和应用模式。物联网作为一种新的计算模式，使人类对客观世界具有更透彻的感知能力、更全面的认知能力和更智慧的处理能力，可以提高人类的生产力、效率和效益，并且进一步改善人类社会发展与地球生态之间可持续发展的和谐关系。

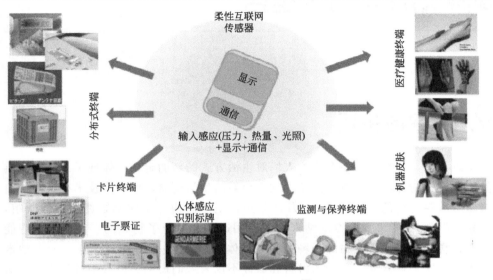

图 9-1 物联网传感器[5]

纳米技术研究结构尺寸在 0.1～100nm 范围内的材料性质和应用，纳米技术融合了介观物理、量子力学、分子生物学、微电子、混沌物理和计算机等学科，将引发纳米物理学、纳米化学、纳米电子学、纳米生物学和纳米加工等技术[5]。纳米材料凭借其异于块体材料的优异性能，已经广泛地应用于微电子、电力、制造业、生物医药学、化学、环境监测、能源、交通、农业和日常生活等领域。基于纳米材料和纳米技术制备得到的纳米传感器，通过物理、化学、生物的感知点来传达外部宏观世界的信息，可用来监测压力、质量、位移、速度、温度、气味、光强、声音。具体来说，纳米传感器可以像昆虫一样，感知环境中细微的震动；可以像小狗一样，感受分子量级的气味；可以精确定位体内细胞并测量细胞的温度、浓度和体积；可以检测脱氧核糖核酸（DNA）等[5]。纳米传感器具有感知能力强、体积小、节能的特点，可利用太阳能供电，解决无线传感器网络的能量来源，延长其生存时间。采用纳米技术可以制造体积很小，但存储容量达万亿位数据的存储器，如碳纳米管（CNT）可用来开发只有其自身 1/500 大小的微处理器，不仅处理速度高而且能耗极低。2017 年 1 月 6 日，长虹通信在美国发布了搭载小型化分子光谱传感器的全球首款分子识别手机"长虹 H2"，能够对果蔬糖分和水分、药品真伪、皮肤年龄和酒类品质等提供检测功能。利用纳米传感器体积小的优点可以实现许多全新的功能，便于大批量和高精度生产，单件成本低，易构成大规模和多功能阵列[5]。

微机电系统（Micro Electro Mechanical Systems，MEMS）技术的发展，为传感器节点的智能化、小型化和功率的不断降低制造了成熟的条件，而集成度更高的纳米机电系统（Nano-Electromechanical System，NEMS）具有微型化、智能化、多功能、高集成度和大批量生产等特点，使得制造和应用纳米传感器成为可能。纳米技术和物联网结合的纳米物联网（Internet of Nano Things，IoNT）不仅能将物联网范围扩展到微观领域，而且能增强物联网终端的传感功能和网络传输能力，并开发出新的应用。柔性传感器随着物联网的发展，将会应用在各种领域并出现巨大的市场需求[6]，如图 9-1 所示。

在第三届纳米能源与纳米系统国际学术会议上，王中林指出，快速发展的物联网技术需要海量的由外电路驱动的大面积传感器网络，这将显著增加微纳器件的体积和功耗，这就需要开发构建新一代高端智能传感器并实现器件的自驱动化，而纳米能源技术将是解决物联网所面临问题的源动力[7]。在物联网体系中，数以亿万计的物品需要通过传感器进行测量，并对数据进行传输和控制，凭借发电厂和能量存储单元（如电池）难以满足实际要求，我们至少需要亿万级数量的小型能量单元，通过自供能从生活环境中收集所需的能量以供给随机分布的物品单元。王中林课题组开发的摩擦纳米发电机能够将机械能转变为电能，摩擦纳米发电机能够当作电压源为物品输出电压，使这种自供能的传感器系统连续稳定工作。而且一旦将大量的摩擦纳米发电机组装成网络，那么就有可能从海洋和自然风中获取大量的能量[8]。如吴志明课题组利用 MoS$_2$/PDMS 制备出摩擦纳米发电机并用之收集水能[9]。王中林团队利用氧化锌纳米线制备出三维压电晶体管，并应用于智能皮肤、微纳机电体系和人体-电子界面等领域[10]［图 9-2（a）］。日本东京大学的 Takao Someya 通过对有机太阳能光电板进行纳米光栅图案化加工，获得了自供能的柔性电子器件，并用之测量生物特征信号[11]［图 9-2（b）］。

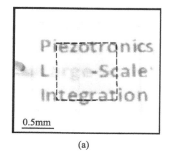
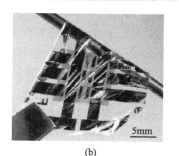

(a) (b)

图 9-2　（a）氧化锌纳米线三维压电晶体管；（b）柔性有机光伏设备

物联网和人类社会生产生活紧密相关，已经应用的领域有智能交通、智能医疗、智能环保、智能安防、智能农业、智能家居、智能物流以及物联网军事应用[3]。以智能医疗和可穿戴设备为例，智能医疗将物联网应用于医疗领域，融合患者和医院，融合大型医院、专科医院与社区医院，目的是把有限的医疗资源提供给更多的人共享，把医院的作用向社区、家庭和偏远地区延伸和辐射，简化就医流程，监督药品生产、流通、销售，提高偏远地区医疗水平，方便检查患者服药、治疗、手术与康复过程。纳米技术不仅可以为以上过程提供更细致的传感服务，还可以直接在生物学和医药学领域发挥作用。如具有亲水性和表面多孔结构的细菌纤维素可用于合成和稳定银纳米颗粒，尽管银纳米颗粒可能在一些情况下会引起细胞毒性效应，但这种含银纳米颗粒的细菌纤维素复合材料作为创伤敷料能阻挡和治疗不止一种细菌感染[12]。另外，人们尝试利用纳米技术使药物进入人体后附着在病灶周围，并可控地释放用来修补损伤组织，实现治疗。如澳大利亚麦考瑞大学的 Ewa M. Goldys 和 Wei Deng 等将光敏剂和金纳米颗粒嵌入到脂质双层中，能够实现用 X 射线辐射触发基因和药物释放[13]。美国乔治亚理工学院的夏幼南课题组利用生物兼容和生物可降解的月桂酸和硬脂酸的共晶混合物制备出有机相转变材料的纳米颗粒，并作为抗癌药物阿霉素和近红外吸收染料 IR 780 的载体，在近红外光的照射下能够迅速释放药物用于癌症治疗[14]。在新时期下，纳米技术、合成生物学和大数据等学科领域的发展和融合以及物联网、大健康等概念的提出和实施，将进一步驱动生物传感技术的发展[15]。

可穿戴设备是纳米技术和物联网感知层相结合的一个案例，可穿戴设备能够将穿戴者及其周边状况作为物联网的一部分来处理，提供贴近人们生活的物联网服务，记录穿戴者的健康状况、运动量等，检测穿戴者的状态并以各种各样的形式反馈给穿戴者，能对穿戴者的生活起到帮助作用。具体来说，它能方便消费者个体获取医疗数据、记录生活、体验游戏，帮助企业进行接待、远程操作、操作训练、挑选货物等[16]。得益于柔性材料和小尺寸的纳米材料，这种穿戴设备舒适且无违和感，能够配备各种传感器并提供多种多样的功能。可穿戴设备的研发在近年来成为各国研究的热点之一。美国西北大学 John A. Rogers 和澳大利亚莫纳什大学 Wenlong Cheng 分别用 50nm 厚的蛇纹金膜和金纳米线/PDMS 制备得到的纳米柔性传感器，不仅可以分别用来记录体表温度和有效地检测弯曲力、扭转力、脉搏血压、声压，两者还都能进行大规模集成[17,18]［图 9-3(a)、(b)］。韩国釜山国立大学的 J. Kim 课题组利用垂直排列的碳纳米管制备得到的传感器拉伸性能优越，能在较宽的应变范围内对应力进行测量[19]［图 9-3(c)］。王中林课题组利用金属薄膜制备得到的柔性可拉伸矩阵网络具有多种功能，可以对温度、面内应力、湿度、光、磁场、压力和接近感应等作出传感响应[20]［图 9-3（d）］。各种基于纳米技术制备的传感器能够推动物联网向纳米物联网的方向发展，并将成为物联网革命的催化剂。与此同时，目前纳米物联网在自供电、集成化、隐私和安全、纳米毒性等方面仍面临挑战[21,22]，并成为未来亟待解决的问题和重要的研究方向。

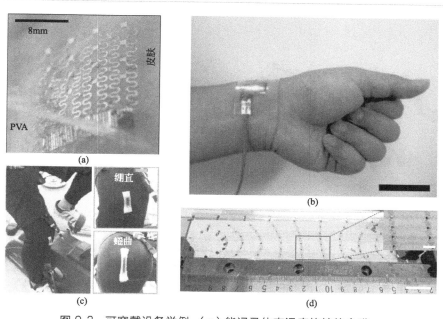

图 9-3　可穿戴设备举例：（a）能记录体表温度的蛇纹金膜；
（b）可检测脉搏、血压的金纳米线/PDMS；（c）碳纳米管柔性
传感器；（d）可拉伸矩阵网络柔性传感器

9.1.2　纳米器件与机器人

"你能够将机器做到多小？"这个问题由诺贝尔奖得主理查德·费曼（Richard Feynman）于 1984 年"微小的机器"演讲中提出。这位杰出的物理学家认为，人们有可能设计出纳米尺度的机械装置，其活动部件是分子甚至单个原子[23]。在当时的技术条件下，这样的设想是十分超前的，但费曼坚信这并非空中楼阁，因为这种实例在自然界中屡见不鲜。例如，细菌的鞭毛就是一套结构简单、功能实用的纳米"机器"——鞭毛由大分子组成，其形状是螺旋形，当其转动时就可以驱动细菌前进。利用类似的思路，人们能否制造出纳米器件与纳米机器人，从而在纳米尺度上操纵物质实现特殊的功能，纳米科技的

发展已经给出了答案，费曼当初的设想已经变成了现实[24]（图9-4）。在此需要说明，严格区分机器人（Robot）、机器（Machine）和器件（Device）是没有意义的，因为机器人本质上就是器件的整合，而器件也可以被认为是具有特定功能的机器人。因此，器件的纳米化，从某种程度上也就意味着机器人的纳米化。

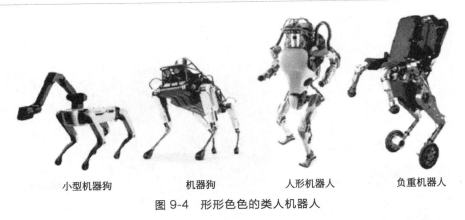

小型机器狗　　　　机器狗　　　　人形机器人　　　　负重机器人

图 9-4　形形色色的类人机器人

在回答了费曼的问题以后，人们自然而然会想到另一个问题：为什么需要将器件尺寸缩小到纳米量级？这个问题，可以从历史中找到答案。

过去几十年见证了计算机芯片的发展。世界上第一部电子计算机诞生于 1946 年，其占地面积达到 $170m^2$，质量达到 30t，功耗高达 150kW。这台计算机包含了 18000 个晶体管，每秒可进行 5000 次运算。仅仅 70 余年过去，苹果公司最新的 A12X 仿生芯片只有指甲盖大小，质量仅有几克，功耗不足 10W，却包含超过 100 亿个晶体管，每秒可进行 5 万亿次运算（是第一台计算机的 10 亿倍）。这样的进步速度，在人类历史上的任何工业产品中是绝无仅有的。试想，如果将喷气式客机的巡航速度提升 10 亿倍，那简直是天方夜谭。

过去，我们需要一整间屋子来摆放计算机；现在，我们可以将计算机握在手中，甚至植入皮下。由此可见，集成化和微纳化对于计算机芯片而言，不仅是量的积累，更是质的飞跃。对于机器人而言，我们同样有足够的理由相信，随着纳米科技的引入，将会有简单的、轻量的、节能的机器人走入我们的生活。

纳米器件的发展及其对于机器人系统的促进作用，是通过"自上而下"和"自下而上"两个技术路线实现的。"自上而下"是指从机器人所要实现的功能出发，不断优化系统控制、器件设计和材料加工，达成微纳化、集成化的目标，促进机器人产业的发展。"自下而上"则是指从最基本的分子和原子出发，通过控制和组装这些粒子，形成纳米结构，获得特定功能，最终发展成实用的器件。这两类技术路线有各自的独特优点，也都存在着各自的不足。

自上而下的设计思路是从"机器系统"出发，到"材料"结束。它意味着不需要对现有体系进行根本性改变，只需要不断提升器件设计和加工水平。一个机器人系统其实与人体系统颇为类似，主要包括供能器件、传感器件、驱动器件和控制电路，分别对应于人体的心脏、皮肤、肌肉和大脑。无论哪一类器件，纳米科技都正在为其发展注入强大动力。

最为典型的实例就是微机电系统（MEMS）和纳机电系统（NEMS）（图 9-5）。MEMS 最早出现于 20 世纪 70 年代，经历几十年发展，无论是器件设计、加工工艺还是产业整合，都已经十分成熟。常见的产品包括 MEMS 加速度计、MEMS 麦克风、微马达、微泵、微振子、MEMS 光学传感器、MEMS 压力传感器、MEMS 陀螺仪、MEMS 湿度传感器、MEMS 气体传感器等。20 世纪末，由于系统集成化的需要以及纳米加工的出现，人们不再满足于微米尺度的机电系统，由此催生出 NEMS 的概念。NEMS 的特征尺寸为 $1\sim100\text{nm}$，在这一尺度下，器件的量子效应、界面效应和纳米尺度效应开始凸显。低维纳米材料的出现促进了 NEMS 的进步。基于二维材料的谐振器最早于 2007 年被报道[25]，其结构非常简单：首先将单层二维材料制成悬空结构，然后接通电极。在电场驱动下，这个结构会产生谐振效应。通过改变材料层数及材料种类，人们可以自由调节谐振器的共振频率和品质因数。这类谐振器与传统的 MEMS 装置相比，功率大幅降低，而品质因数和质量敏感度则大幅提高，体现出纳米器件的独特优势。这些新型的 NEMS 器件将成为机器人的"五官"和"皮肤"，促进机器人与外界的交互。

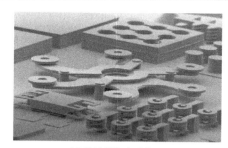

(a) 传统微机电系统　　　　　　　　(b) 基于石墨烯的纳机电系统

图 9-5　传统微机电系统和基于石墨烯的纳机电系统

如何将供能装置缩小到纳米尺度，同样是科学家关心的问题。ZnO 是一种被广泛研究和应用的压电材料，其实用场景遍及生产生活各个领域。纳米科技的发展为 ZnO 材料带来崭新的应用前景。佐治亚理工学院及中科院纳米所王中林团队长期致力于开发 ZnO 压电器件。该团队将 ZnO 加工成垂直排布的纳米线阵列，当阵列受到外力摩擦时，ZnO 纳米线由于形变产生压电效应[26]。一方面，人们可以将该器件用于摩擦力的探测；另一方面，该器件可以将机械能转化为电能。若将这些器件整合在可穿戴电子设备上，它们就可以收集人体活动所产生的机械能并将其转化，为电子设备供能。在此基础上，该团队还研究出众多微纳尺度的能量转化器件，它们可以实现光能或机械能向电能的转化。与传统的电池相比，这些器件的最大优势在于可以收集极其零散的能量，无论是人体最微小的活动所产生的机械能还是外界微弱的光照所传递的光能，都可以被收集和利用。将这些器件集成到机器人上，将有效提高机器人的能量利用率，节约其能源消耗。

利用纳米技术，人们还可以发展机器人的"肌肉"，也就是驱动装置。所谓驱动装置，是指将外界信号（如光、电、热、声）转化为力或运动的器件。科学家发现，VO₂ 等物质在温度改变、激光照射等情况下会产生相变，这一相变会使晶格伸长，进而使材料产生宏观的形变。基于这个原理，科学家利用磁控溅射和光刻等方法加工出厚度仅百纳米的 VO_2 仿生肌肉和机械手[27]。当外界温度穿越相变点时，仿生肌肉会产生拉长或收缩，而仿生机械手则可以实现握紧-张开的转化，这十分类似于人体肌肉松弛和收缩的转变。与其他材料相比，VO_2 具有能量密度高、相变反应快、相变温度较低且易于调节等独特优点。后续，研究人员将 VO_2 负载于柔性的超顺排碳纳米管薄膜上，制造出细小的仿生蝴蝶。在激光的驱动下，仿生蝴蝶的翅膀可以上下扇动，如同真正的蝴蝶一般（图 9-6）。

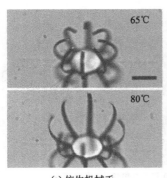

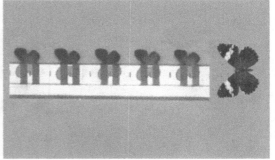

(a) 仿生机械手　　　　　　　　　　(b) 仿生蝴蝶

图 9-6　基于 VO_2 相变驱动的机械手和仿生蝴蝶

自上而下的技术路线具有许多优势。例如，研究的目的性强，材料体系成熟，相关技术积累丰富，有利于大规模生产，产品可以与现有体系无缝衔接，能够很快地投入使用，等等。但是，它不可避免地存在弊端，例如由于技术手段限制，这一方法所开发出的纳米器件和纳米机器的整体尺度很难进入纳米范畴，其生物兼容性也值得考察。为了从根本上解决这些弊端，科学家开发出自下而上的器件和机器人设计思路，即从基本粒子出发，通过分子设计来实现相应的功能。

自下而上发展路线的典型实例是超分子与分子机器人。2016 年，Jean-Pierre Sauvage、J. Fraser Stoddart 和 Bernard L. Feringa 三位科学家因为在"分子机器的设计与合成"方面的突出贡献而荣获当年的诺贝尔化学奖，从此基于超分子的机器人系统开始走入公众视野。事实上，关于超分子的研究可以追溯到 20 世纪中期。

超分子通常是指由两种或两种以上分子依靠分子间相互作用结合在一起，组成复杂的、有组织的聚集体，并保持一定的完整性，使其具有明确的微观结构和宏观特性。最简单的具有拓扑结构的超分子是索烃（Catenanes）。索烃含有多个微小而互扣的原子环，这些原子环如同锁链一样彼此连接。Jean-Pierre Sauvage 等通过金属离子促进"锁链"的形成，使得索烃可以如同乐高积木一样自下而上被组装起来，这为后续研究奠定了重要基础。此后，研究人员开始在越来越多的复合物结构中将分子互锁，所获得的产物从简单长链发展到复杂的扭结，例如三叶草结、博罗米恩环等。

在拥有了超分子这个"积木"以后，科学家开始关注如何利用超分子实现特定的动作和完成特定的功能。为此，科研人员从以下几个方面进行研究。

第一，控制分子的构象。当替换 σ 单键两侧取代基时，就有希望调控基团围绕 σ 单键的转动和伸缩。

第二，控制分子的构型。双键的不可转动特性导致了顺反异构现象，而研究发现光照会使一些物质顺反异构相互转化。基于光致异构，人们可以设计出分子开关等纳米器件。

第三，改变配位情况。金属离子可以与配体形成配位键，而当改变外界环境（例如 pH 值或电场）时，配位的结合位点也随之改变。利用这一现象，可以实现一个分子在另一个分子上的定向运动，这就是诸如分子电梯、分子肌肉等分子器件的原理。

基于超分子的纳米器件及分子机器已经取得了许多进展。例如，2010 年 5 月，美国哥伦比亚大学的科学家成功研制出一种由 DNA 分子构成的纳米机器人。这种蜘蛛形状的机器人能够跟随 DNA 分子的运行轨道运动。纳米蜘蛛机器人的潜在应用场景包括识别并杀死癌细胞、帮助医生完成外科手术、清理动脉血管垃圾等。科学家还在不断地对纳米蜘蛛机器人进行改进，以使其结构更加完善，功能更加丰富。诺贝尔奖得主 Bernard L. Feringa 的研究团队制备出分子小车（图 9-7）[28]，通过电子诱发分子马达"车轮"中的双键的异构化，整个分子就可以向指定方向移动。目前，这个技术仍然处于概念性的阶段，并不具备任何实用性，但距离它真正发挥作用也只是时间的问题。

　　除了基于超分子器件以外，科学家还开发出基于液态金属的机器人[29]。与电影《终结者》里面科幻的液态机器人不同，这些机器人看上去与普通的液滴没有区别，人们很难把它和精密的机器人联想到一起。但是，液体机器人确实可以实现机器人的功能，例如在电场或磁场的调控下做定向运动。在运动过程中，因为其流体的特性，它们可以随槽管道的宽窄自行作出变形调整，这是普通机器人所不能完成的。该研究将弥补传统机器人驱动方式（电动、液压及气动等）结构复杂、体积大以及驱动能效低等问题，促进未来微小机器人及特种机器人系统的发展。

图 9-7　分子小车示意图

　　自下而上的器件制造方法可以突破加工极限，在分子和原子尺度上操纵物质是一种全新的思路。但是，这种方法尚存在一些不足，例如无法实现宏观尺度上的效应。诸如分子肌肉等研究，还无法使各个分子间产生联系，因此很难将其应用领域拓展到宏观。此外，人类目前研发的分子机器大多只有单一运动，其功能十分有限，距离实用化尚有很大差距。如何研发出有复杂功能的分子机器也是一大挑战。

　　综上所说，纳米科技对于电子器件和机器人系统而言，具有举足轻重的意义。计算机芯片的奇迹，或许即将在机器人这一领域重现。

9.2　清洁生活

9.2.1　纳米自清洁材料简介

　　纳米自清洁材料是指在自然条件下能保持自身清洁的纳米材料，材料本身具有防污、除臭、抗菌、抗霉等多重功能。纳米自清洁材料通常以 TiO_2 为主，这是一种具有光催化活性的纳米材料，包含光触媒 TiO_2 和空气触媒磷酸钛。纳米自清洁材料主要应用方式为薄膜涂层。通过光催化作用，利用包括太阳光在内的各种紫外光，在室温下对各种污染物分解、氧化，进而清除。该技术能耗低，易操作，除净度高，没有二次污染，因而具有广泛的应用前景。

自清洁涂层工作过程如图 9-8 所示。

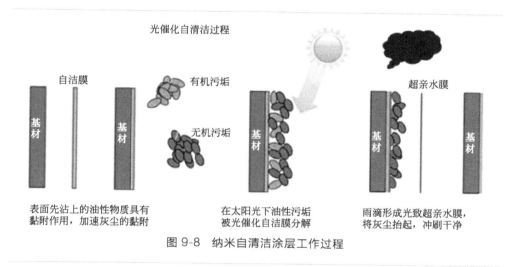

图 9-8 纳米自清洁涂层工作过程

9.2.2 自清洁原理

以 TiO_2 为主的纳米自清洁材料包含一定量的磷酸钛，其基本功能如下。

① 光催化功能 在紫外线的照射下，光触媒（TiO_2）对有机物会有分解作用。通过吸收紫外光，TiO_2 表面会产生自由电子和空穴。其中，空穴使 H_2O 氧化，电子使空气中的 O_2 还原，使有机物氧化为 CO_2、H_2O 等简单的无机物，从而使薄膜表面吸附的污染物发生氧化还原分解而除去，并杀死薄膜表面微菌，达到自洁的目的。

② 超亲水功能 在紫外光照射下，TiO_2 的价电子被激发到了导带，电子和空穴向 TiO_2 表面迁移，在表面形成电子-空穴对，电子与 Ti^{4+} 反应，空穴则和薄膜表面的氧离子反应，分别生成 Ti^{3+} 和氧空位，空气中的水分子与氧空位结合形成表面羟基，从而形成物理吸附水层，表面有极强的亲水性，与水的接触角减小到 5° 以下，甚至基本完全浸润其薄膜表面，称这种性质为超亲水性。利用这个功能，可以将水完全均匀地在玻璃表面铺展开来，同时浸润玻璃和污染物，

最终通过水的重力将附着在玻璃上的污染物带走，而且也可以起到一定的防雾作用。

③ 无光催化功能　在空气触媒磷酸钛的作用下，即使在没有光的条件下，只利用水和空气也能发挥自洁的效果。

通过以上功能，以纳米 TiO_2 为主的纳米自清洁材料，吸附空气中的有机物和无机物之后，通过光催化降解有机物，并利用吸附或降解产生的水清洗干净，从而避免了污垢的沉积。

纳米自清洁材料（TiO_2）工作原理如图 9-9 所示。

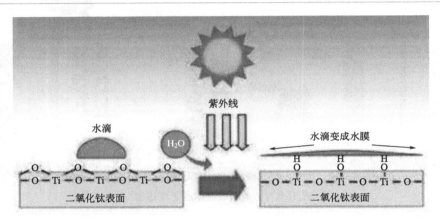

图 9-9　纳米自清洁材料（TiO_2）工作原理

9.2.3　提高自清洁活性

TiO_2 纳米自清洁材料的自清洁活性可以通过多条途径进一步提高。仅使用 TiO_2 光催化剂只能利用波长小于 400nm 的紫外光，这部分光仅占日光光能的 3%～5%，从而制约了纳米自清洁材料的进一步应用。因此，纳米自清洁材料性能进一步提高的研究主要集中于拓宽其光谱利用范围，从而降低其运行成本和提高清洁效率。

通过将两种半导体材料复合，利用两种材料的能级差，有效分离电荷，拓展光频谱响应范围，扩大光激发能量范围，能够有效强化电荷分离的效果，提高自清洁活性。目前，半导体复合正由体相复合向表面复合、二元复合、多元-负载复合方向发展。例如，在纳米 TiO_2 基础之上沉积一层 SiO_2 可以进一步提高其光催化活性。CdS 复合也可以大幅提高其光催化活性。

此外，贵金属单质因与 TiO_2 具有不同的费米能级，能成为光生电子的受体，同时形成的 Schottky 势垒也有助于抑制电子和空穴的复合。此外，贵金属沉积还可降低质子的还原反应、溶解氧还原反应的超电压，这更有利于加快反应速率。例如，通过在涂层自清洁材料中掺入 Pb，自清洁涂层的耐久性和光催化活性都得到进一步提高。

在纳米 TiO_2 中掺杂少量过渡金属离子，使其表面吸附少量杂质电荷，能扭曲其表面附近的能带，相当于移动了费米能级，延长了电子与空穴的复合时间，从而提高了纳米 TiO_2 的光催化性能。因为多种过渡金属离子的光吸收范围比纳米 TiO_2 更宽，此法可更有效地利用太阳能。例如，Ce^{3+} 掺杂能有效限制 TiO_2 晶粒的生长，改变纳米 TiO_2 的能级差，促使杂化能级出现，从而提高纳米 TiO_2 的催化活性。Ag^+ 和 Cu^{2+} 协同掺杂的纳米 TiO_2 的抗菌率甚至可以高达 98%。

除过渡金属离子外，非金属离子掺杂能部分取代纳米 TiO_2 中的 O，形成 Ti-X 键，O2p 和 X2p 态的混合而使得禁带宽度变窄。同时，TiO_2 晶体中还会同时形成大量的氧空位缺陷，形成的氧空位位于 TiO_2 禁带中，使光子可以分两步跃迁到 TiO_2 导带中，从而吸收更多可见光。C/S 掺杂的自清洁材料，产生了额外氧空位，提高了光生载流子的分离，阻止了电子和空穴的复合，从而提高了光催化性能。

9.2.4 纳米自清洁材料的应用

纳米自清洁材料主要应用于各种材料（如金属、玻璃、陶瓷制品、聚合物）表面的保护，增强聚合体表面的抗擦伤能力，用于防油防尘防污等。涂层与很多不同的基质黏结性能都很好，而且它的厚度比传统的涂层和光泽面薄得多。因此，纳米自清洁材料可应用于各个领域，包括自清洁玻璃（如建筑玻璃、防雾玻璃系列）、太阳能光伏系列、建材系列（如陶瓷、瓷砖、不锈钢、铝合金、金属漆）、自清洁纺织品等。其中，日本作为最早发现 TiO_2 光催化性能的国家，其光催化产品的研发与应用走在世界前列。

自清洁玻璃是通过在玻璃表面镀光催化纳米 TiO_2 涂层来实现的。2002 年，英国 Pilkington 公司制造出第一块应用型自清洁玻璃，并推广应用。自清洁玻璃在太阳光的作用下，可有效地将有机磷农药完全降解为无机物，其光解效率与 TiO_2 涂层的厚度有关。玻璃涂膜（纳米自清洁材料）前后与水的接触角的变化如图 9-10 所示。

日本 ToTo 公司最先开发出具有抗菌效果的建筑用自清洁陶瓷。研究表明，自清洁陶瓷的灭菌效果和油酸光解速度取决于负载光催化膜的晶相组成、晶粒尺寸以及比表面积。从 20 世纪 90 年代起，日本 ToTo、Takenaka 公司在自清洁涂料方面开展了大量研究，其技术较为成熟。目前，国内自清洁涂料已能抑制细菌生长，提高远红外辐射率并使室内的负离子数增加 $200\sim400$ 个/cm^3。用 TiO_2 溶胶与硅丙乳液复合也可以制成亲水性自清洁涂层，亲水角可低至 $4°$。香港理工大学的研究人员首次将锐钛矿型纳米 TiO_2 用于织物处理，实现了在日光照射下织物的除尘、除菌、除味、除渍等功能。据全球自清洁玻璃市场报告显示，全球自清洁玻璃市场规模已从 2014 年的 8360 万美元增长到 2017 年的 9490 万美元。预计到 2025 年全球自清洁玻璃市值将达 1.347 亿美元，市场年增长率将超过 4.60%，可见自清洁玻璃存在着巨大的市场潜力。

(a) 涂膜前

(b) 涂膜后

图 9-10　玻璃涂膜（纳米自清洁材料）前后与水的接触角的变化

9.2.5　纳米自清洁材料的制备方法

常用纳米自清洁材料为 TiO_2 纳米材料，有多重制备方法，包括水热沉积法、化学沉积法、离子束增强沉积法、真空蒸发法、气相沉积法、电化学法、喷雾热分解法、磁控溅射法和溶胶-凝胶法等。其中，溶胶-凝胶法纯度较高，过程容易控制，但处理时间长，产品易开裂，难以实现工业化连续生产。喷雾热解法虽生产成本低，但工艺难控制，污染较严重。磁控溅射法虽工艺可重复性和可控性均较好，但对真空度的要求高且生产成本高。而化学沉积法虽沉积温度较高，但沉积速率高，沉积均匀性好。

9.3 健康生活

好莱坞著名影星安吉丽娜·朱莉由于自身有基因缺陷，患乳腺癌的风险为87％，因此接受医生的建议切除双侧乳腺。她的这一举动使精准医疗的概念被大众了解。精准医疗提出至今已快十年，随着纳米技术的发展以及研究人员对纳米器件的不断探索更新、大数据分析技术的突飞猛进，精准医疗的全民化即将成为现实。在实现精准医疗的道路上，个人医疗健康数据（如个人基因组信息、体温、心跳等生命体征信息）的采集是基础。若没有大量数据，依托于大数据分析的精准医疗无从谈起。而纳米器件如纳米孔测序芯片、SMRT 测序芯片以及电子皮肤在采集个人医疗数据、降低数据采集成本和提高数据采集通量上具有重要作用。

9.3.1 纳米器件与精准医疗

随着人类基因组计划的完成，个人基因组、肿瘤基因组、环境基因组学和基因测序技术的发展，生物科学向着数据密集型逐步转化。2011 年，美国国家科学研究委员会在《走向精准医疗》报告中首次提出"精准医疗"这一概念[30]。精准医疗以个体化医疗为基础，是生物信息与大数据科学交叉应用而发展起来的新型医学概念和医疗模式。其本质是通过基因组、蛋白质组等组学技术、医学前沿技术和大数据算法［图 9-11(a)］，将待测者的生物信息样本与特定疾病类型进行生物标记物的分析与鉴定，为每个人提供量体裁衣般的疾病预防、筛查、诊断、治疗和康复计划[31]。精准医疗将推动医疗模式从粗放型向精准型转变，为临床医生提供对患者精准分类的工具，为个体患者提供最精确有效的治疗手段，大幅提高医疗服务的效率[32]。

精准医疗被认为是国家医疗健康体系建设的重大领域之一，美国前总统奥巴马于 2015 年 1 月 20 日发表了题为"精准医疗计划"的倡议，提议在一年内投入 2.15 亿美元到精准医疗领域，用来建设生物信息数据，研发肿瘤精准疗法，提高对技术的监管能力并建立数据隐私保护条款[33]。我国于 2015 年成立"中国精准医疗战略专家组"。同年 3 月，中国科技部规划在 2030 年前，在精准医学领域投入 600 亿元。2016 年《"十三五"规划纲要》提出提升精准医疗等战略新兴产业的支撑作用，《"十三五"国家科技创新规划》也提出加强精准医疗等技术研发[34]。其他国家也纷纷布局精准医疗研究和产业。2014 年，英国政府推出"十万基因组计划"的医学科研项目，把测序得到的大量数据整合进英国公共医疗体系。日本于 2014 年发布科技创新计划，将"定制医学/基因组医学"列为重点关注领域。2016 年，法国政府宣布投资 6.7 亿欧元开启"法国基因组医疗 2025"项目，计划将法国打造成世界基因组医疗领先国家[35]。

基因组测序技术是实现精准医疗的基础，经过 40 多年的发展，科学家已基本上实现高精度、低成本的测序仪器开发。当前测序成本由每个基因组 1 亿美金降低至 1000 美元以下 [图 9-11(b)]。第三代单分子测序技术有望凭借多场景测序的优势，占领未来精准医疗测序市场[36]。与 1975 年 Sanger 开发的双脱氧链终止法为代表的第一代基因测序技术和以 Roche 公司 454 技术、Illumina 公司的 Solexa 等技术为代表的第二代基因测序技术不同，第三代单分子测序技术如 PacBio 公司开发的单分子实时测序技术和 ONT 研发的纳米孔测序技术，依托纳米材料与器件，在单分子层面探测基因序列，提高了测序的读长，大幅降低了测序成本；另外，纳米孔测序技术在测序过程中无需转录步骤，还可以在 DNA 检测、蛋白质检测等各种重大疾病的生物标志物检测方面得到应用；此外，第三代测序设备精巧，ONT 的测序仪 MinION 的外形像一个小型手提电话，仅靠 USB

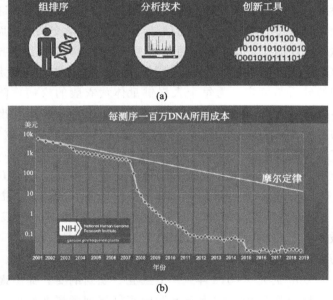

图 9-11　（a）使精准医疗得以发展的三大要素；（b）美国卫生研究所 NIH 发布的更新至 2019 年的基因组测序成本趋势

线连接计算机便可实现测序。因此，基因测序技术有望走进千家万户，这将为精准医疗全民推广提供基础。

纳米孔测序的主要原理与测序产品如图 9-12（a）、（b）所示。在充满电解液的腔体内，带有纳米级小孔的绝缘防渗膜将腔体分成两个小室。当电压作用于电解液时，离子或其他小分子物质可穿过小孔，形成稳定的可检测的离子电流。待测双链 DNA 分子游离在一侧电解质中，它在电压驱动下靠近纳米孔和 DNA 解旋酶组成的单分子结构。随后，DNA 分子的末端被 DNA 解旋酶捕捉，逐步解旋成 DNA 单链，其中一条单链穿过链接在解旋酶下方的天然蛋白通道。当大小不同的四个碱基腺嘌呤（A）、鸟嘌呤（G）、胞嘧啶（C）和胸腺嘧啶（T）存在时，会对通过纳米孔的离子电流进行调制，导致离子电流的大小发生改变，从而获得核苷酸的序列。由于纳米孔测序技术在原理上可以持续不断地按顺序读取进入纳米孔的 DNA 分子上的所有碱基，因此具有其他技术无法实现的超长读长（达到 2.3Mbp）的测序能力[37]。

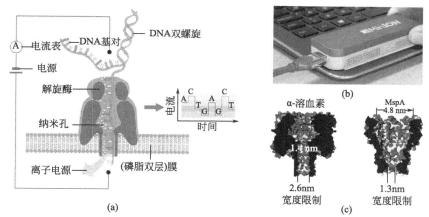

图 9-12 （a）ONT 公司测序芯片中的测序单元——纳米孔及其原理示意图；（b）ONT 公司开发的便携式测序产品 MinION；（c）α-溶血素七聚体纳米孔与 MspA 纳米孔的结构对比图

纳米孔测序技术的核心元件是具有嵌入绝缘膜的单碱基分辨能力的天然蛋白通道，其收缩区的孔道直径与厚度决定了纳米孔测序设备对单碱基的分辨率。目前常用的蛋白通道主要有 α-溶血素和耻垢分枝杆菌孔蛋白 A（MspA），其结构如图 9-12（c）所示。α-溶血素是目前最广泛使用的生物纳米孔的分析物质，由 293 个氨基酸多肽构成，可插入到纯净的双分子层脂膜中形成蘑菇状七聚体，组装成跨膜通道。α-溶血素七聚体纳米孔主要由帽型区、边缘区和主干区三部分构成。

α-溶血素纳米孔永久开通不关闭，耐强酸和强碱，在高温、高电压下较稳定[38~41]。1996 年由纳米孔测序技术之父 David Deamer 和 Daniel Branton 用 α-溶血素实现对 DNA 分子的探测与寡聚碱基链的分辨。但 α-溶血素有其内在的问题，其收缩区的厚度为 2.2nm，产生的电流调控信号包含大约 10 个碱基的信息，给后期数据分析带来极大难度。2010 年华盛顿大学的 Gundlach 团队发现天然 MspA 更适合 DNA 测序。MspA 呈圆锥状，是一个八聚体孔蛋白，有一个宽约 1.3nm、长约 0.6nm 的短窄的收缩区。Gundlach 团队首次报道利用核酸末端连接核酸分子，利用 MspA 纳米孔识别四个单碱基的技术，可减缓 DNA 的穿越速度，提高 DNA 单碱基的检测灵敏度。目前，相对于其他测序技术，纳米孔的单碱基识别的错误率较高，主要为随机错误，可以通过提高测序深度而提高碱基准确率。

　　PacBio 公司开发的 SMRT 技术是目前认可度较高的第三代测序技术，虽然读长不如 ONT 公司的 Nanopore，但其具有通量大和精度高的特点。SMRT 技术的核心是由纳米技术制备的芯片载体，每一个芯片载体由数十万个测序单元组成，这些测序单元被称为 ZMW。ZMW 是一个外径为 100 多纳米的圆柱形凹槽，凹槽底部固定有一个 DNA 聚合酶。在测序时，芯片处于溶液环境中，过量的 4 色荧光标记的 dNTPs（即 dATP、dCTP、dGTP、dTTP）悬浮其中。当 ZMW 底部的 DNA 聚合酶捕捉到待测 DNA 单链开始合成互补链时，dNTPs 的荧光标记被捕捉记录，待测 DNA 单链的序列可以通过互补原则推测获得[42,43]，如图 9-13 所示。SMRT 技术的关键在于如何将反应信号与周围由 dNTPs 导致的强大荧光背景区分，科学家巧妙地利用 ZMW（即零模波导的原理）来实现。芯片上数十万个密密麻麻的测序单元，由于其直径为 100 多纳米，从底部打上去的激光不能穿透小孔进入上方溶液区域，其能量只能覆盖需要检测的部分，使孔外游离的核苷酸单体留在黑暗之中，从而降低了背景噪声[44]。

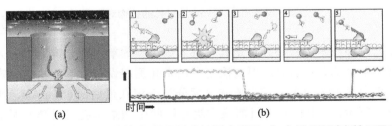

图 9-13　PacBio 公司开发的 SMRT 技术的测序原理：（a）ZMW 测序单元示意图（测序单元底部固定有一个 DNA 聚合酶分子）；（b）测序过程与荧光信号示意图

除了大量在基因组测序方面的应用，依赖纳米技术制备的多种能记录人体体温、心跳、呼吸、血糖浓度等基本生理特征的生物传感器在精准医疗的发展与推广中也将起到重要作用。在 5G 时代，万物互联，功能多样、造型小巧、简单方便、成本低廉的生物传感器极有可能走进千家万户，成为人们的医疗消费品。个人的基本生理特征数据按特定频率可以实时同步到云服务器，记录在个人电子病历中。大数据分析技术实时追踪分析生理特征数据变化趋势，结合个人电子病历中的基因组和蛋白质组的信息，给出疾病预防与治疗建议。随着纳米技术的发展，精准医疗将不再是梦。

9.3.2　纳米器件与电子皮肤

皮肤包覆在人体表面，直接同外界环境接触，可以使人感受外界温度和湿度，以及感知物体形状等，是人体最大的器官。皮肤内含有大量的感觉神经末梢，神经末梢广泛分布在皮肤的真皮层，将感知到的温度变化、压力变化转化成

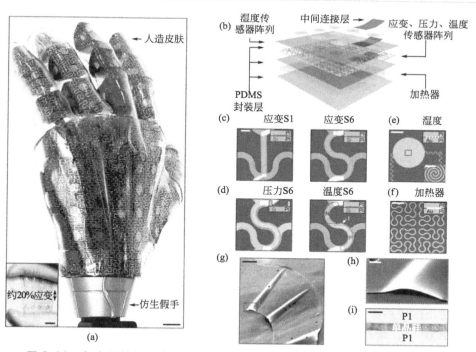

图 9-14　（a）覆盖在义肢上的电子皮肤；（b）电子皮肤结构示意图（内部集成了压力、温度、拉伸以及湿度传感器）；（c）～（f）各层传感器的微结构设计图；（g）～（i）各层微结构的扫描电镜图

电信号通过连接在一起的神经元传递给大脑做分析[45]。若能制备出仿生皮肤，就可以使机器人通过接触来感知外部环境并作出相应反馈；也可以使残障人士的义肢具有感知环境危险的能力（图 9-14）；甚至可以做成人工皮肤，移植到皮肤破损的患者身上。因此，电子皮肤的概念应运而生。

　　电子皮肤（图 9-15）是一张可以贴在皮肤上的柔软的有机物薄膜，薄膜中嵌入具有传感功能和信息传输功能的柔性电子材料。柔性电子材料主要有三部分：电子元器件、基底材料和金属薄膜。电子元器件包括薄膜晶体管和传感器。电子元器件采用不同的传导方法将外部的刺激转化为电信号，其常见的有电阻式传感技术、电容式传感技术和压电式传感技术[46]。由于电子元器件通常由无机材料制备，材质较脆，应用于电子皮肤不易于伸展，通常放置在许多散布在柔性基底上的刚性微胞元岛上，使其具有较高的延展能力。基底材料为电子皮肤提供高弹性、轻薄性和透明性。常用的基底材料是聚二甲基硅氧烷（PDMS），其价格相对较低、使用简单，与硅片之间具有良好的黏附性。其他基底材料还有聚氨酯、静电弹性纤维等。金属薄膜的主要作用是将微胞元岛相互连接，充当柔性电子皮肤中的电线功能[47,48]。

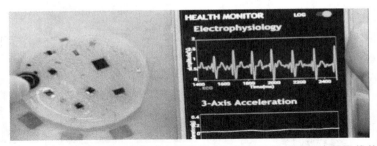

图 9-15　电子皮肤示意图（集成在柔性基底材料里的传感器与金属导线将人体特征生理信号传输到个人移动设备，实现对健康状况的实时监控）

　　早在 2003 年，日本东京大学的研究团队利用低分子有机物——并五苯分子制成薄膜，通过其表面密布的压力传感器实现电子皮肤感知压力[49]。随后该团队又在薄膜材料中嵌入分别感知压力和温度的两组晶体管，在晶体管电线交叉的位置使用微传感器记录电流起伏，由此可判断出日常温度和每平方厘米 300g 以上的压力[50]。此外，这种电子皮肤成本相当低廉，每平方米只需 100 日元。但其主要困难在于这种电子皮肤没有弹性，无法像人体皮肤一样进行拉伸。研究人员正在尝试将随意拉伸和变形的电路移植到透明的弹性硅胶上，力图赋予电子皮肤更多近似人体皮肤的物理特性[51]。按照设计，这种电子皮肤可包裹四肢与手臂，有望应用于皮肤移植。然而，电子皮肤真正移植于机体前，还要考虑皮肤内部的生理功能与结构问题。电子皮肤与周围正常皮肤的神经、肌肉、淋巴及腺体等和谐共生，将感知的触觉反馈给神经细胞，并接受神经精确无误的指令传输，这都是科学家下一步努力的方向。

在医疗领域，让电子皮肤进行生命体征检测可谓是"天作之合"。电子皮肤轻薄、灵活的特性在可穿戴设备领域更可以大展拳脚，日本东京大学 Someya 团队在柔性电子皮肤上创建出稳定的聚合物发光二极管（PLED）等器件，可发出红、绿和蓝三种颜色的光。它与电子皮肤的集成有望把人的手背变成"数字屏幕"［图 9-16（a）］。未来，电子皮肤黏附在身体上，便可用来检测情绪、睡眠状况等身体特征。2018 年，清华大学任天令团队研发出多层石墨烯表皮电子皮肤，该器件具有极高的灵敏度，可直接贴附于皮肤上以探测呼吸、心率等人体信号，在运动监测、睡眠监测等方面具有重大应用场景［图 9-16（b）］。2018 年，王中林团队研发了一个可高度伸缩和使用舒适的矩形网络，成功拓展了电子皮肤的感应功能，包括但不限于温度、面内应变、湿度、光、磁场、压力和接近度［图 9-16（c）］。来自美国伊利诺伊大学香槟分校的材料科学家 John A. Rogers 报告了用于大脑植入的多功能类皮肤传感器，所有组成材料通过水解和代谢作用自然吸收其中，无需提取。该系统能够持续监测颅内压和温度，对治疗创伤性脑损伤具有重要潜在应用。

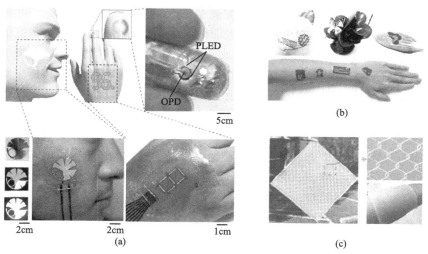

图 9-16 （a）日本东京大学 Someya 团队开发的可发光的电子皮肤（可以用来显示人体体征值，必要时显示警报信息）；（b）清华大学任天令教授研发的类似于文身的石墨烯电子皮肤；（c）王中林团队研发的可自发电的具有多功能传感功能的电子皮肤[52~56]

2018 年 8 月，被誉为"人造皮肤之母"的美国斯坦福大学鲍哲南报道了将用于下一代可穿戴设备和物联网，并且能够监视生理信号，通过用户和电子设备之间的闭环通信显示反馈信息的电子皮肤设备。这种装置需要超薄的构造以实现与人体的无缝和保形接触，从而适应来自重复运动的应变，并且使佩戴者感觉舒适。同年，鲍哲南研究团队还开发了对不同本征可拉伸材料实现高成品率和器件性能的电子皮肤制备工艺，实现了晶体管密度为 347 个/cm^2 的内在可拉伸聚合晶体管阵列，这是迄今为止在所有已报道的柔性可拉伸晶体管阵列中的最高密度。该阵列的平均载流子迁移率可与非晶硅相当，在经过 1000 次 100% 应变循环测试后也只有轻微改变，同时还没有电流-电压迟滞[57]。这些进展使电子皮肤在人体表面与体内实时检测成为可能。在可以预见的未来，柔性电子传感器可以实时检测慢性病患者的生命体征、降低医疗成本并且减轻患者疾病严重时的生理痛苦，带动整个国家的医疗行业进步。

将具有感觉能力的电子皮肤与义肢技术结合是纳米技术在健康检测方面的另一个发展重点。目前主要障碍在于让数百个独立传感器一起运作需要复杂的布线。Benjamin Tee 团队开发了一款新型人工神经系统——异步编码电子皮肤（Asynchronous Coded Electronic Skin，ACES）。这项技术仅用一条电缆就将所有传感器连接在一起，比之前的电子皮肤反应速度快，更耐损坏，且能与任何类型的基底材料配对。ACES 是一种合成神经系统，可整合到其他设备中，包括义肢、衣服和辅助设备。ACES 检测到触摸的速度比人类感觉神经系统快 1000 倍。例如，它能在 60ns 内区分不同传感器的实体接触。此外，使用 ACES 系统的电子皮肤能在 10ms 内准确辨识物体的质地、形状和柔软度，比人类眨眼快 10 倍。ACES 平台还可实现对物理损坏的高稳健性，这对于常与环境中的物体实际接触的电子皮肤来说很重要。ACES 中的所有传感器可连接到共同导电体上，但每个传感器维持独立运作。只要传感器和导电体之间有连接，就能让 ACES 电子皮肤继续运作，从而减少损坏。就算传感器数量不断增加，ACES 也具有简单的布线系统和卓越的响应能力。这些关键特性将有助于智慧电子皮肤进一步用于机器人、假肢和其他人机界面。该团队最近将 ACES 与透明、能自我修复、配备防水传感器的基底材料配对，创造出可自我修复的电子皮肤。这种电子皮肤可用来开发更逼真的假肢，帮助残障人士恢复触觉[58]。

鲍哲南在 2018 年接受网易科技采访时指出，人造电子皮肤是将来的电子工业发展的一个新趋势。20 多年前她在贝尔实验室开始研究时就设想柔性电子的未来。如今，柔性电子屏幕和手机已经成为现实。而电子皮肤是更进一步的技术，这些电子器件不仅具柔性、可拉伸性、自修复性，还具有生物降解性。现在人造电子皮肤处于起始发展阶段，还有许多问题亟待解决，如电子传感器的自供能问题。但随着纳米技术的发展，电子皮肤终将成为现实，应用在医疗、智能设备、工业等众多领域。

本章小结

纳米技术自诞生以来，迄今为止已经持续了 30 多年的研究热潮。科学家在纳米尺度上对物质结构和内在规律逐步获得深刻认识，并运用新的认识和规律去创造和开拓崭新的研究领域，从而促进信息时代的技术发展。同时，信息时代发展的成果又对纳米技术的发展带来极大的促进，使得近年来纳米表征技术、纳米加工技术与纳米器件制备技术实现了跨越式发展。在纳米技术研究早期探索出的基本框架下，近年来，纳米信息材料与器件、纳米能源材料与器件、纳米生物材料与应用、纳米光电器件和传感器件等新兴的领域成为纳米技术研究方向上新的增长点和热点。正如 IBM 公司的首席科学家 Armstrong 在 1991 年所预言的那样，"纳米技术将在信息时代的下一阶段占据中心地位，并发挥革命性作用"。在纳米技术发展的 30 多年中，科学家从未停止过运用科学技术改变和改善人类生活的探索。纳米电子器件和光电器件已经在物联网系统、机器人领域与人类活动产生紧密的联系。纳米能源材料和应用的探索，将推进人类从更广泛和更深的层次去充分开发和利用有限的能源。纳米生物材料的应用、生物传感器件的开发，将会直接推动人类疾病监测、医学诊疗技术的革新。因此，纳米技术领域将会在现阶段科学成果的基础上，进一步持续和深入发展。对于科研探索和技术开发而言，这一领域仍然充满机遇与挑战。

尽管纳米技术已经取得了很多重要的阶段性成果，但是仍然存在发展瓶颈。首先，任何一种材料的广泛应用，都是基于这种材料在工业化生产上的大规模和高质量制备。目前大部分纳米材料和器件的制备，都是在实验室中进行的，难以实现大规模生产，并且实际的制备成本相对较高。这就阻碍了纳米材料和器件真正地推向市场。其次，纳米材料很多优异的性能都是在小尺寸下产生的。而材料的实际应用必然要求纳米材料实现宏观化，这样才便于操控。因此，如何在宏观结构下依然保持纳米尺度结构单元的优异性能，就是一个技术关键。另外，纳米材料和器件的安全性、毒理性和致病性研究，还是一个新领域，很多机理还未充分研究。特别是在一些与人类疾病监测、医学诊疗技术相关的研究中，更需要与生物领域的研究结合，充分探讨纳米材料的安全性，对纳米技术的安全性评估提出一套完备的方案。

作为人类运用科学认识世界和改造世界的一个成功范例，纳米技术还有待更多的专家学者投入这一领域，共同推动纳米技术在信息时代的革命性作用，改善人类基本生活，创造出更美好、更便捷的世界。

参考文献

[1] 刘海涛. 物联网：重构我们的世界. 北京：人民出版社，2016.

[2] 崔艳荣，周贤善，陈勇，等. 物联网概论（第 2 版）. 北京：清华大学出版社，2018.

[3] 吴功宜，吴英. 解读物联网. 北京：机械工业出版社，2016.

[4] 严思静，常红春. 物联网的研究现状与应用前景. 信息与电脑，2017，10.

[5] 李同滨，张士辉，曾鸣，等. 物联网之源：信息物理与信息感知基础. 北京：机械工业出版社，2018.

[6] 崔铮. 印刷电子发展回顾与展望. 科技导报，2017，35：17.

[7] scitech. people. com. cn/n1/2017/1022/c1007-29601830. html.

[8] Z. L. Wang. Nanogenerators, self-powered systems, blue energy, piezotronics and piezophototronics-A recall on the original thoughts for coining these fields. Nano Energy, 2018, 54: 477.

[9] J. Lin, Y. Tsao, M. Wu, et al. Single - and few-layers MoS_2 nanocomposite as piezo-catalyst in dark and self-powered active sensor. Nano Energy, 2017, 31: 575.

[10] W. Wu, X. Wen, Z. L. Wang. Taxel-addressable matrix of vertical-nanowire piezotronic transistors for active and adaptive tactile imaging. Science, 2013, 340: 952.

[11] S. Park, S. W. Heo, W. Lee, et al. Self-powered ultra-flexible electronics via nano-grating-patterned organic photovoltaics. Nature, 2018, 561: 516.

[12] G. F. Picheth, C. L. Pirich, M. R. Sierakowski, et al. Bacterial cellulose in biomedical applications: A review. Int. J. Biol. Macromol. 2017, 104: 97.

[13] W. Deng, W. Chen, S. Clement, et al. Controlled gene and drug release from a liposomal delivery platform triggered by X-ray radiation. Nat. Commun, 2018, 9: 2713.

[14] C. Zhu, D. Huo, Q. Chen, et al. A eutectic mixture of natural fatty acids can serve as the gating material for near-infrared-triggered drug release. Adv. Mater, 2017, 29: 1703702.

[15] 张先恩. 生物传感发展 50 年级展望［J］. 中国科学院院刊，2017.

[16] 河村雅人，大塚纮史，小林佑辅，等. 图解物联网. 北京：人民邮电出版社，2017.

[17] R. C. Webb, A. P. Bonifas, A. Behnaz, et al. Ultrathin conformal devices for precise and continuous thermal characterization of human skin. Nat. Mater, 2013, 12: 938.

[18] S. Gong, W. Schwalb, Y. Wang, et al. A wearable and highly sensitive pressure sensor with ultrathin gold nanowires. Nat. Commun, 2014, 5: 3132.

[19] U. Shin, D. Jeong, S. Park, et al. Highly stretchable conductors and piezocapacitive strain gauges based on simple contact-transfer patterning of carbon nanotuve forests. Carbon, 2014, 80: 396.

[20] Q. Hua, J. Sun, H. Liu, et al. Skin-inspired highly stretchable and conformable matrix networks for multifunctional sensing. Nat. Commun, 2018, 9: 244.

[21] 黄宇红, 杨光. NB-IoT 物联网技术解析与案例详解. 北京: 机械工业出版社, 2018.

[22] 佛朗西斯·达科斯塔. 重构互联网的未来: 探索智联万物新模式. 北京: 中国人民大学出版社, 2016.

[23] 梁顺可. 纳米机器人发展综述 [J]. 科技展望, 2015, 7: 1672-8289.

[24] 夏蔡娟. 纳米技术与分子器件 [M]. 西安: 西北工业大学出版社, 2012.

[25] J. S. Bunch, A. M. van der Zande, S. S. Verbridge, et al. Electromechanical Resonators from Graphene Sheets. Science, 2007, 315: 490-493.

[26] Z. L. Wang, J. H. Song. Piezoelectric Nanogenerators Based on Zinc Oxide Nanowire Arrays. Science, 2006, 312: 242-246.

[27] K. Liu, S. Lee, S. Yang, et al. Recent progresses on physics and applications of vanadium dioxide. Materials Today, 2018, 21: 875.

[28] N. Koumura, R. J. W. Zijlstra, R. A. van Delden, et al. Light-driven monodirectional molecular rotor. Nature, 1999, 401: 152-155.

[29] J. Zhang, Y. Y. Yao, L. Sheng, et al. Self-fueled biomimetic liquid metal mollusk. Advanced Materials, 2015, 27: 2648-2655.

[30] National Research Council. Toward precision medicine: building a knowledge network for biomedical research and a new taxonomy of disease. Washington, DC: National Academies Press, 2011.

[31] 杨森. 精准医疗的 "前世今生" [OL], 2015.

[32] 徐鹏辉. 美国启动精准医疗计划 [J]. 世界复合医学, 2015, 1: 44-46.

[33] Remarks by the President in State of the Union Address [EB/OL]. 2015-01-20 [2015-3-2].

[34] 科技日报. 推进精准医学发展 助力健康中国建设——访中国工程院院士、中国医学科学院院长曹雪涛委员 [N].

[35] 谢俊祥, 张琳. 精准医疗发展现状及趋势. 中国医疗器械信息, 2016, 22 (11): 5-10.

[36] 马丽娜, 杨进波, 丁逸菲, 等. 三代测序技术及其应用研究进展. 中国畜牧兽医, 2019 (8): 2246-2256.

[37] Branton D, Deamer D W, Marziali A, et al. The potential and challenges of nanopore sequencing. Nature Biotechnology, 2008, 26 (10): 1146-1153.

[38] Song L, Hobaugh M R, Shustak C, et al. Structure of staphylococcal alpha-hemolysin, a heptameric transmembrane pore. Science, 1996, 274 (5294): 1859-1866.

[39] Kasianowicz J J, Brandin E, Branton D, et al. Characterization of individual polynucleotide molecules using a membrane channel. Proceedings of the National Academy of Sciences of the United States of America, 1996, 93 (24): 13770-13773.

[40] Butler T Z, Pavlenok M, Derrington I M, et al. Single-molecule DNA detection with an engineered MspA protein nanopore. Proceedings of the National Academy of Sciences of the United States of America, 2008, 105 (52): 20647-20652.

[41] Manrao E A, Derrington I M, Laszlo A H, et al. Reading DNA at single-nucleotide resolution with a mutant MspA nanopore and phi29 DNA polymerase. Nature Biotechnology, 2012, 30 (4): 349-353.

[42] Rhoads A, Au K W. PacBio Sequencing and Its Applications. Genomics, Proteomics & Bioinformatics, 2015, 13 (5): 278-289.

[43] Eid J, Fehr A, Gray J, et al. Real-Time DNA Sequencing from Single Polymerase Molecules. Science, 2009, 323 (5910): 133-138.

[44] Levene M, Korlach J, Turner S, et al. Zero-Mode Waveguides for Single-Molecule Analysis at High Concentrations. Science, 2003, 299 (5607): 682-686.

[45] 孙会苹, 李朝辉, 徐浩森, 等. 基于柔性电子皮肤的人体健康监测系统的研究与应用. 数字通信世界, 2019 (7): 147-151.

[46] 刘广玉, 徐开凯, 于奇, 等. 电子皮肤的研究进展. 中国科学: 信息科学, 2018, 48 (6): 626-634.

[47] 鲍哲南. 人造电子皮肤中的材料化学[C]. 中国化学会第 30 届学术年会摘要集-大会特邀报告集, 2016.

[48] Kim J, Lee M, Shim H J, et al. Stretchable silicon nanoribbon electronics for skin prosthesis. Nature Communications, 2013, 5: 5747.

[49] Someya T, Sekitani T, Iba S, et al. A large-area, flexible pressure sensor matrix with organic field-effect transistors for artificial skin applications. Proceedings of the National Academy of Sciences of the United States of A-

merica, 2004, 101 (27): 9966-9970.

[50] Someya T, Kato Y, Sekitani T, et al. Conformable, flexible, large-area networks of pressure and thermal sensors with organic transistor active matrixes. Proceedings of the National Academy of Sciences of the United States of America, 2005, 102 (35): 12321-12325.

[51] Choi S, Lee H, Ghaffari R, et al. Recent Advances in Flexible and Stretchable Bio-Electronic Devices Integrated with Nanomaterials. Advanced Materials, 2016, 28 (22): 4203-4218.

[52] Yokota T, Zalar P, Kaltenbrunner M, et al. Ultraflexible organic photonic skin. Science Advances, 2016, 2 (4): 1501856.

[53] Qiao Y, Wang Y, Tian H, et al. Multilayer Graphene Epidermal Electronic Skin. ACS Nano, 2018, 12 (9): 8839-8846.

[54] Dong K, Wu Z, Deng J, et al. A Stretchable Yarn Embedded Triboelectric Nanogenerator as Electronic Skin for Biomechanical Energy Harvesting and Multifunctional Pressure Sensing. Advanced Materials, 2018, 30 (43).

[55] Koo J, Macewan M R, Kang S, et al. Wireless bioresorbable electronic system enables sustained nonpharmacological neuroregenerative therapy. Nature Medicine, 2018, 24 (12): 1830-1836.

[56] Son D, Kang J, Vardoulis O, et al. An integrated self-healable electronic skin system fabricated via dynamic reconstruction of a nanostructured conducting network. Nature Nanotechnology, 2018, 13 (11): 1057-1065.

[57] Wang S, Xu J, Wang W, et al. Skin electronics from scalable fabrication of an intrinsically stretchable transistor array. Nature, 2018, 555 (7694): 83-88.

[58] Wang W. L., Tan Y. J., Yao H., et al. A neuro-inspired artificial peripheral nervous system for scalable electronic skins. Sci Robot, 2019, 4 (32): 2198.

索　引